U0185696

计算机技术开发与应用丛书

HarmonyOS 从入门到精通40例

戈 帅 ◎编著

清華大學出版社
北京

内 容 简 介

本书从基础知识着手，通过实战案例全面系统地讲解 HarmonyOS 开发，集前瞻性、应用性、趣味性于一体。本书以实战为主，以案例驱动学习，通过丰富的实战案例由浅入深，以基础知识和案例相结合的方式系统地讲解 HarmonyOS 应用程序开发的常用技术。全书共 10 章，第 1 章为基础阶段，讲解 HarmonyOS 开发基础，从环境搭建、工程创建与运行讲起；第 2～9 章为进阶阶段，共 39 个案例，分别讲解 UI 框架、Ability 框架、媒体、安全、AI、设备管理、数据库、分布式等；最后一章是综合实战案例实战阶段，实战案例从服务器端 API 开发部署到手机端开发测试等来提升读者 HarmonyOS 综合开发能力。

本书特别适用于对 HarmonyOS 应用感兴趣的零基础编程爱好者，以及广大中、小学生，旨在让更多的人了解并使用 HarmonyOS。

本书封面贴有清华大学出版社防伪标签，无标签者不得销售。
版权所有，侵权必究。举报：010-62782989，beiqinquan@tup.tsinghua.edu.cn。

图书在版编目(CIP)数据

HarmonyOS 从入门到精通 40 例/戈帅编著. —北京：清华大学出版社，2022.8
(计算机技术开发与应用丛书)
ISBN 978-7-302-61100-4

Ⅰ. ①H… Ⅱ. ①戈… Ⅲ. ①移动终端－应用程序－程序设计 Ⅳ. ①TN929.53

中国版本图书馆 CIP 数据核字(2022)第 101043 号

责任编辑：赵佳霓
封面设计：吴 刚
责任校对：胡伟民
责任印制：曹婉颖

出版发行：清华大学出版社
网 址：http://www.tup.com.cn，http://www.wqbook.com
地 址：北京清华大学学研大厦 A 座　**邮 编**：100084
社 总 机：010-83470000　**邮 购**：010-62786544
投稿与读者服务：010-62776969，c-service@tup.tsinghua.edu.cn
质量反馈：010-62772015，zhiliang@tup.tsinghua.edu.cn
课件下载：http://www.tup.com.cn，010-83470236
印 装 者：北京嘉实印刷有限公司
经 销：全国新华书店
开 本：186mm×240mm　**印 张**：21.75　**字 数**：546 千字
版 次：2022 年 8 月第 1 版　**印 次**：2022 年 8 月第 1 次印刷
印 数：1～2000
定 价：89.00 元

产品编号：096224-01

前　言
PREFACE

鸿蒙操作系统(HarmonyOS)是华为推出的一款面向未来的万物互联式全场景分布式操作系统。作为新一代的智能终端操作系统,HarmonyOS 为不同设备的智能化、互联与协同提供了统一的分布式系统;HarmonyOS 提供一站式的分布式应用开发平台,支持分布式多端开发、分布式多端调测、多端模拟仿真。HarmonyOS 在给大家带来简洁、流畅、连续、安全可靠的全场景交互体验的同时,也给大家提供了全方位的质量与安全保障。为了让更多的人了解并使用 HarmonyOS,笔者将自身学习经历以案例的形式进行了梳理、总结,形成了本书,供更多的爱好者参考、学习。

本书特色

本书从基础知识着手,通过实战案例全面系统地讲解 HarmonyOS 开发,由浅入深,循序渐进,集前瞻性、应用性、趣味性于一体。本书以实战为主,以案例驱动学习,以基础知识和案例相结合的方式,系统地讲解 HarmonyOS 应用程序开发的常用技术。

第 1 章 HarmonyOS 开发基础,主要讲解环境搭建、工程创建与运行、工程运行流程解析等内容,为后续开发做准备。

第 2 章 UI 框架,通过 15 个案例讲解 Text、Button、DirectionalLayout、DependentLayout、TextField、Picker、Image/Slider、ListContainer、ScrollView、ProgressBar、RadioButton/RadioContainer、Checkbox、TabList/Tab、WebView、PageSlider/PageSliderIndicator 等常见的 UI 组件与布局,用户可通过组件进行交互操作,并获得响应。

第 3 章 Ability 框架,共 6 个案例,Page Ability 是 FA 唯一支持的模板,用于提供与用户的交互能力;Service Ability 基于 Service 模板的 Ability,用于后台运行任务但不提供用户交互界面;公共事件与通知可用于系统消息通知发布与取消;线程管理通过任务分发器 TaskDispatcher()接口实现城市天气预报实时显示;线程间通信通过 EventHandler 机制,创建 EventHandler 子类在不同线程间分发和处理 InnerEvent 事件或 Runnable 任务。

第 4 章媒体,共 2 个案例,HarmonyOS 的音视频模块提供 Player()接口,用于创建 Player 实例,实现声频、视频播放与暂停。

第 5 章安全,有 1 个案例,通过 BiometricAuthentication()接口提供生物特征识别认证能力,实现手机人脸识别功能。

第 6 章 AI,共 4 个案例,分别讲解调用 IBarcodeDetector()接口实现二维码生成;调用 ITextDetector()接口实现 AI 通用文字识别;调用 TtsClient 实现语音播报;调用

AsrClient 实现语音控制台灯亮灭。

第 7 章设备管理，共 5 个案例，分别讲解调用方向类传感器接口对象 CategoryOrientationAgent 感知用户设备当前的朝向，从而达到为用户指明方位的目的；控制类小器件振动器调用 VibratorAgent 类的主要接口实现指定的振动功能；设置项 Setting 显示、订阅 WLAN 状态、蓝牙状态、飞行模式状态等设置项信息；调用 Locator()接口获取经纬度、位置、道路等定位信息；调用 BatteryInfo()接口获取及订阅电池电量。

第 8 章数据库，共 2 个案例，分别讲解用轻量级数据库获取 Preferences 实例实现自动登录功能；调用对象关系映射数据库，继承 OrmObject、Serializable()接口实现日记的增、删、改、查功能。

第 9 章分布式，共 4 个案例，分别讲解通过分布式任务调度机制实现分布式计票器功能；通过分布式迁移与回迁调度机制实现分布式编辑器功能；通过分布式数据库服务实现分布式数据库功能；通过分布式文件服务实现分布式文件浏览器功能。

第 10 章综合案例(案例 40：分布式云笔记)，综合实现笔记在云服务器上的增、删、改、查及多设备间迁移功能，通过此案例提升读者 HarmonyOS 综合开发能力。

读者对象

(1) 零基础的编程自学者。

(2) 广大中、小学生。

(3) 培训机构学生。

(4) 希望快速、全面掌握 HarmonyOS 程序开发的人员。

(5) 参加毕业设计的学生。

配套资源

扫描下方二维码可下载本书源代码，视频讲解可扫描书中对应章节二维码观看。

本书源代码

致谢

《HarmonyOS 从入门到精通 40 例》虽然倾注了笔者的全部努力，但由于笔者水平有限，书中难免有疏漏之处，敬请广大读者谅解。感谢你购买本书，祝你读书快乐！

感谢出版社的所有编辑在本书编写和审核过程中提供的无私帮助和宝贵建议，正是由于你们的耐心和支持才让本书得以出版。

戈 帅

2022 年 8 月

目 录

CONTENTS

第1章

HarmonyOS 开发基础

1.1 初识 HarmonyOS

2020 年 9 月，华为发布了 HarmonyOS 2.0，国人期待已久的国产操作系统终于正式面世了。它迅速吸引了大批单位和软件开发爱好者，其中笔者的爸爸就是其中的一员。爸爸在家工作的时候，我就喜欢在旁边静静地看着，耳濡目染，我也开始慢慢地接触鸿蒙操作系统，并且深深地喜欢上了鸿蒙，我开始尝试着写一些简单的代码案例，并和爸爸、妈妈一起参加鸿蒙的相关活动，其中也包括在 51CTO、电子发烧友做直播，在 B 站发表教学视频等。下面就从我的认识角度和大家一起开始鸿蒙的探索之旅吧！

HarmonyOS 是一款面向未来的、全场景分布式操作系统，在传统的单设备系统能力基础上，HarmonyOS 提出了基于同一套系统能力、适配多种终端形态的分布式理念，能够支持手机、平板、智能穿戴、智慧屏、车机等多种终端设备，并且多种终端可通过分布式软总线形成一个超级终端。

1.2 环境搭建

HarmonyOS 开发环境有两种：Windows 和 macOS。这里以 Windows 环境为例讲解搭建方法。

首先，注册一个华为开发者账号并且需要实名认证；其次，安装集成开发工具 HUAWEI DevEco Studio；再次，安装 HarmonyOS SDK；最后，安装本地模拟器便于本地调试。

1.2.1 华为开发者账号注册及认证

登录华为开发者官网 https://developer.harmonyos.com/，开始注册。

(1) 单击“注册”按钮，如图 1-1 所示。

(2) 选择手机号码注册，如图 1-2 所示。

图 1-1　登录官网

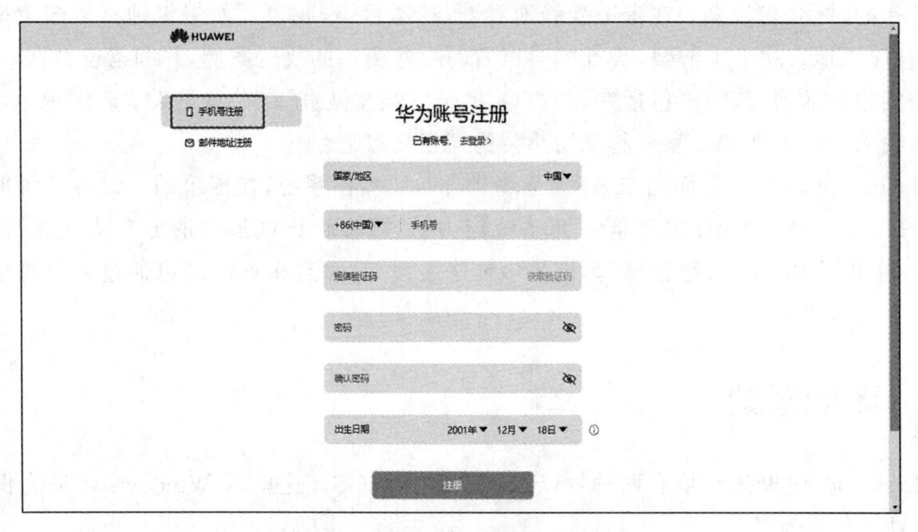

图 1-2　选择手机号注册

(3) 注册完成之后，就可以输入账号和密码登录华为开发者官网了，如图 1-3 所示。

接下来进行实名认证。

(1) 登录华为开发者联盟官网，单击“管理中心”跳转到开发者实名认证页面，如图 1-4 所示。

(2) 选择个人开发者，单击“下一步”按钮，按提示完成认证，如图 1-5 和图 1-6 所示。

到此，华为开发者账号的注册及认证就完成了。1.2.2 节将讲解 DevEco Studio 的安装。

图 1-3 用户登录

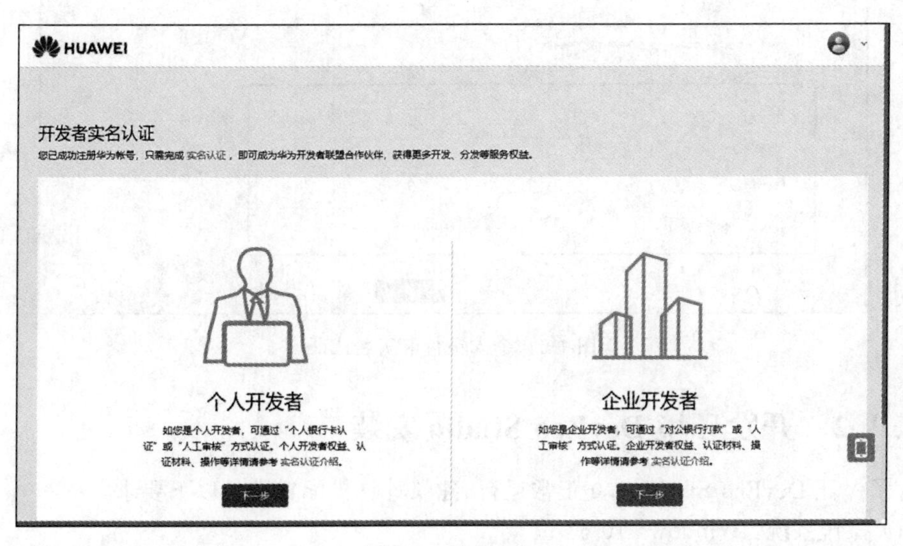

图 1-4 管理中心

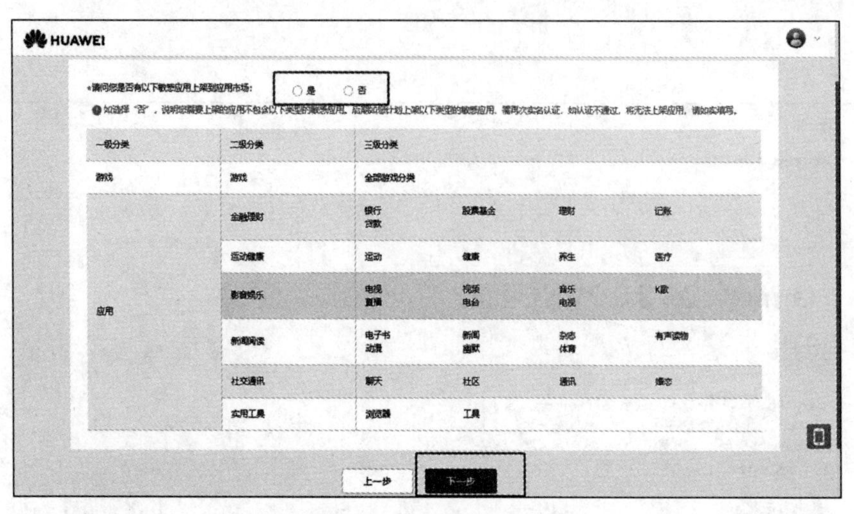

图 1-5　账号属性选择

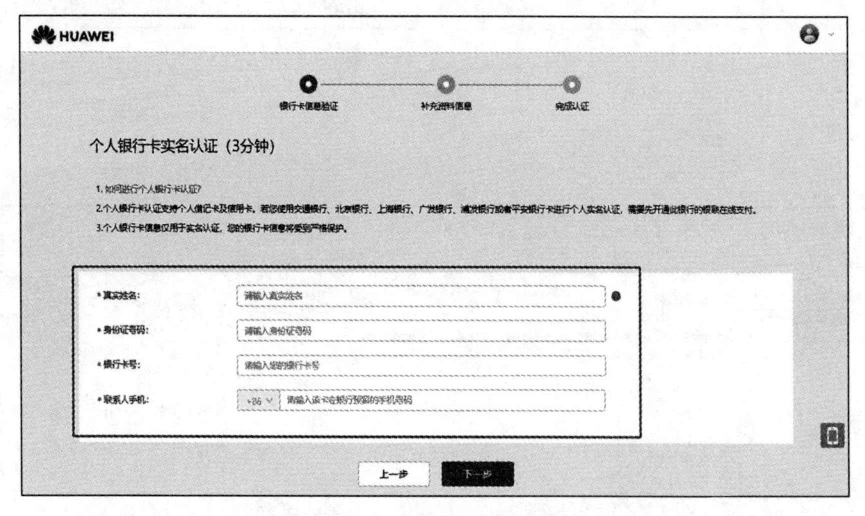

图 1-6　个人银行卡实名认证

1.2.2　开发环境 DevEco Studio 安装

为了保证 DevEco Studio 3.0 正常运行，建议计算机配置满足以下要求：

(1) 操作系统：Windows 10 64 位。

(2) 内存：8GB 及以上。

(3) 硬盘：100GB 及以上。

(4) 分辨率：1280×800 像素及以上。

下载和安装 DevEco Studio 的步骤如下：

(1) 登录 DevEco Studio 官网 https://developer.harmonyos.com/cn/develop/deveco-

studio#download，找到 DevEco Studio 3.0 Beta2，单击⬇按钮，如图 1-7 所示。

图 1-7　下载 DevEco Studio

（2）下载完成后解压，如图 1-8 所示。

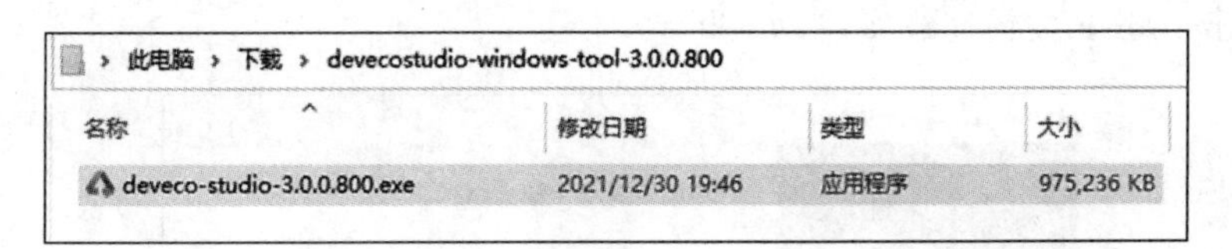

图 1-8　解压 DevEco Studio

（3）双击运行，进入 DevEco Studio 安装向导，默认安装即可，如图 1-9 所示。

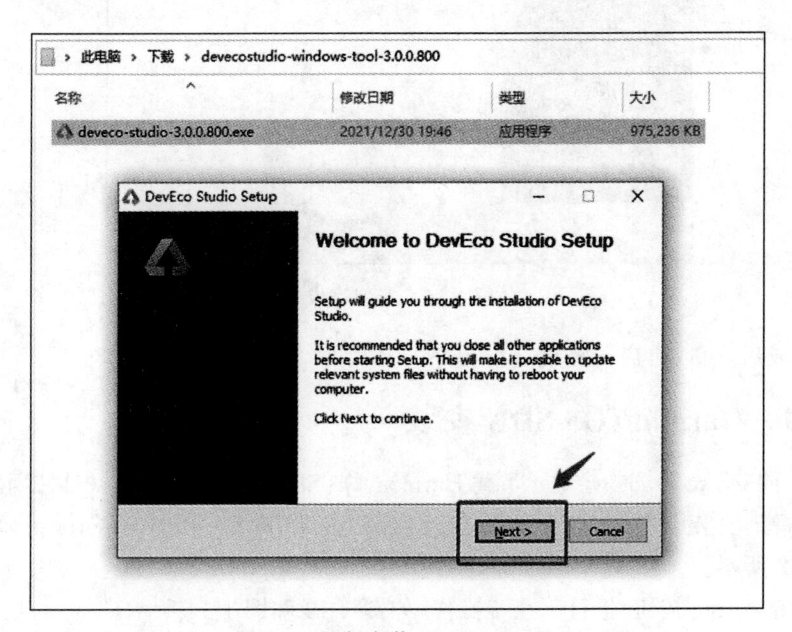

图 1-9　运行安装 DevEco Studio

(4) 安装到如下界面时勾选 64-bit launcher,单击 Next 按钮继续默认安装,如图 1-10 所示。

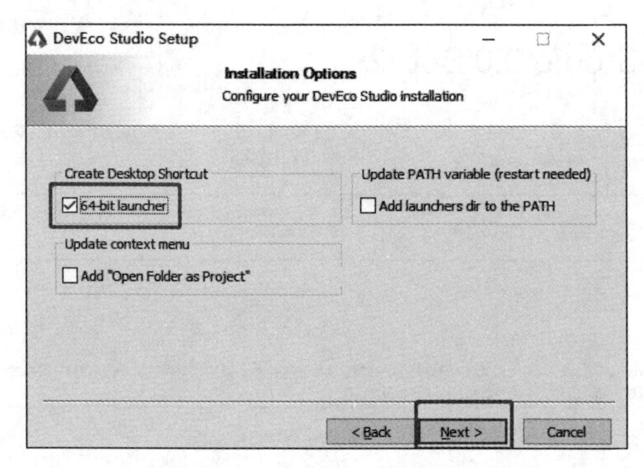

图 1-10 勾选启动快捷键

(5) 单击 Finish 按钮完成安装,如图 1-11 所示。

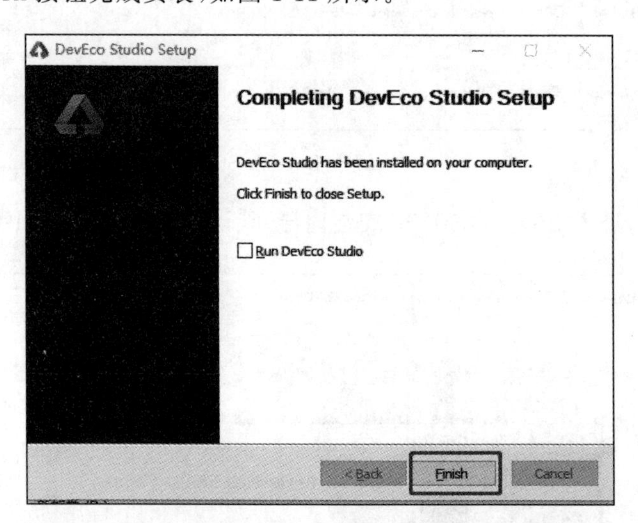

图 1-11 安装完成

安装完成后,可以重启计算机运行程序。

1.2.3 HarmonyOS SDK 安装

首次运行 DevEco Studio,会提示下载 HarmonyOS SDK 及对应工具链,根据提示操作即可。

(1) 运行已安装的 DevEco Studio,首次使用,选择 Do not import settings,单击 OK 按钮,如图 1-12 所示。

(2) 单击 Agree 按钮,进行下一步操作,如图 1-13 和图 1-14 所示。

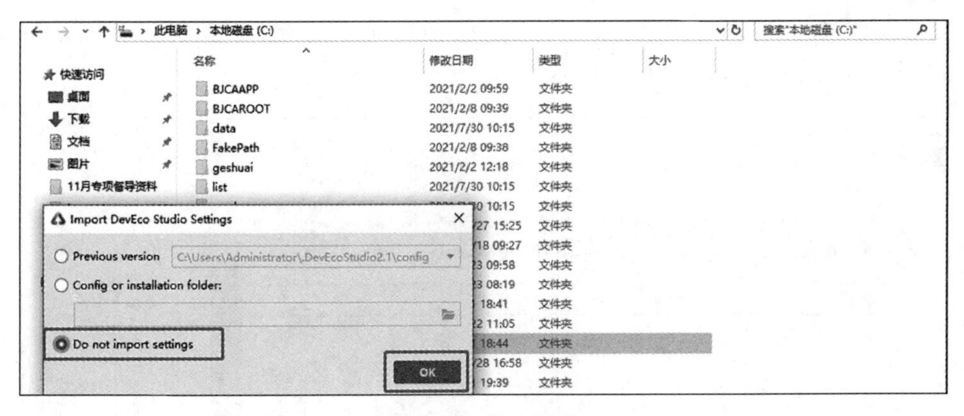

图 1-12　导入设置

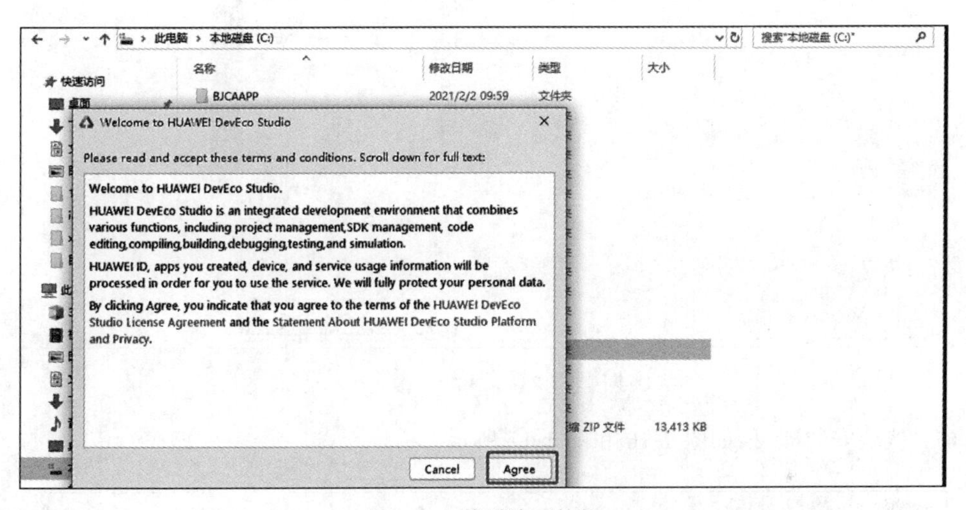

图 1-13　接受许可协议

图 1-14　启动 DevEco Studio

(3) 设置 npm registry，DevEco Studio 已预置对应的仓，单击 Start using DevEco Studio 按钮，进入下一步，如图 1-15 所示。

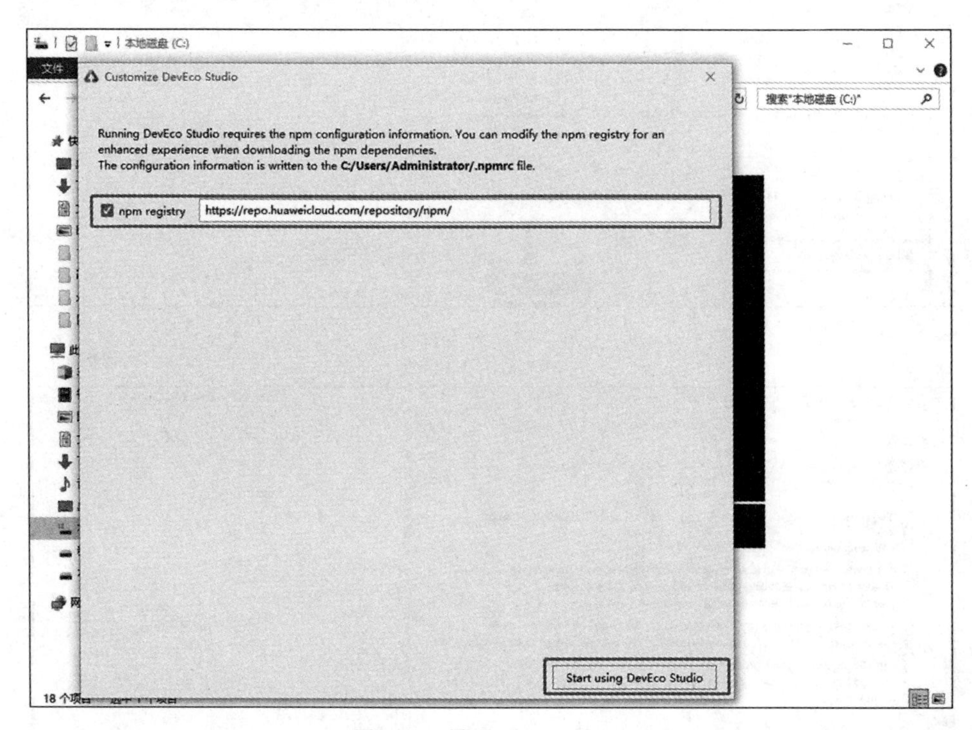

图 1-15 设置 npm registry

(4) 默认安装即可，如图 1-16 和图 1-17 所示。

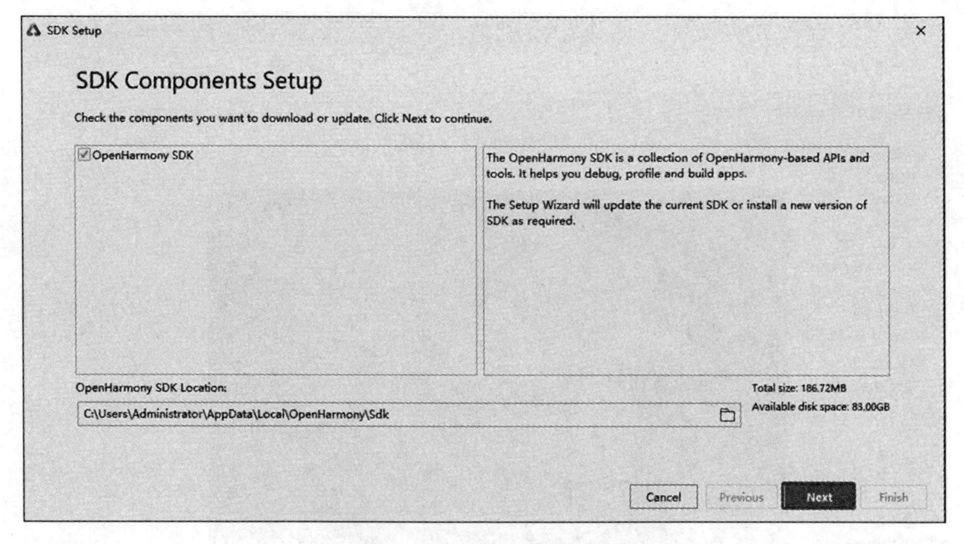

图 1-16 SDK 组件设置

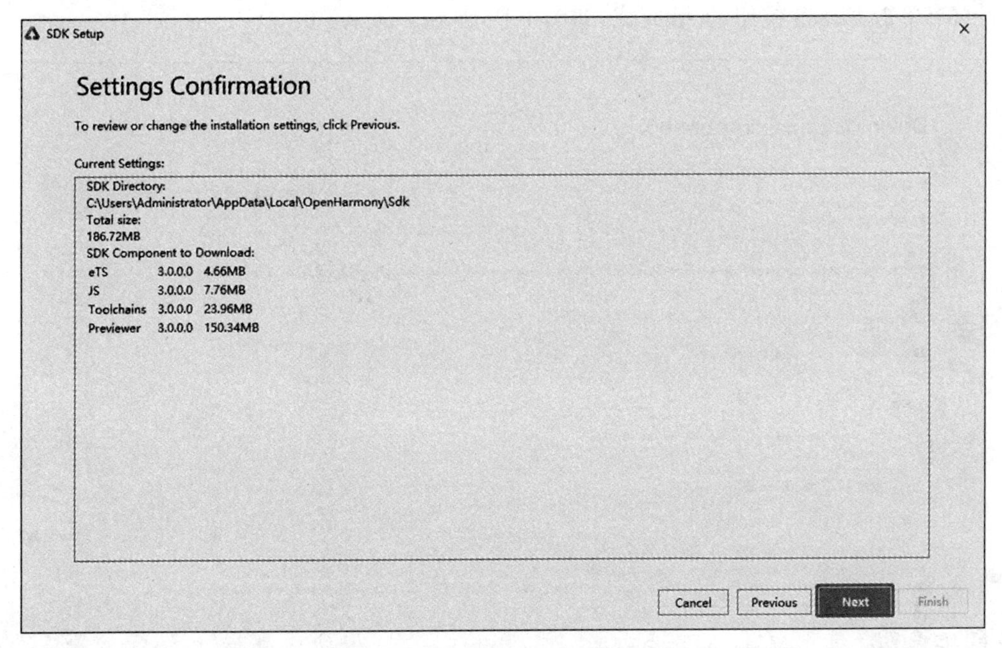

图 1-17 确认 SDK 设置

(5) 选择 Accept 按钮，接受许可协议，如图 1-18 所示。

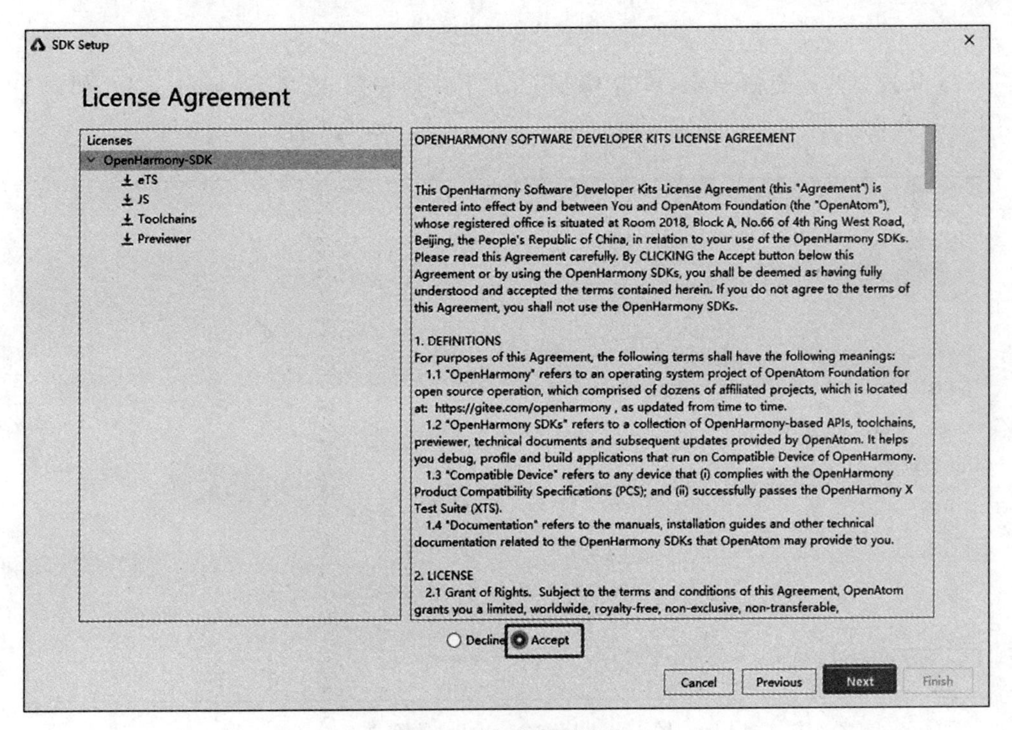

图 1-18 接受许可协议

（6）单击 Finish 按钮，安装完成，如图 1-19 所示。

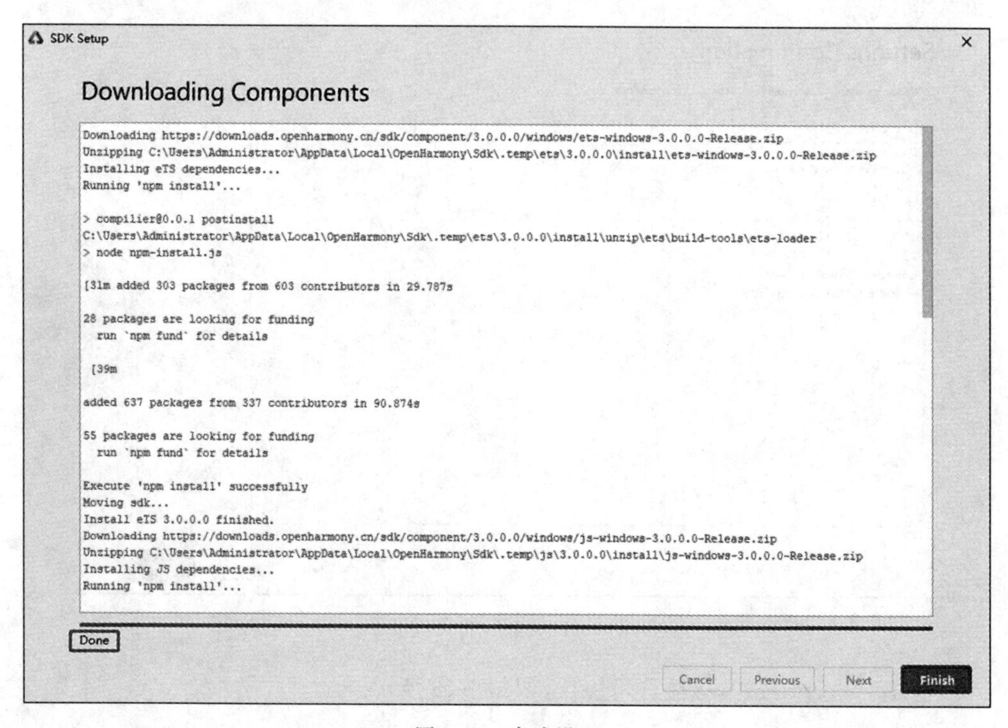

图 1-19　完成设置

（7）从现在开始配置 SDK，单击 Configure 下拉列表框，选择 Settings 选项，如图 1-20 和图 1-21 所示。

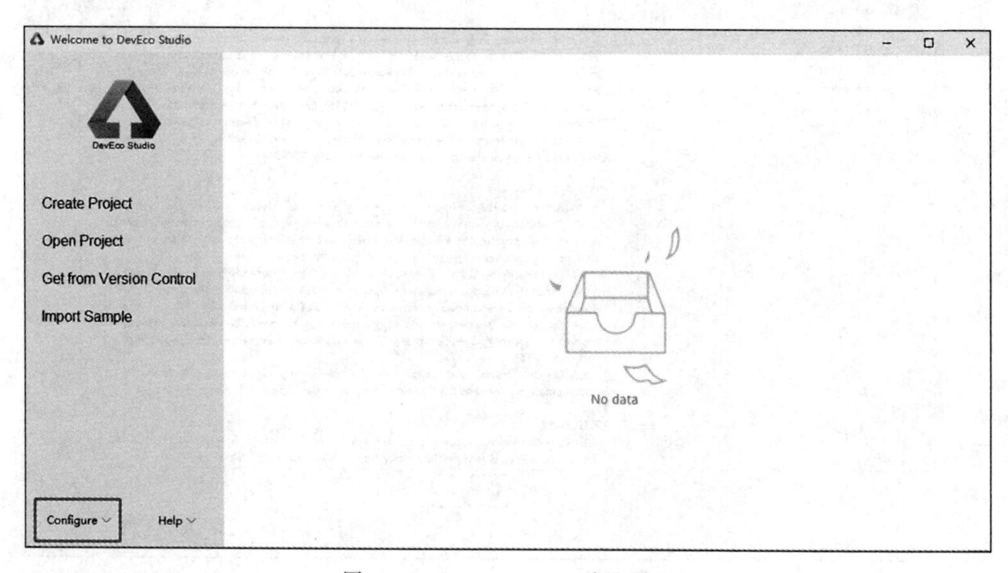

图 1-20　DevEco Studio 欢迎界面

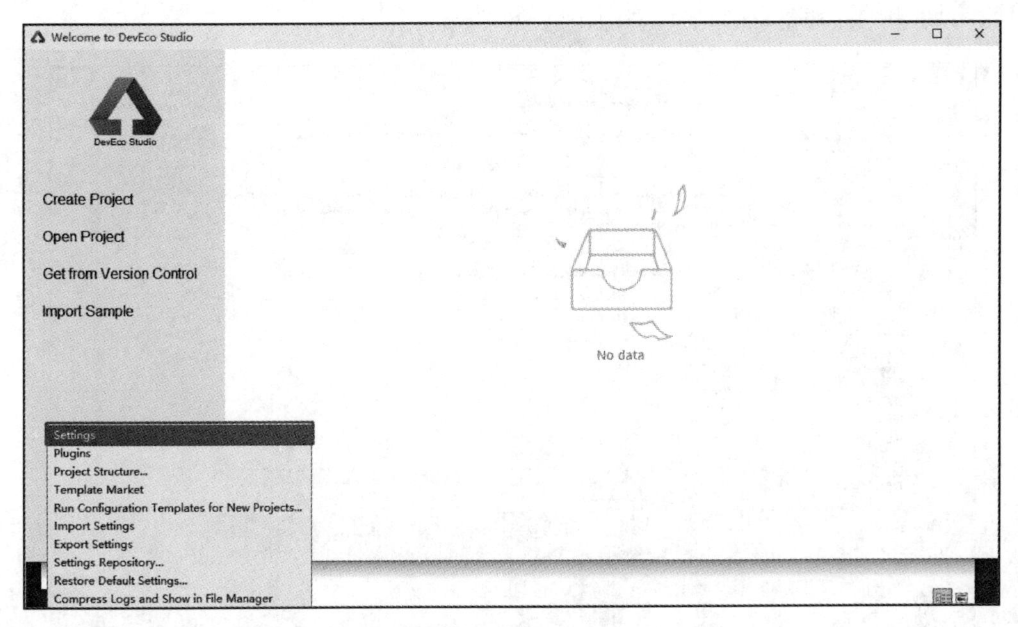

图 1-21　选择 Settings

(8) 在弹出的界面依次选择 SDK Manager → HarmanyOS Legacy SDK，将 SDK(API Version 7)和 SDK(API Version 6)全部勾选，单击 OK 按钮，如图 1-22 所示。

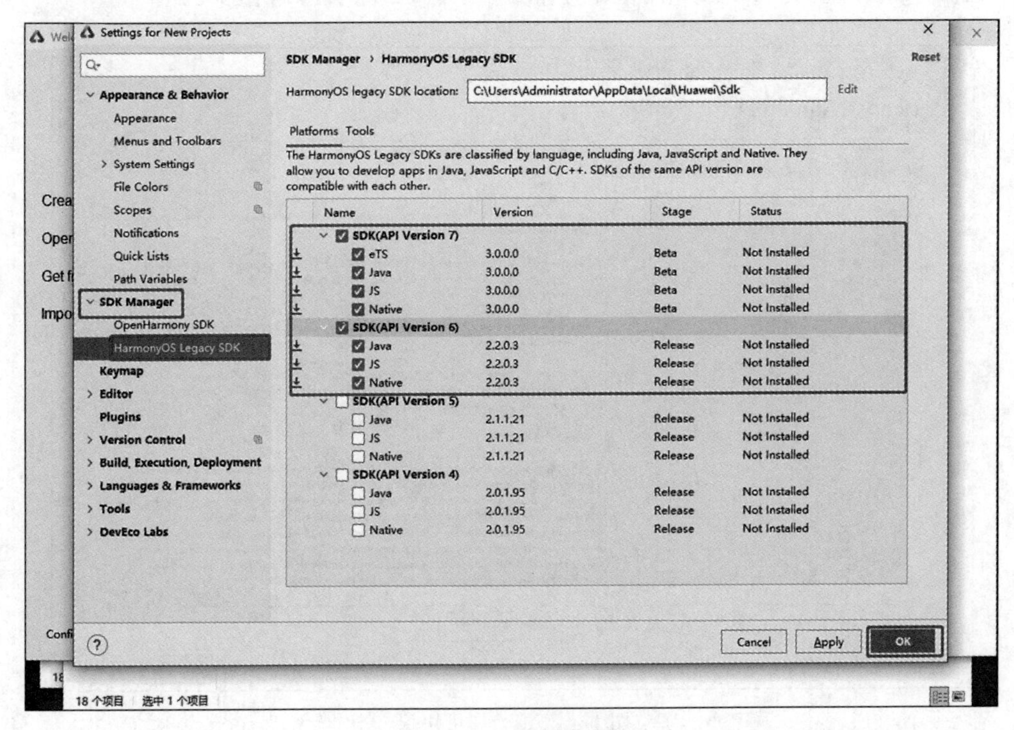

图 1-22　API 版本选择

（9）单击 OK 按钮，继续下一步，如图 1-23 所示。

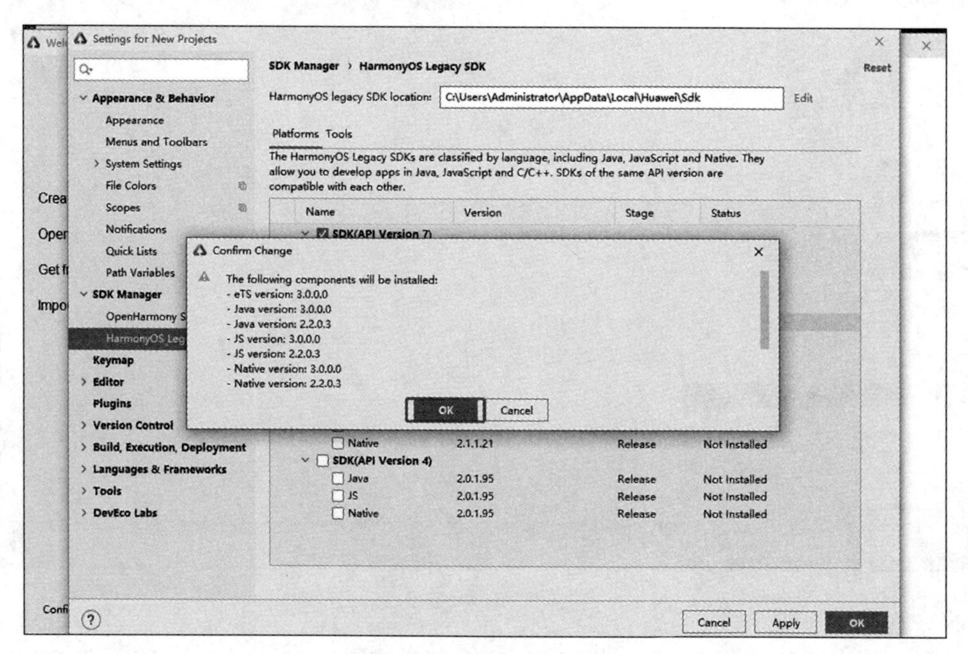

图 1-23　确认 API 设置

（10）选择 Accept 选项，单击 Next 按钮开始下载，如图 1-24 和图 1-25 所示。

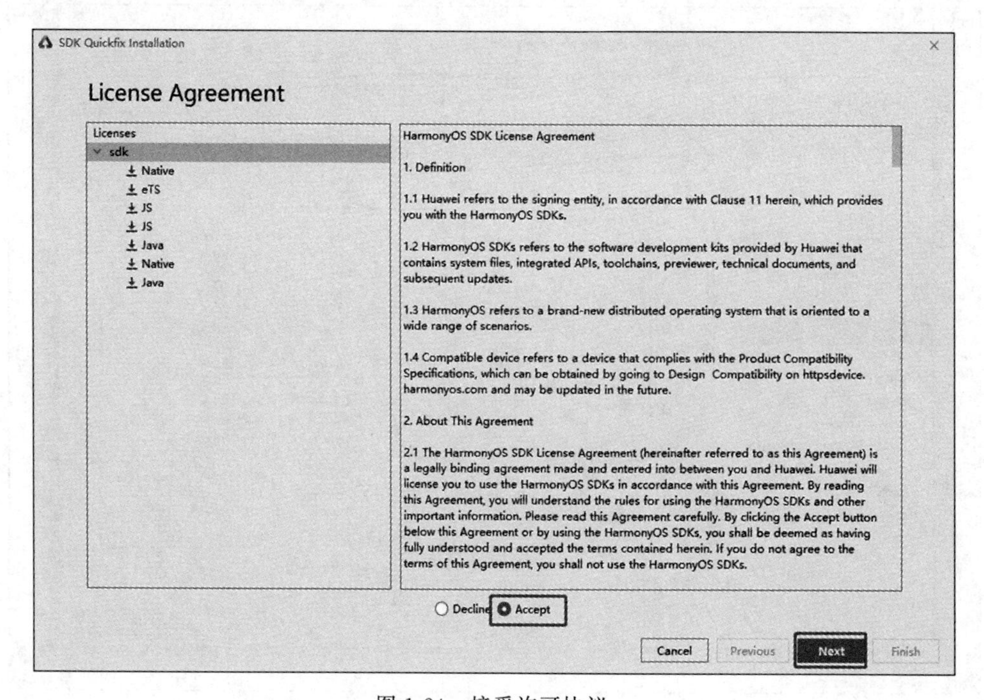

图 1-24　接受许可协议

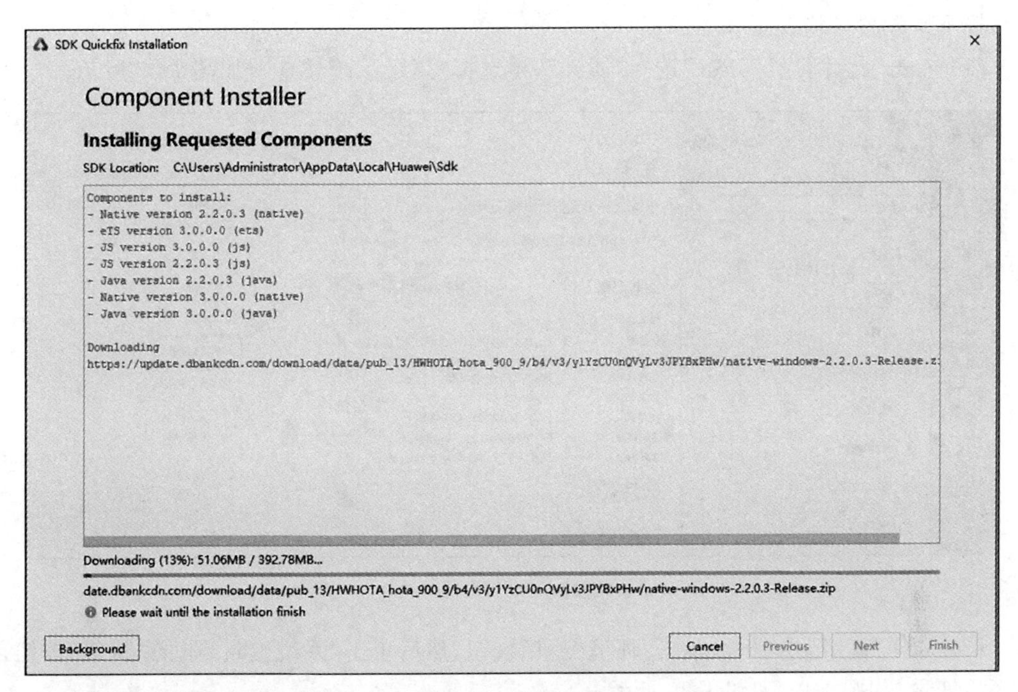

图 1-25　组件安装

(11) 单击 Finish 按钮完成下载，如图 1-26 所示。

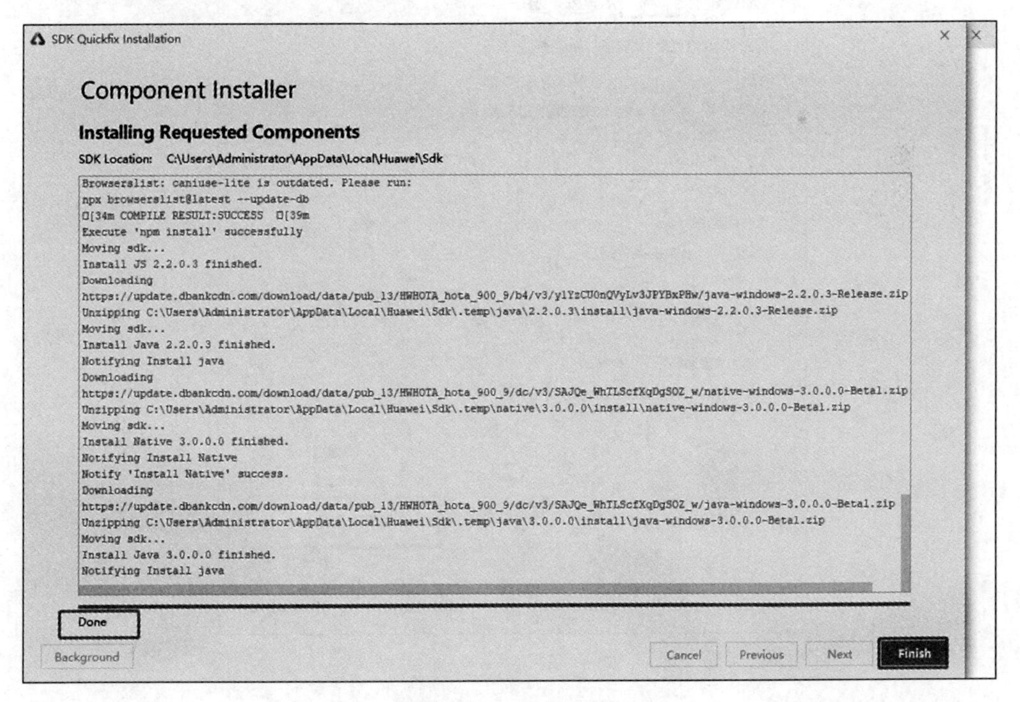

图 1-26　完成下载

接下来配置环境变量。

(1) 右击"此计算机",然后选择"属性",再选择"高级系统设置",如图 1-27 所示。

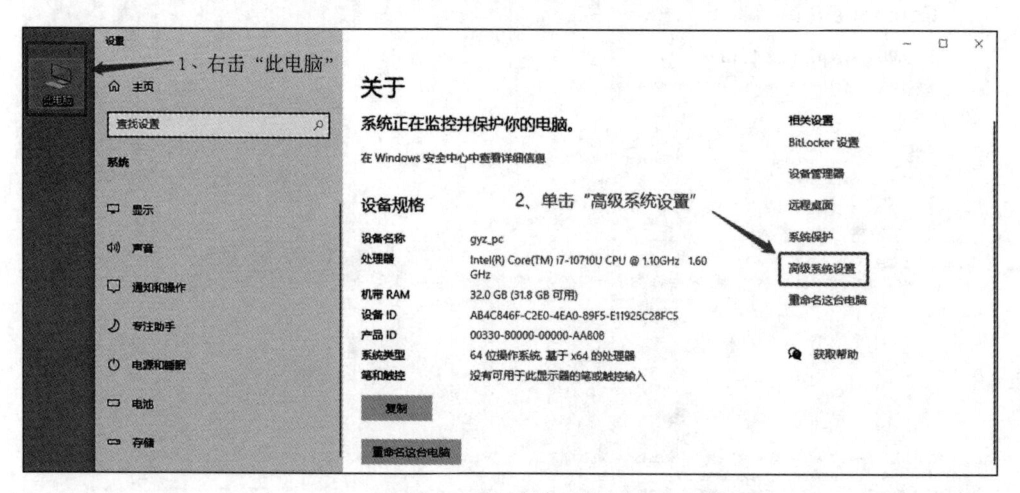

图 1-27 此计算机属性

(2) 选择"高级"选项卡,单击"环境变量"按钮,然后单击"系统变量"中的"新建"按钮创建环境变量,如图 1-28 和图 1-29 所示。

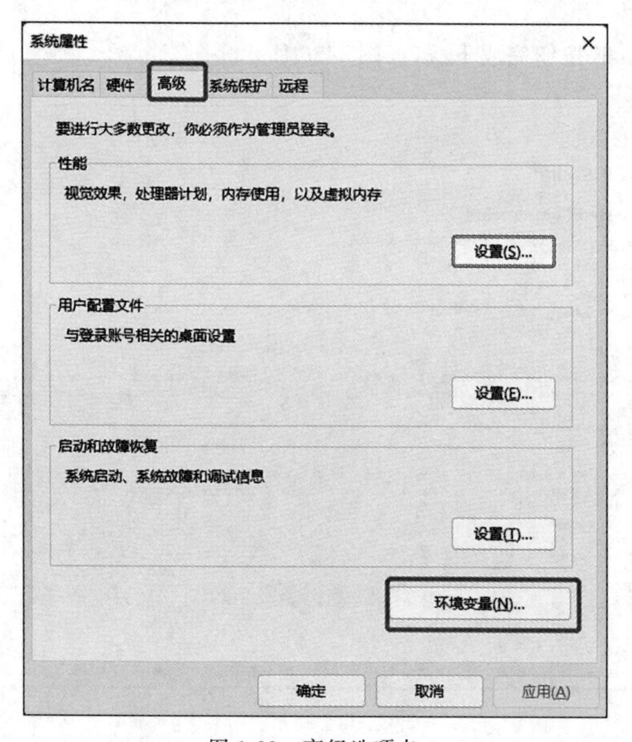

图 1-28 高级选项卡

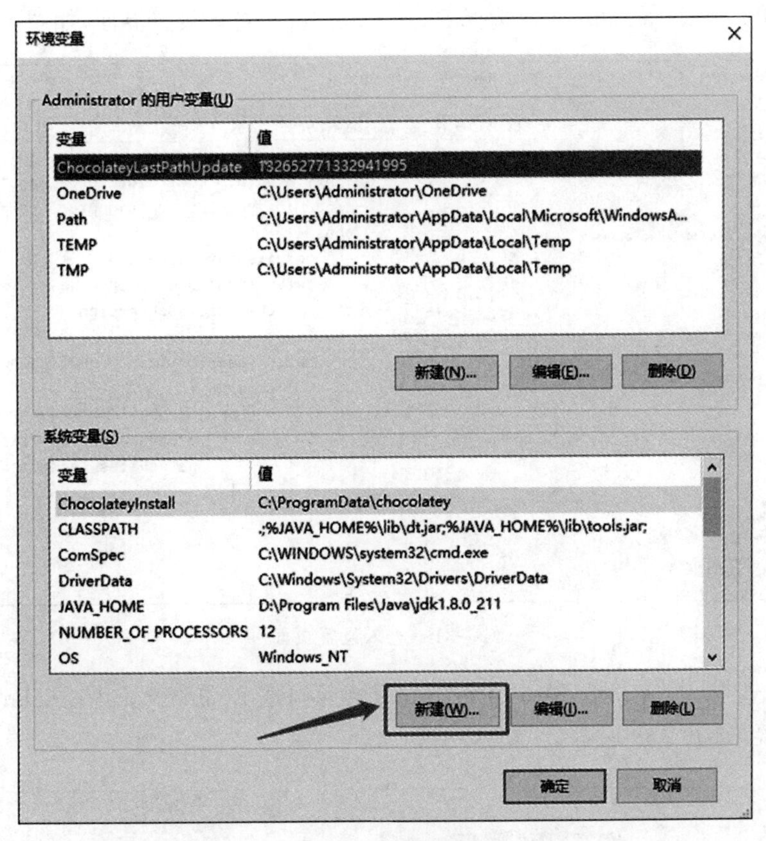

图 1-29　环境变量

(3) 进入环境变量配置对话框，在“变量名”的文本框中输入 HDC_SERVER_PORT，在“变量值”的文本框中输入 7035，然后单击“确定”按钮完成配置，如图 1-30 所示。

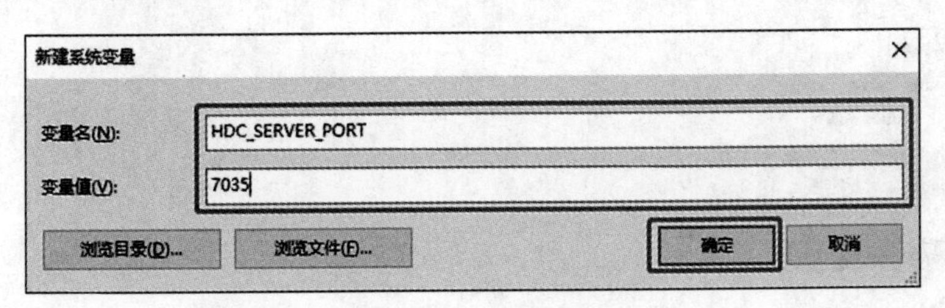

图 1-30　新建系统变量

到此 HarmonyOS SDK 的安装全部完成，读者们，你们学会了吗？

1.2.4　本地模拟器创建

4min

本节讲解如何创建本地模拟器。首先，启动本地模拟器功能；其次，下载本地模拟器的系统镜像文件；最后，创建本地模拟器。

(1) 打开 DevEco Studio 3.0,选择 File → Settings,进入设置界面,如图 1-31 所示。

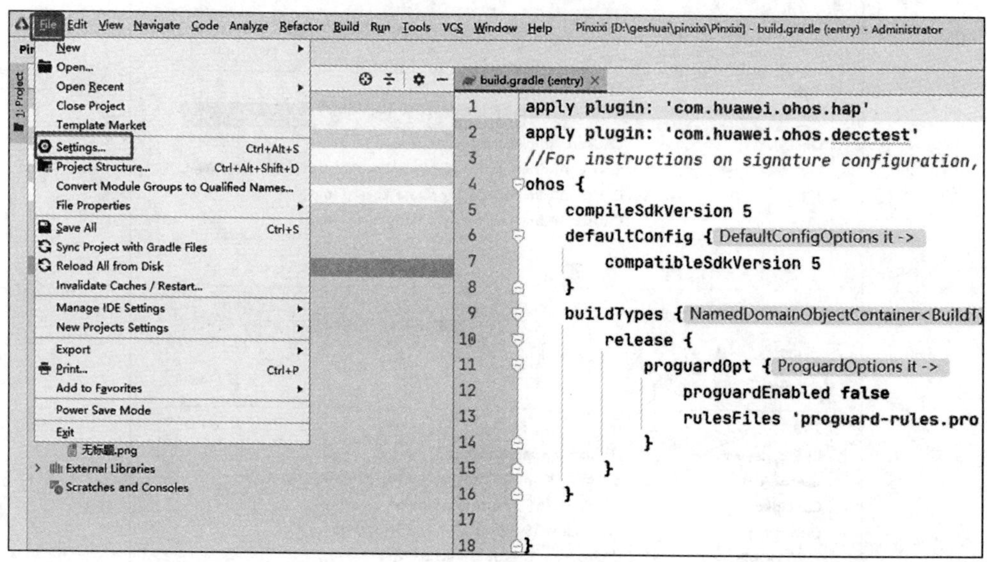

图 1-31　进入设置页面

(2) 依次选择 DevEco Labs → Emulator,然后勾选 Enable Local Emulator,单击 OK 按钮完成设置,如图 1-32 所示。

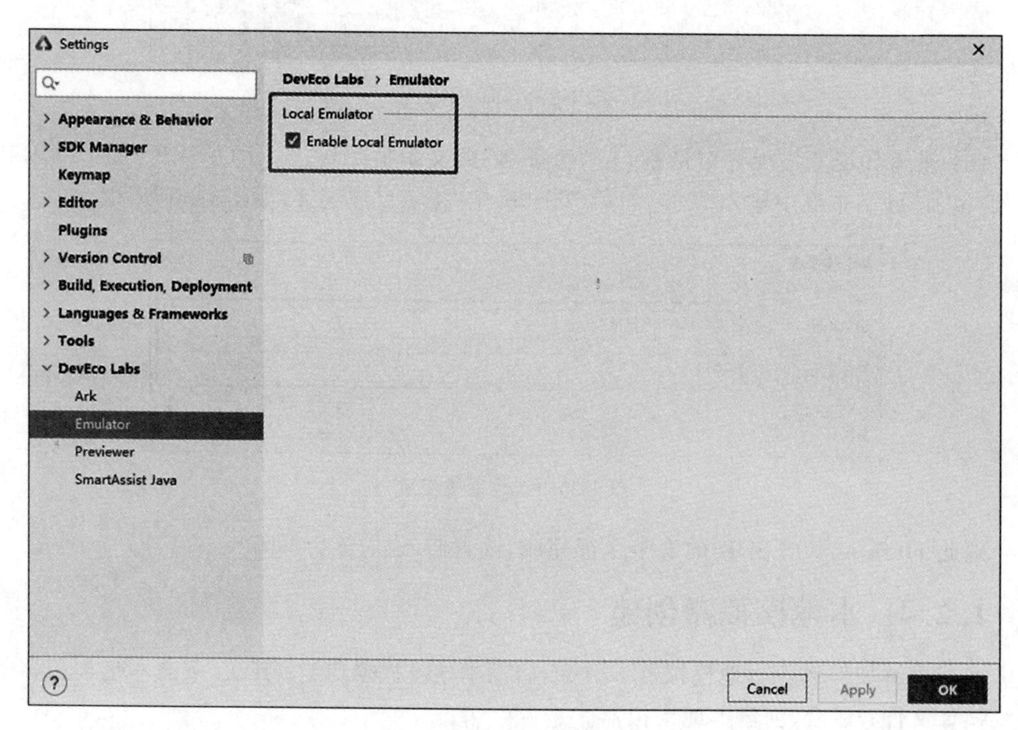

图 1-32　本地模拟器设置

(3) 选择 Tools → Device Manager 启动设备管理器,如图 1-33 所示。

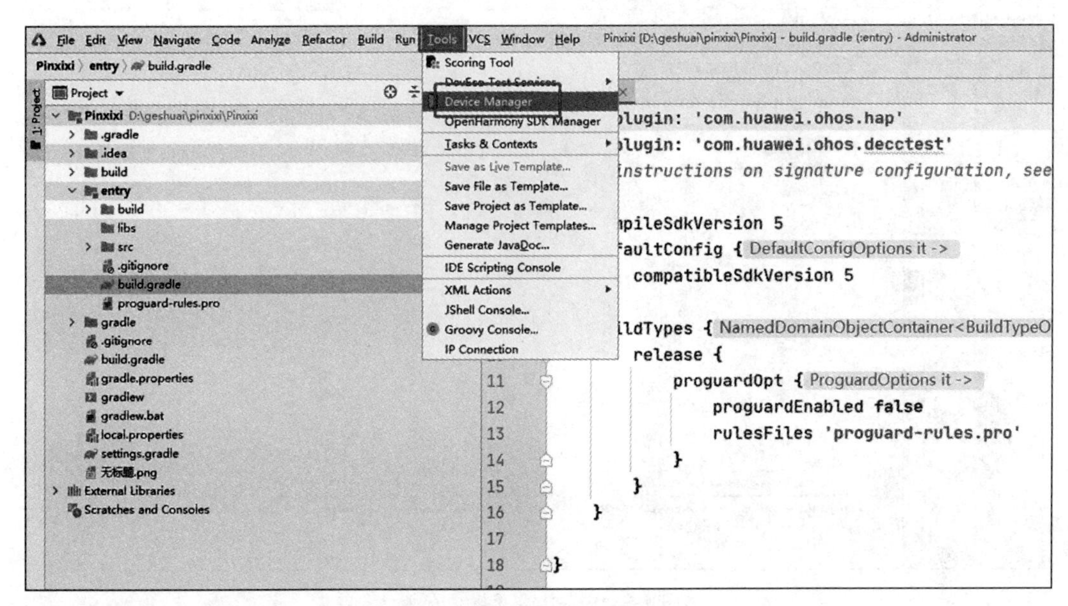

图 1-33 启动设备管理器

(4) 在设备管理器中选择 Local Emulator → All,然后单击右侧的 Install 按钮进行模拟器下载,如图 1-34 和图 1-35 所示。

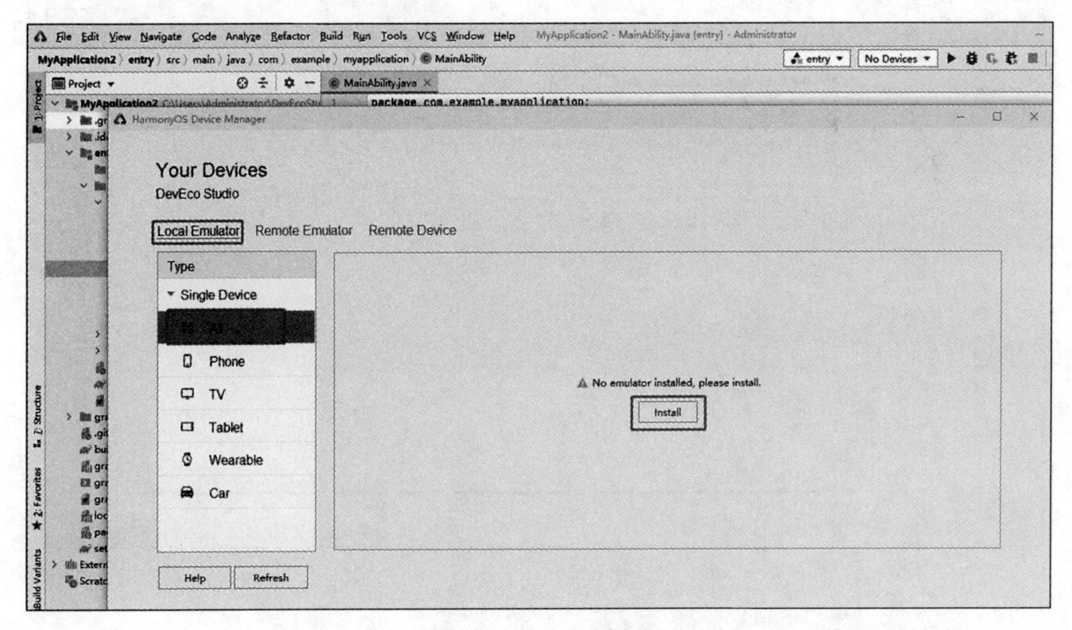

图 1-34 运行安装程序

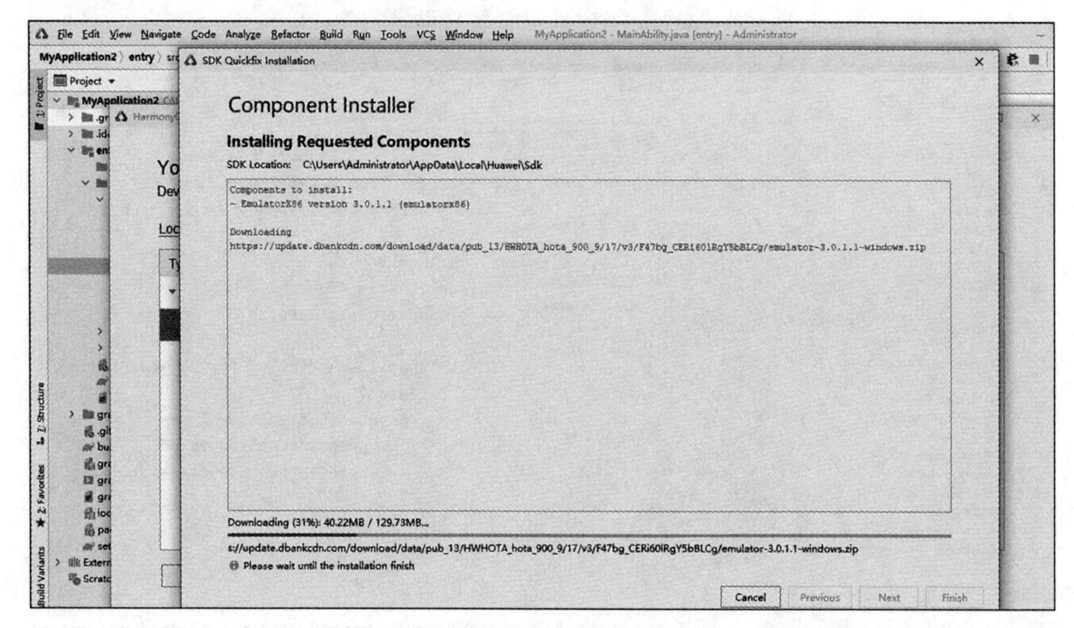

图 1-35　模拟器下载并安装

（5）单击 Finish 按钮完成下载，如图 1-36 所示。

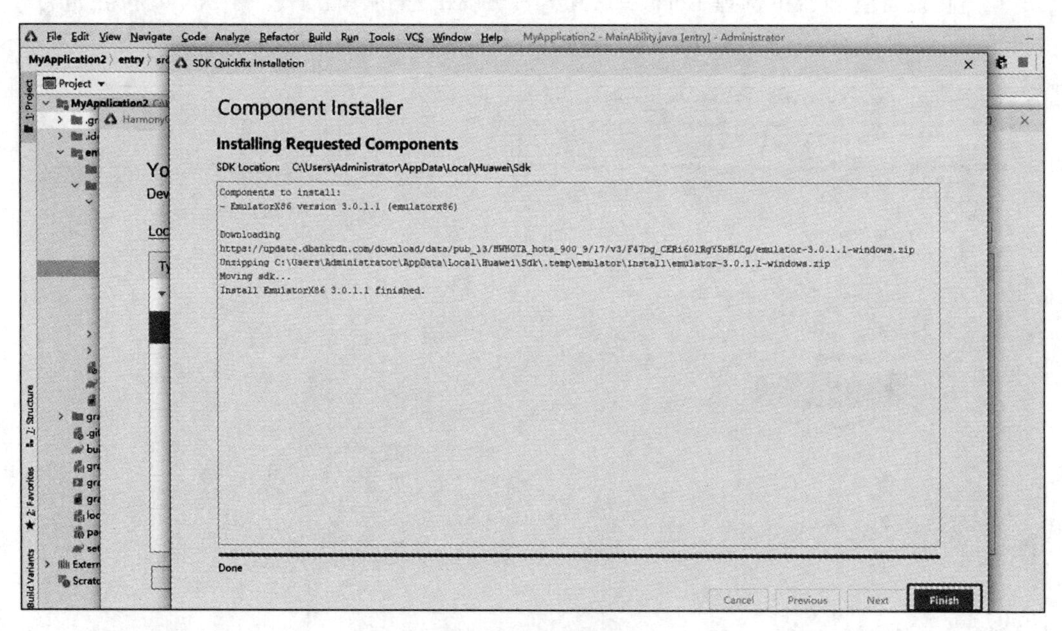

图 1-36　安装完成

（6）单击 New Emulator 按钮开始创建本地模拟器，如图 1-37 所示。

（7）选择 Huawei_P40 模拟器，再单击 Next 按钮，如图 1-38 所示。

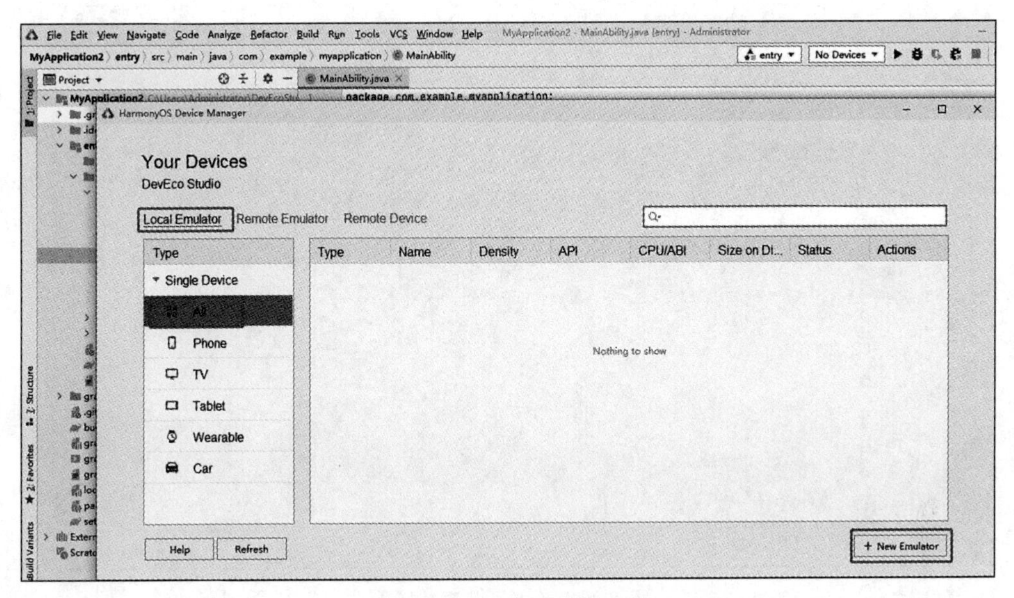

图 1-37 创建本地模拟器

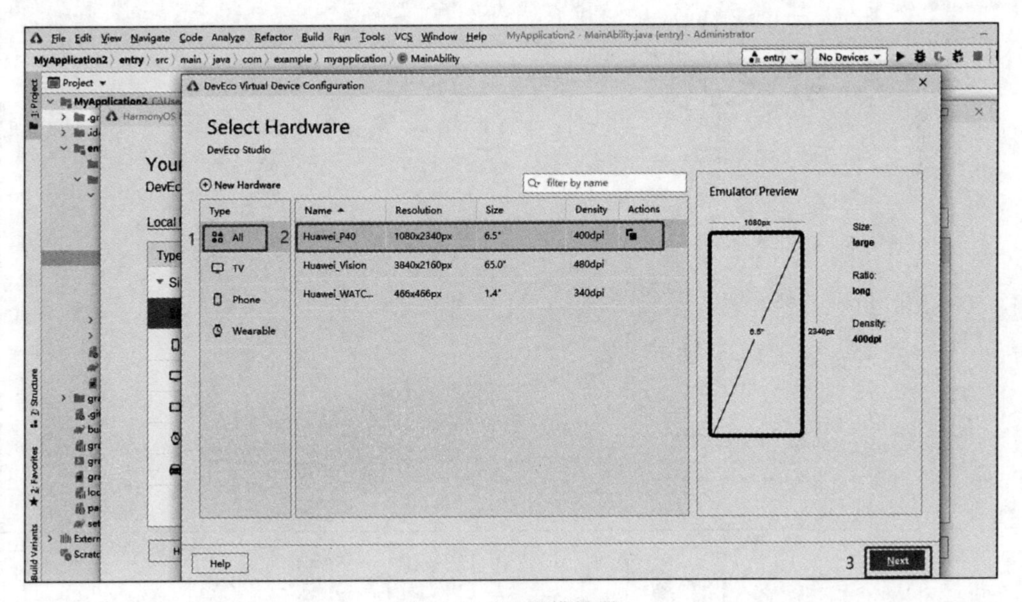

图 1-38 选择模拟器

(8) 单击 ⬇ 按钮,开始下载 P40 的系统镜像文件,如图 1-39 和图 1-40 所示。

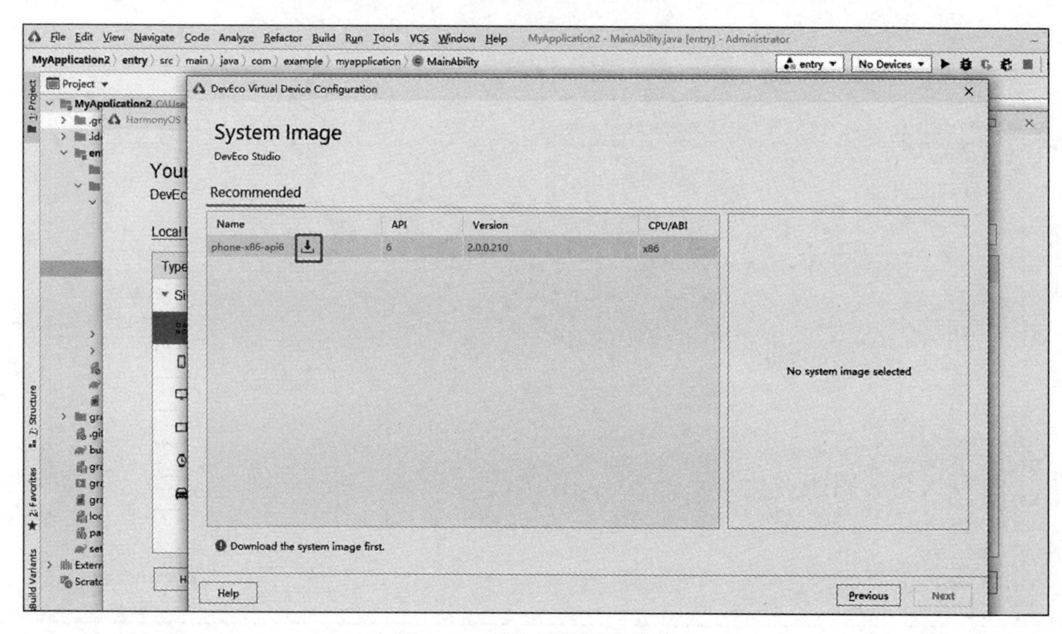

图 1-39　单击下载系统镜像

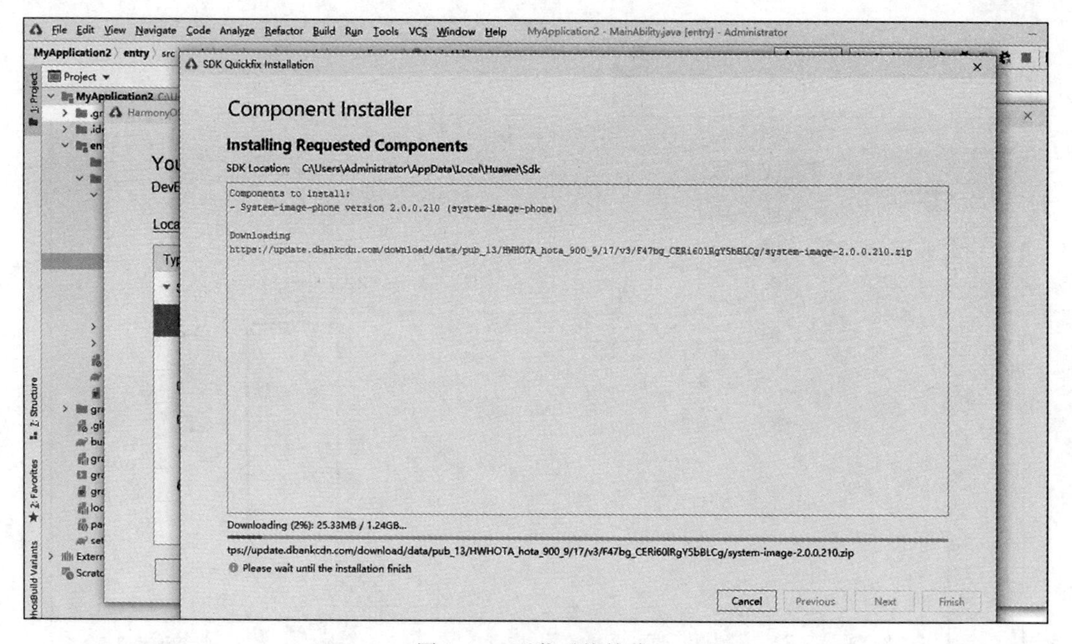

图 1-40　下载系统镜像

(9) 单击 Finish 按钮完成下载,如图 1-41 所示。

(10) 单击 Finish 按钮完成本地模拟器创建,如图 1-42 所示。

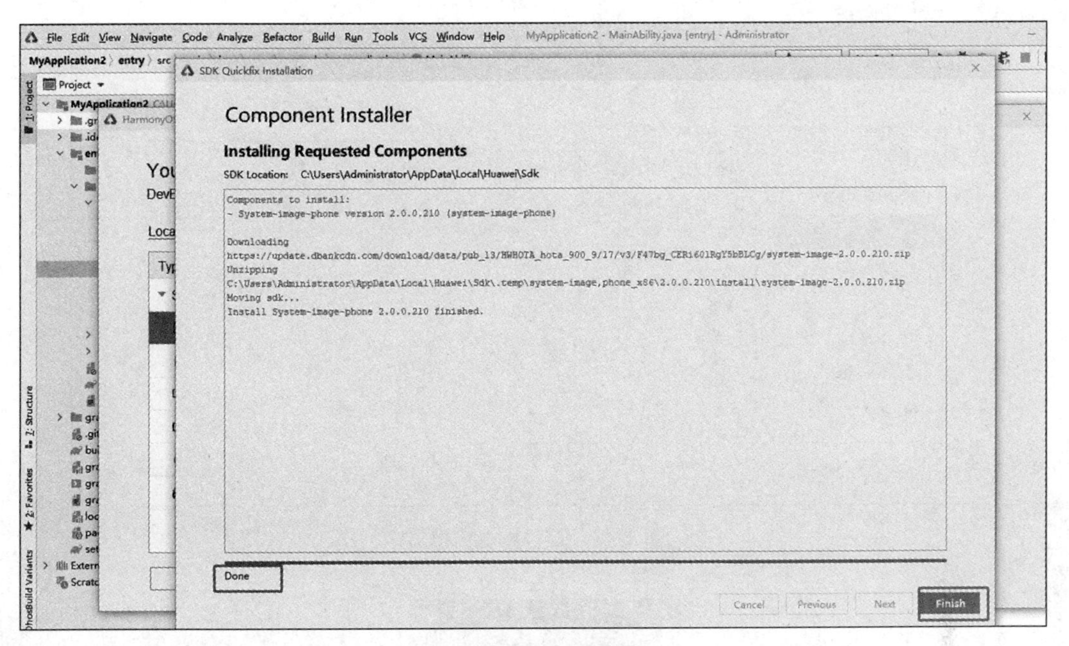

图 1-41　安装完成

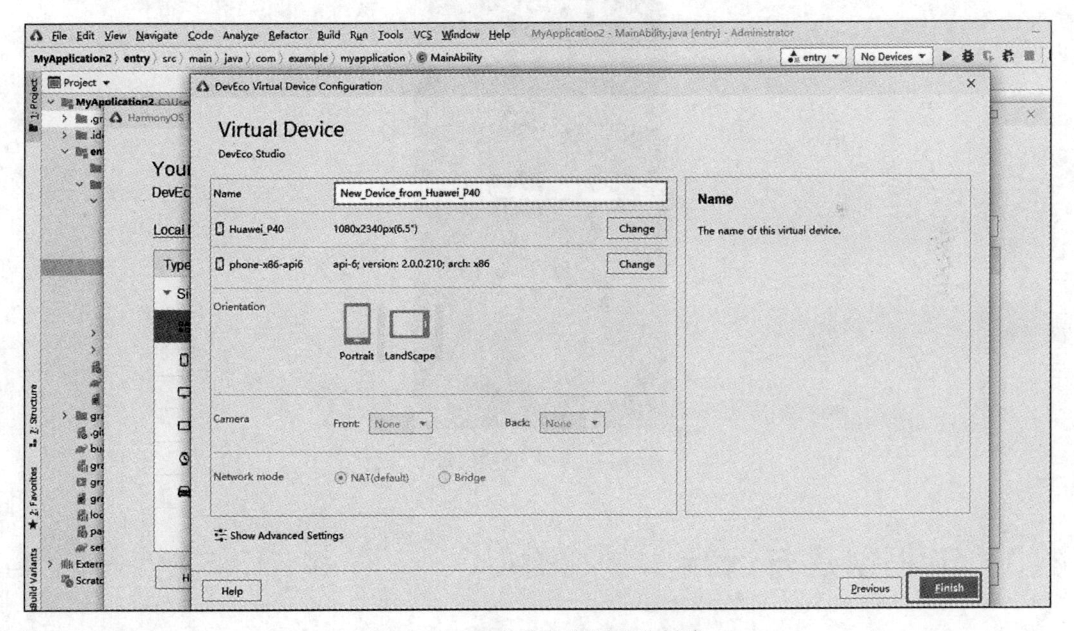

图 1-42　完成本地模拟器的创建

(11) 在本地模拟器列表中选择运行模拟器，如图 1-43 所示。

本地模拟器运行效果如图 1-44 所示。

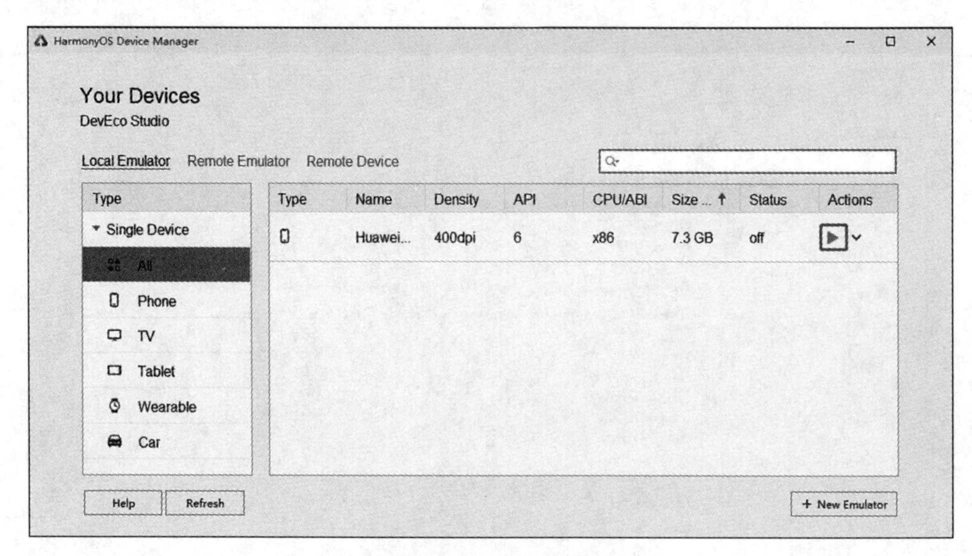

图 1-43 运行本地模拟器

图 1-44 本地模拟器

1.3 工程创建与运行

20min

本节讲解 HarmonyOS 中 Java、JS 和 eTS 3 种模板的工程创建与运行。

1.3.1 Java 工程模板创建

(1) 运行 DevEco Studio,在欢迎窗口单击 Create Project 按钮创建工程,如图 1-45 所示。

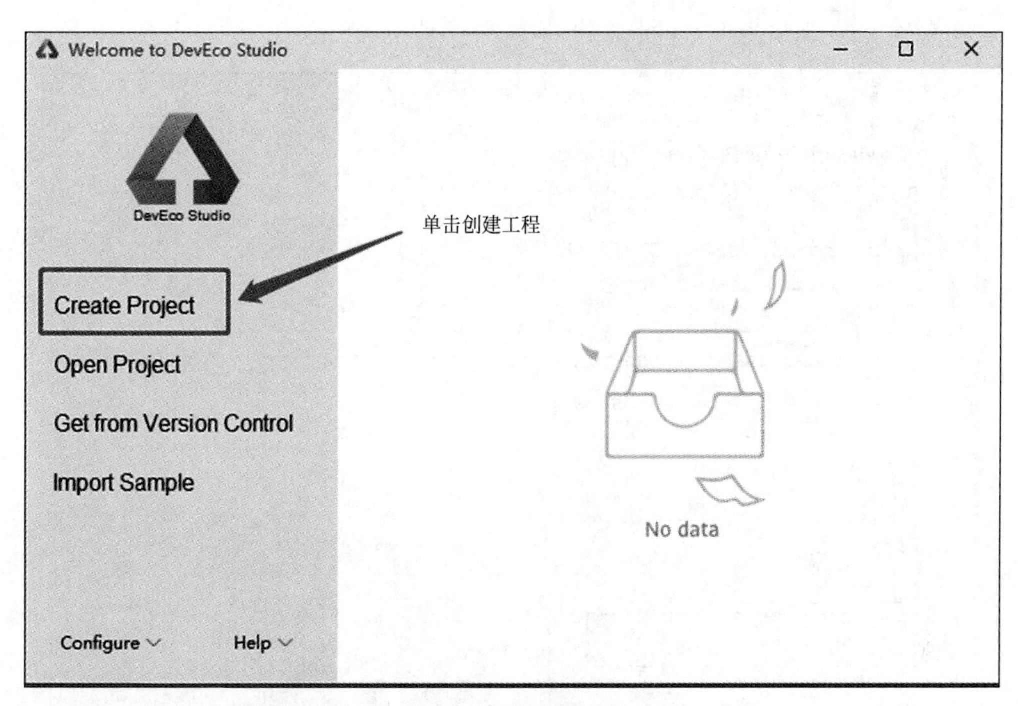

图 1-45　创建工程

(2) 选择 Empty Ability 模板，单击 Next 按钮，如图 1-46 所示。

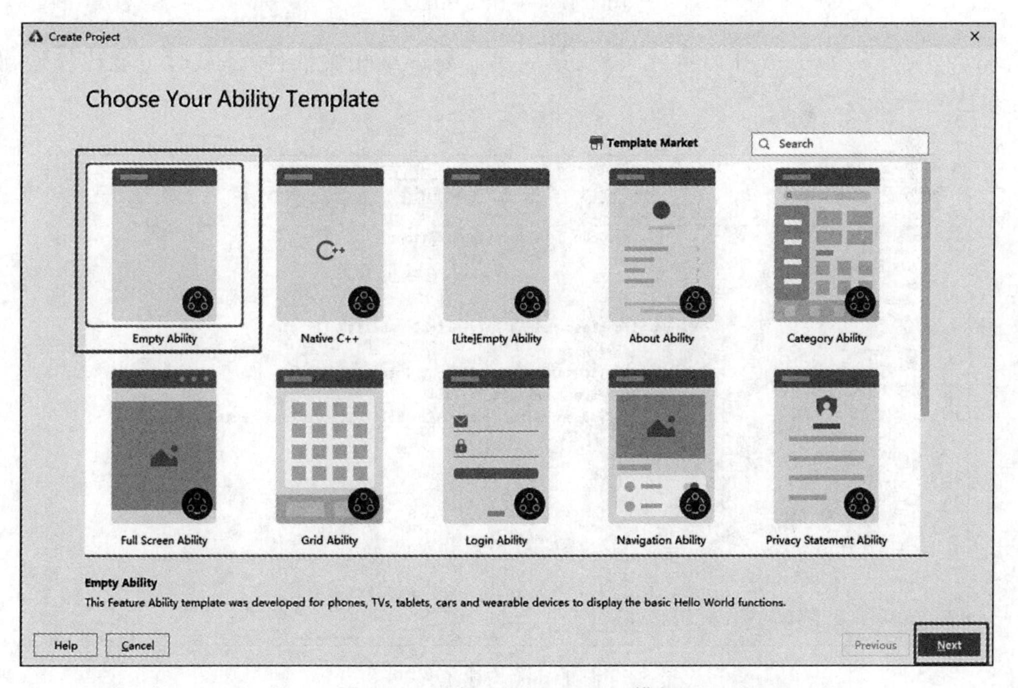

图 1-46　选择 Empty Ability 模板

（3）配置工程，然后单击 Finish 按钮，如图 1-47 所示。

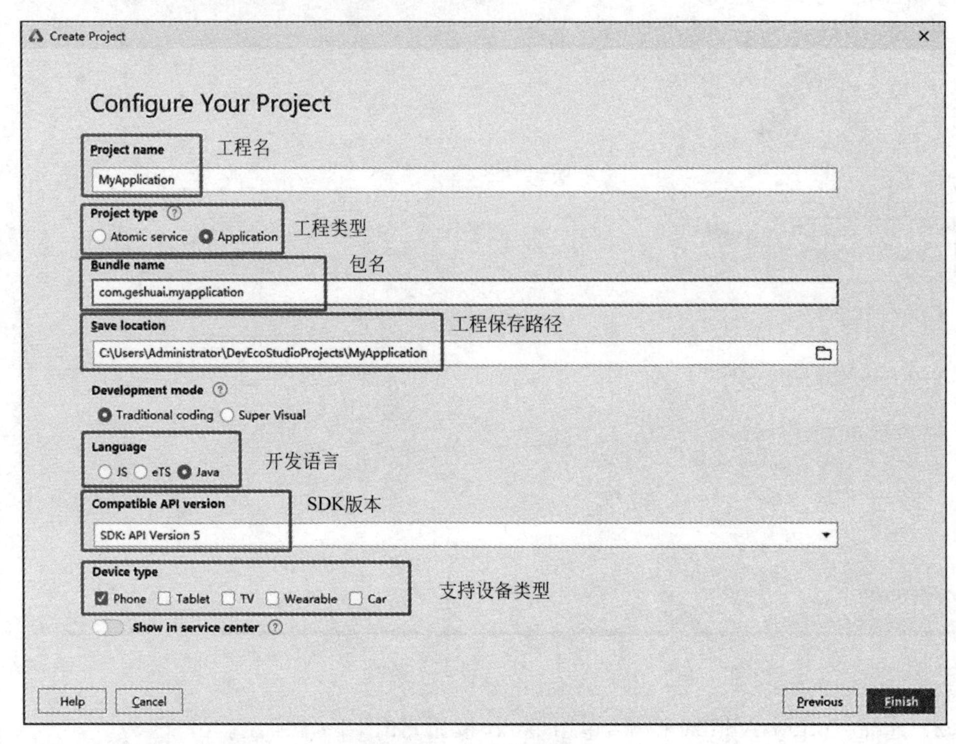

图 1-47　工程属性配置

（4）DevEco Studio 开始构建工程，第一次需要下载相关插件，下载时可能比较慢，如图 1-48 所示。

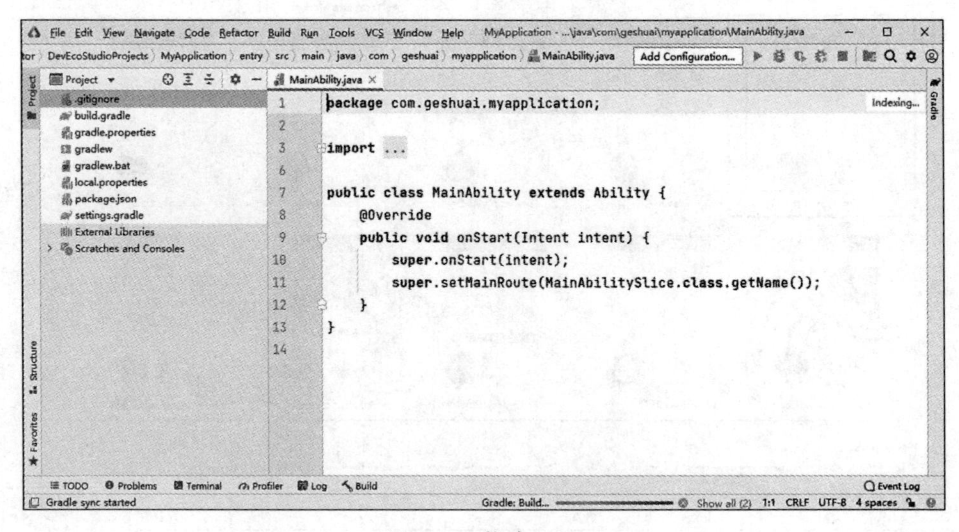

图 1-48　构建工程

(5) 构建完成后，可以预览、运行工程，如图 1-49 所示。

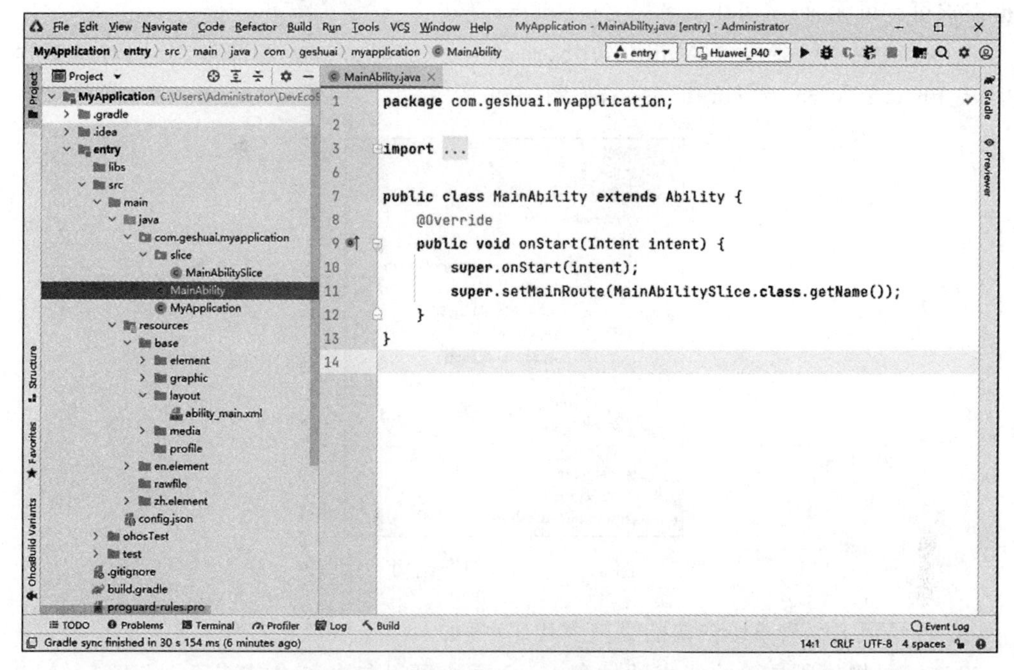

图 1-49 工程目录

1.3.2 工程目录结构介绍

HarmonyOS 的用户应用程序包以 App Pack(Application Package)形式发布，它是由一个或多个 HAP(HarmonyOS Ability Package)及描述每个 HAP 属性的 pack.info 组成。HAP 是 Ability 的部署包，HarmonyOS 应用代码围绕 Ability 组件展开。

一个 HAP 是由代码、资源、第三方库及应用配置文件组成的模块包，可分为 Entry 和 Feature 两种模块类型，如图 1-50 所示。

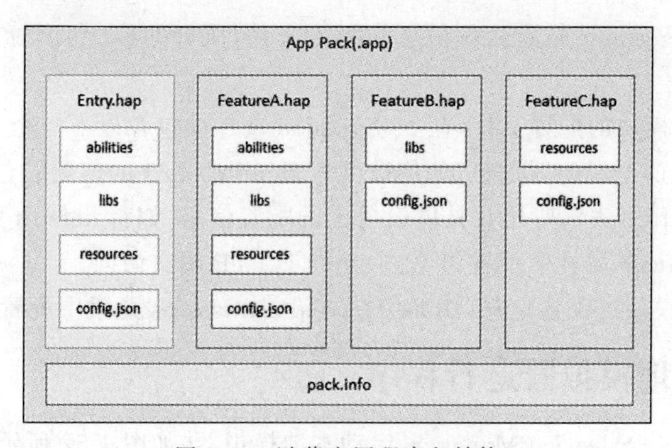

图 1-50 鸿蒙应用程序包结构

Entry 为应用的主模块，Feature 为应用的动态特性模块。主模块必须有，而动态模块根据需求可有可无、可多可少。

每个模块中一般会包含 Abilities、lib、resources、config.json 四部分，分别对应工程中的 Java、libs、resources 和 config.json，如图 1-51 所示。

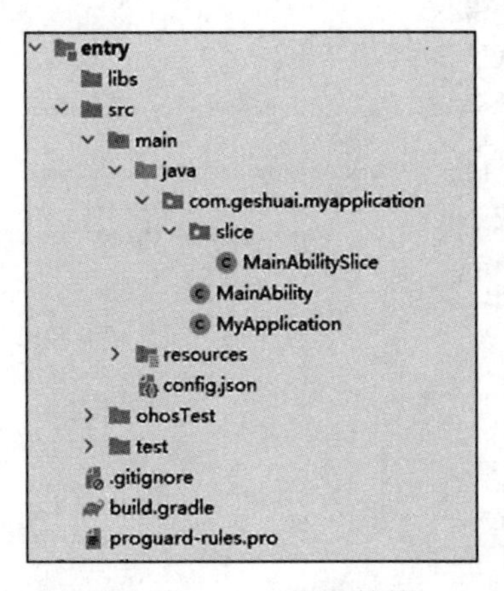

图 1-51　entry 目录结构

libs 目录用于存放模块依赖的第三方代码（例如 so、jar、bin、har 等二进制文件）。

Ability 是模块所具备的能力的抽象，一个模块可以包含一个或多个 Ability。Ability 分为两种类型：FA(Feature Ability)和 PA(Particle Ability)。FA/PA 是应用的基本组成单元，能够实现特定的业务功能。FA 有 UI 界面，而 PA 无 UI 界面。

MainAbility 是一个 FA，MainAbilitySlice 是 MainAbility 的一个页面及其控制逻辑的总和。在 MainAbilitySlice 中实现 UI 布局加载和逻辑处理。

MyApplication 对应程序的生命周期，是程序中生命周期最长的类，在这里可以做资源申请、程序初始化、全局数据共享、资源释放等。

resources 目录用于存放资源文件，如字符串、图片、声频、UI 布局、样式、颜色等，便于开发者使用和维护。

build.gradle 是 gradle 指定依赖信息的配置文件，所有的 jar 包坐标都在 dependencies 属性中放置。

config.json 是模块的配置文件，在 config.json 文件中包含以下三个元素。

(1) app：应用的全局配置信息，如修改元素 bundleName 的值配置包名。

(2) deviceConfig：表示应用在具体设备上的配置信息，如将 default 元素内 network 元素中 cleartextTraffic 的属性值配置为 true，允许 HTTP 明文访问。

(3) module：模块的配置信息，例如可在 reqPermissions 元素中配置应用所需的权限。

1.3.3　本地模拟器运行程序

(1) 单击 Tools → Device Manager，启动本地模拟器，如图 1-52 所示。

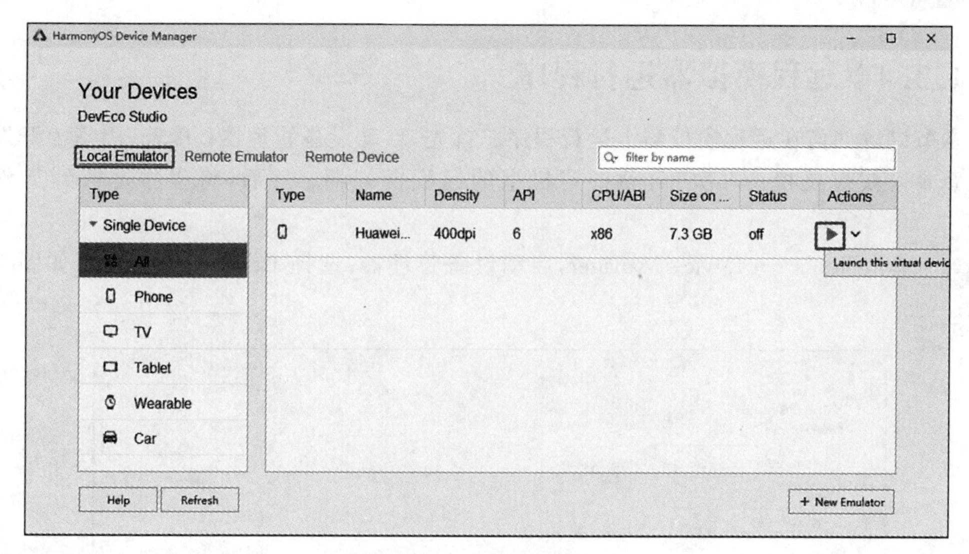

图 1-52 启动本地模拟器

（2）选择本地模拟器，运行工程，如图 1-53 所示。

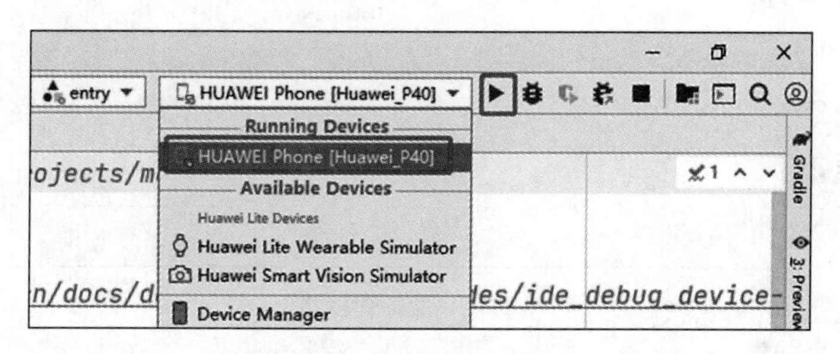

图 1-53 选择工程运行设备

（3）运行效果如图 1-54 所示。

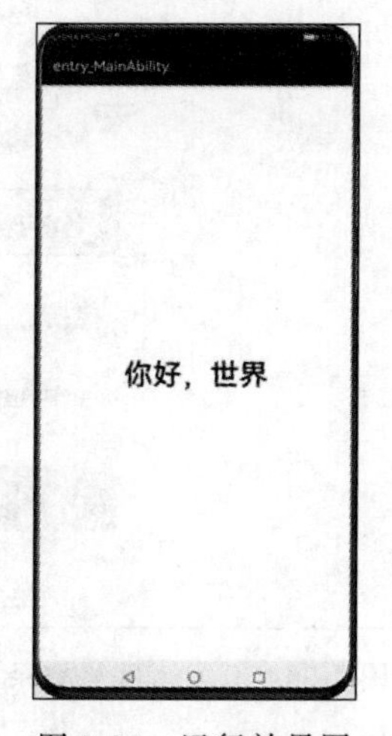

图 1-54 运行效果图

1.3.4 远程模拟器运行程序

本节讲解如何在远程模拟器上运行程序。首先，启动设备管理器；接着，用华为开发者账号登录以获得授权；再次，启动指定机型的远程模拟器；然后，将程序运行到远程模拟器。

(1) 单击 Tools → Device Manager，启动设备管理器，选择 Remote Emulator，如图 1-55 所示。

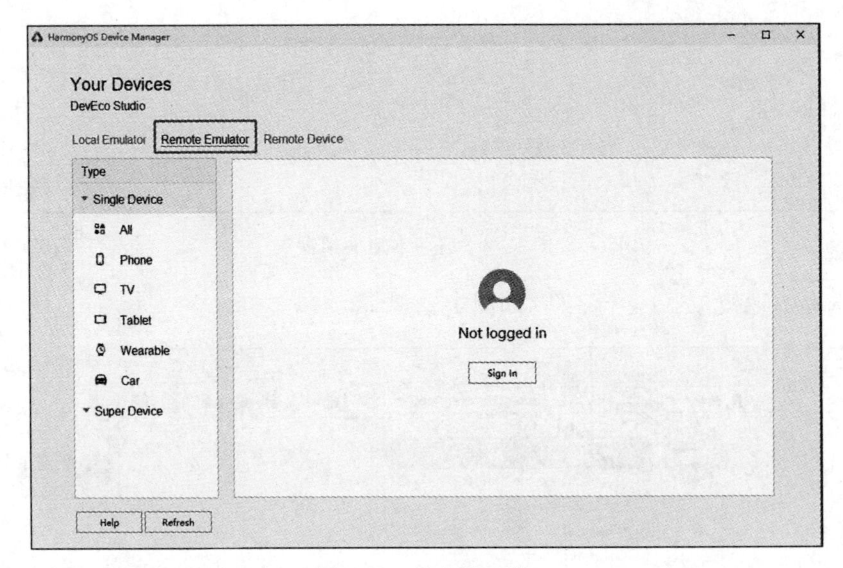

图 1-55 设备管理器

(2) 单击 Sign in 按钮跳转网页登录账号，如图 1-56 所示。

图 1-56 开发者账号登录

(3) 单击“允许”按钮进行授权,如图 1-57 所示。

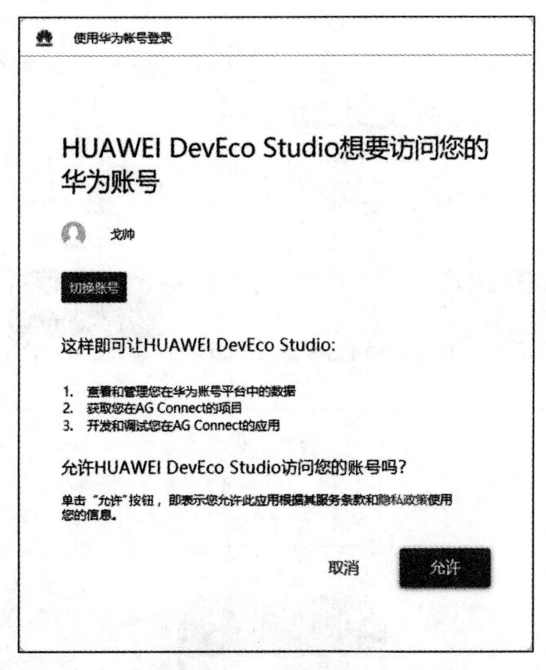

图 1-57　账号授权

(4) 启动 P40 模拟器,如图 1-58 所示。

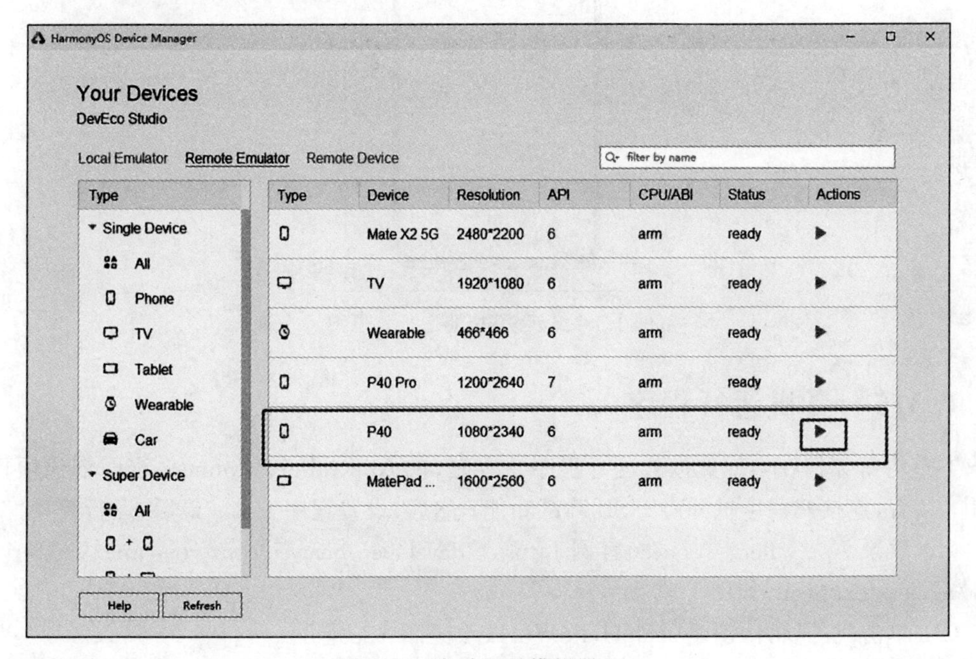

图 1-58　启动远程模拟器 P40

(5) 选择工程运行设备,如图 1-59 所示。

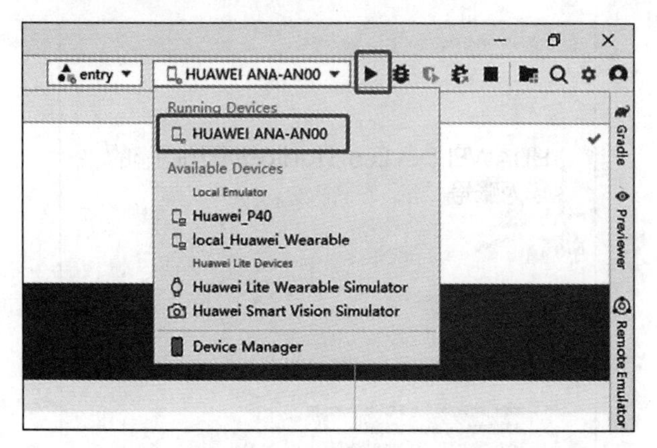

图 1-59 选择工程运行设备

(6) 运行效果如图 1-60 所示。

图 1-60 远程模拟器运行效果图

1.3.5 真机运行程序

本节讲解如何在本地真机上运行程序。首先,在 AppGallery Connect 官网创建项目和应用;接着,连接鸿蒙手机开启 USB 调试功能;然后,设置程序签名;最后,运行程序。

(1) 登录 AppGallery Connect 官网 https://developer.huawei.com/consumer/cn/service/josp/agc/index.html,如图 1-61 所示。

(2) 单击我的项目,创建项目 HelloWorld,如图 1-62 所示。

(3) 单击添加应用,如图 1-63 所示。

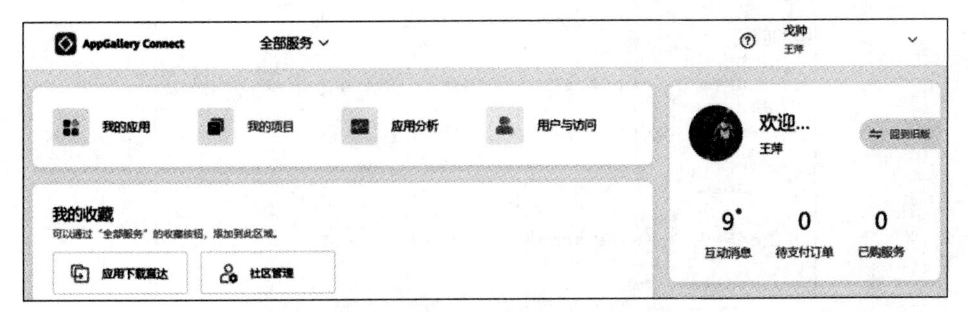

图 1-61 登录 AppGallery 官网

创建项目
* 名称: HelloWorld 10/64
确认 取消

图 1-62 创建项目

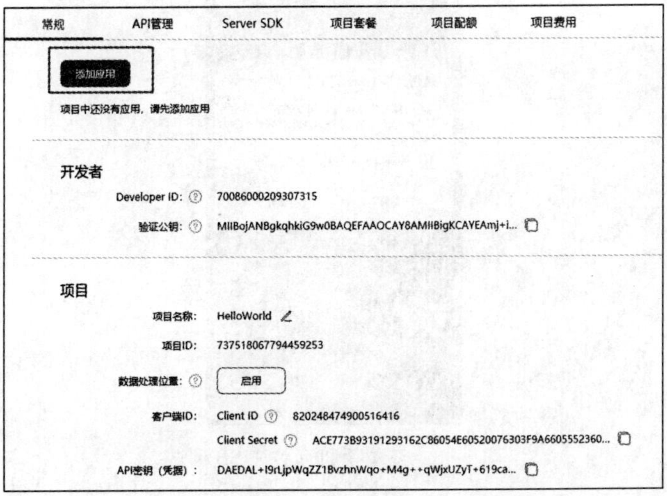

常规 API管理 Server SDK 项目套餐 项目配额 项目费用
添加应用
项目中还没有应用，请先添加应用
开发者
Developer ID: 70086000209307315
验证公钥: MIIBojANBgkqhkiG9w0BAQEFAAOCAY8AMIIBigKCAYEAmj+i...
项目
项目名称: HelloWorld
项目ID: 737518067794459253
数据处理位置: 启用
客户端ID: Client ID 820248474900516416
Client Secret ACE773B93191293162C86054E60520076303F9A6605552360...
API密钥（凭据）: DAEDAL+l9rLjpWqZZ1BvzhnWqo+M4g++qWjxUZyT+619ca...

图 1-63 添加应用

(4) 配置应用，包名要与工程包名一致，如忘记可在 config.json 文件中查看，如图 1-64 所示。

(5) 鸿蒙手机启用开发者模式，连接手机，允许 USB 调试，如图 1-65 所示。

(6) 通过 hdc 命令查看鸿蒙手机 API 版本号，参考代码如下：

```
    hdc shell getprop hw_sc.build.os.apiversion
hdc shell getprop hw_sc.build.os.releasetype
```

图 1-64　配置应用

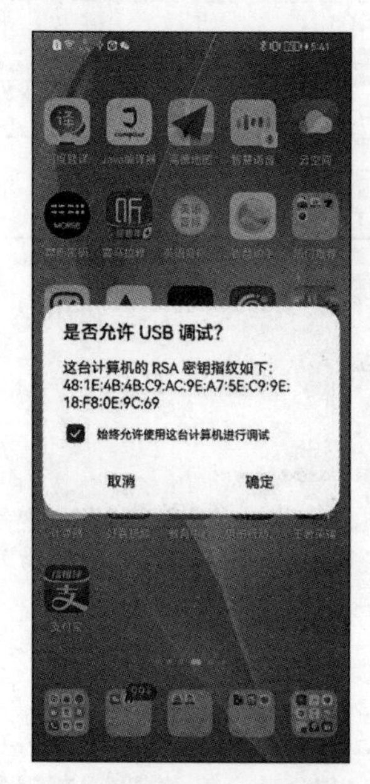

图 1-65　鸿蒙手机允许 USB 调试

（7）查询结果如图 1-66 所示。

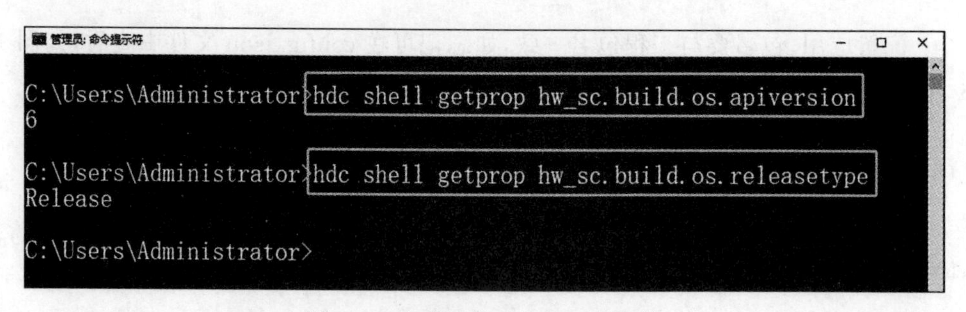

图 1-66　查看鸿蒙手机 API 版本号

(8) 单击 File →Project Structure 确认模块编译 API 版本号与手机一致,本书中使用的是 Nova 8 系列手机,对应 API 为 6,模块编译的 API 版本需要设置为 6,如图 1-67 所示。

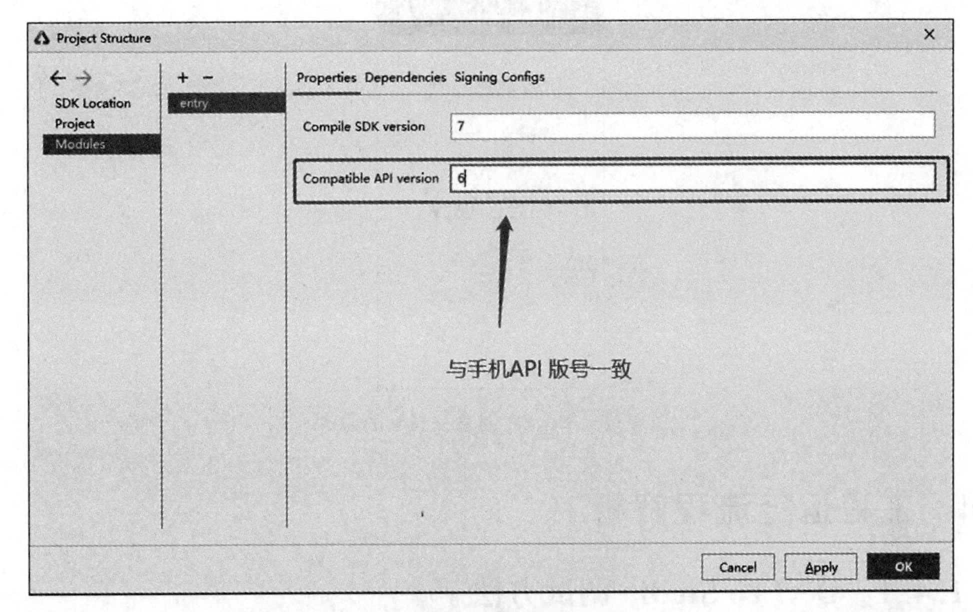

图 1-67 配置模块编译 API 版本号

(9) 设置自动签名,如图 1-68 所示。

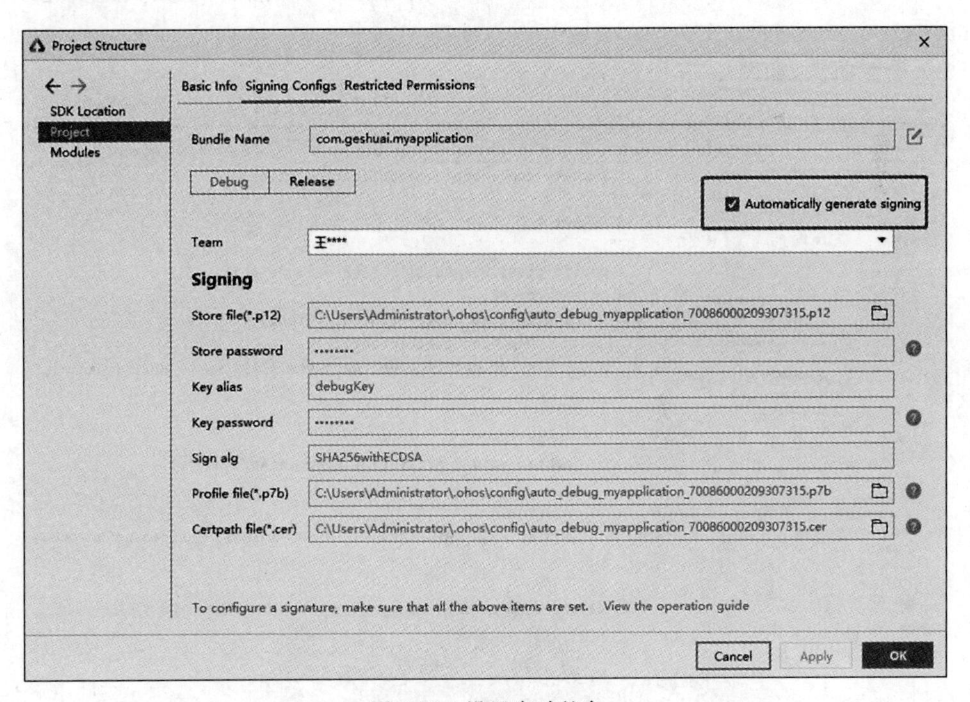

图 1-68 设置自动签名

（10）IDE重新构建工程，将程序运行到真机，运行效果如图1-69所示。

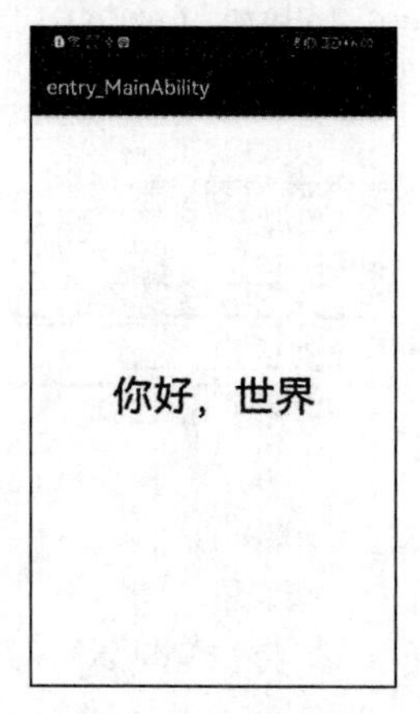

图1-69 Nova 8鸿蒙手机运行效果

1.4 工程运行流程解析

1.4.1 DevEco Studio调试方法

本节讲解DevEco Studio的基础调试方法，帮助大家解决开发中可能遇到的逻辑问题。首先，在关键代码前设置断点；接着，以Debug方式运行程序；然后，观察变量变化或代码执行流程。

（1）设置断点，如图1-70所示。

```
1   package com.example.myapplication.slice;
2
3   import ...
6
7   public class MainAbilitySlice extends AbilitySlice {
8       @Override
9       public void onStart(Intent intent) {
10          super.onStart(intent);
11          super.setUIContent(ResourceTable.Layout_ability_main);
12      }
13
14      @Override
15      public void onActive() { super.onActive(); }
18
19      @Override
20      public void onForeground(Intent intent) { super.onForeground
23  }
24
```

图1-70 设置断点

(2) 以调试方式运行工程,如图 1-71 所示。

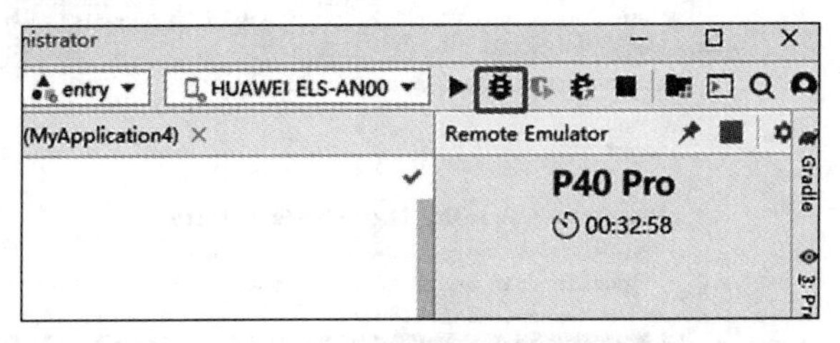

图 1-71 以调试方式运行工程

(3) 在 Debugger 栏查看变量,如图 1-72 所示。

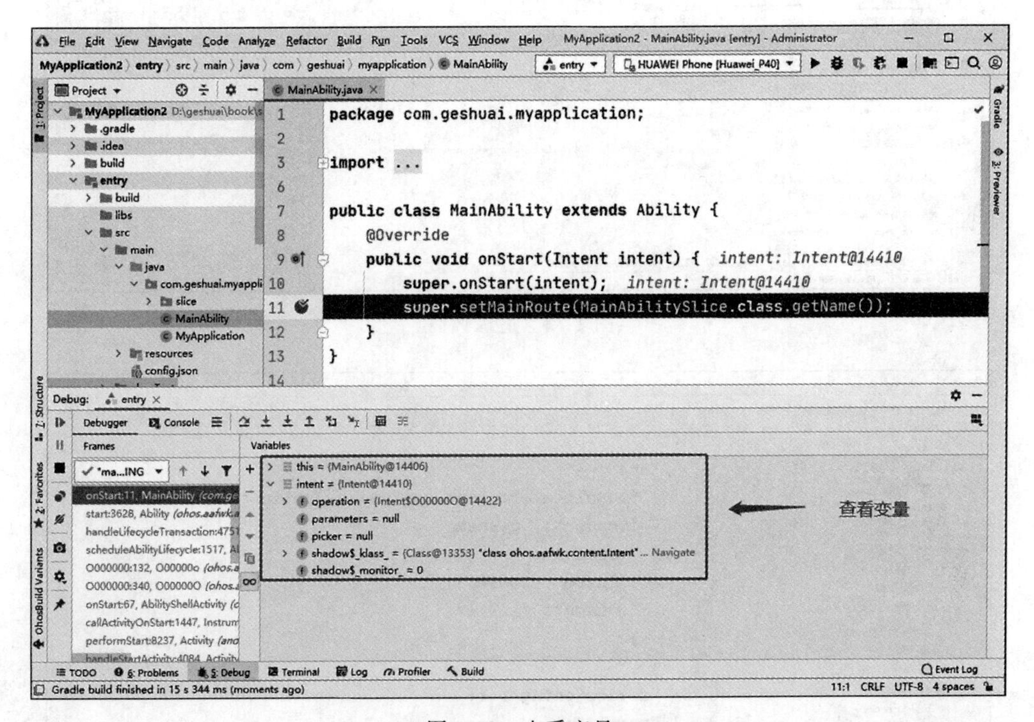

图 1-72 查看变量

(4) 单步执行,追踪代码执行流程,如图 1-73 所示。

到此调试的基础操作讲解完毕。

1.4.2 程序启动流程分析

下面以 Java 语言空工程模板为例讲解程序启动流程。首先,进入 entry 模块,读取 config.json 配置文件;接着,启动 Launcher Ability;然后,加载 AbilitySlice;最后,加载布局文件。

(1) 读取 config.json 配置文件,如图 1-74 所示。

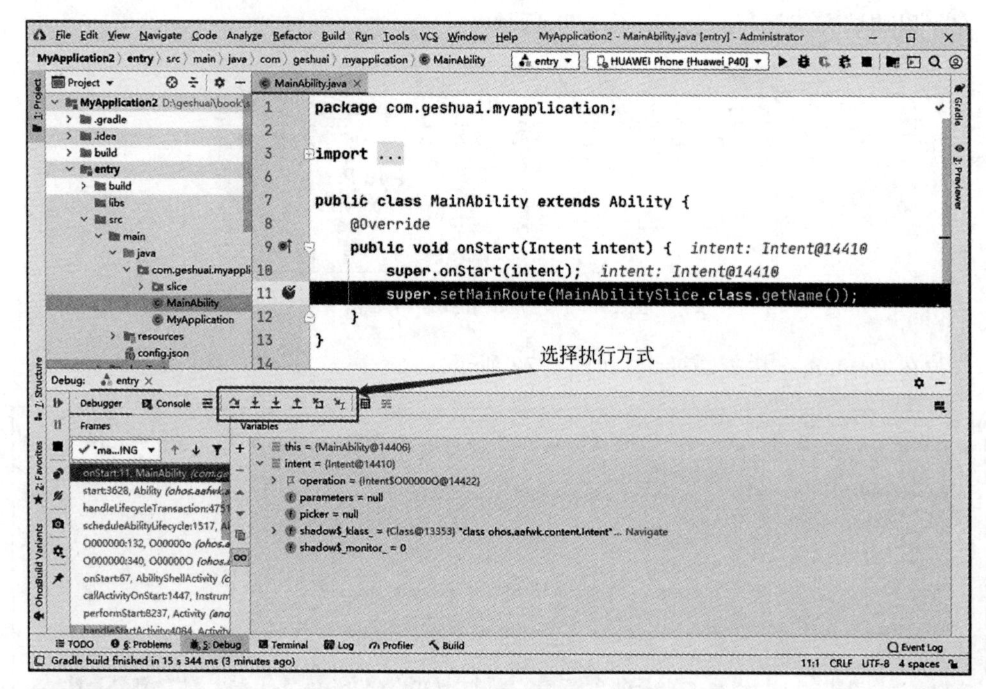

图 1-73 追踪代码

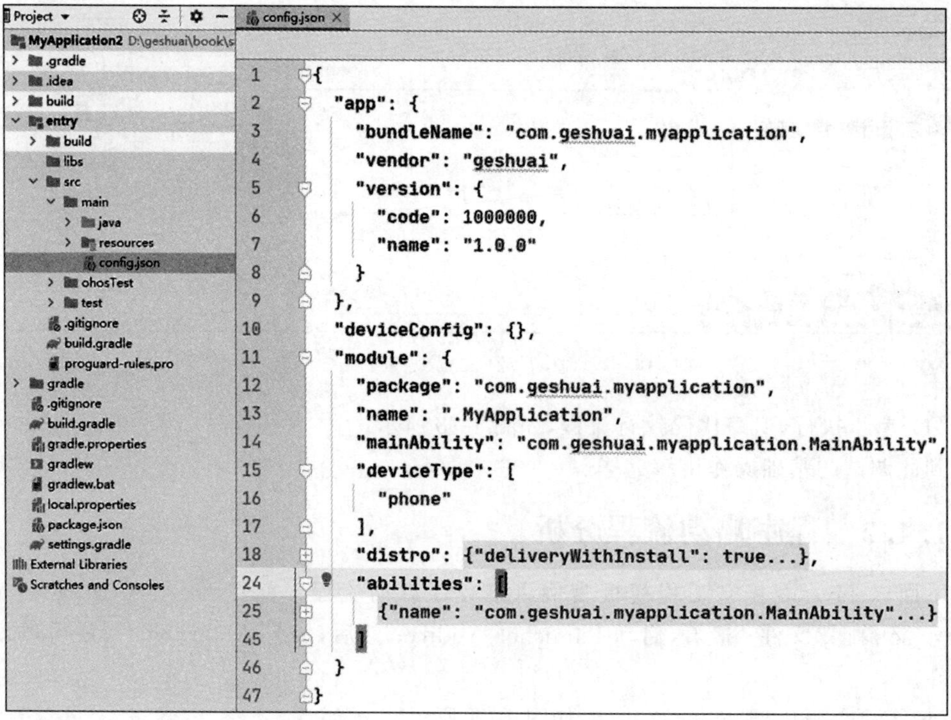

```
{
  "app": {
    "bundleName": "com.geshuai.myapplication",
    "vendor": "geshuai",
    "version": {
      "code": 1000000,
      "name": "1.0.0"
    }
  },
  "deviceConfig": {},
  "module": {
    "package": "com.geshuai.myapplication",
    "name": ".MyApplication",
    "mainAbility": "com.geshuai.myapplication.MainAbility",
    "deviceType": [
      "phone"
    ],
    "distro": {"deliveryWithInstall": true...},
    "abilities": [
      {"name": "com.geshuai.myapplication.MainAbility"...}
    ]
  }
}
```

图 1-74 config.json 配置文件

(2) 启动运行 Launcher Ability(MainAbility),如图 1-75 所示。

```
16          "phone"
17        ],
18        "distro": {"deliveryWithInstall": true...},
24        "abilities": [
25          {
26            "skills": [
27              {
28                "entities": [
29                  "entity.system.home"
30                ],
31                "actions": [
32                  "action.system.home"
33                ]
34              }
35            ],
36            "orientation": "unspecified",
37            "visible": true,
38            "name": "com.geshuai.myapplication.MainAbility",
39            "icon": "$media:icon",
40            "description": Java_Empty Ability,
41            "label": entry_MainAbility,
42            "type": "page",
43            "launchType": "standard"
44          }
45        ]
46      }
47    }
```

Launcher Ability特有

图 1-75 Launcher Ability 配置

(3) 在 MainAbility 中加载 MainAbilitySlice,如图 1-76 所示。

```
1   package com.geshuai.myapplication;
2
3   import ...
6
7   public class MainAbility extends Ability {
8       @Override
9       public void onStart(Intent intent) {
10          super.onStart(intent);
11          super.setMainRoute(MainAbilitySlice.class.getName());
12      }
13  }
14
```

图 1-76 加载 MainAbilitySlice

（4）在 MainAbilitySlice 中加载布局文件 ability_main. xml，如图 1-77 所示。

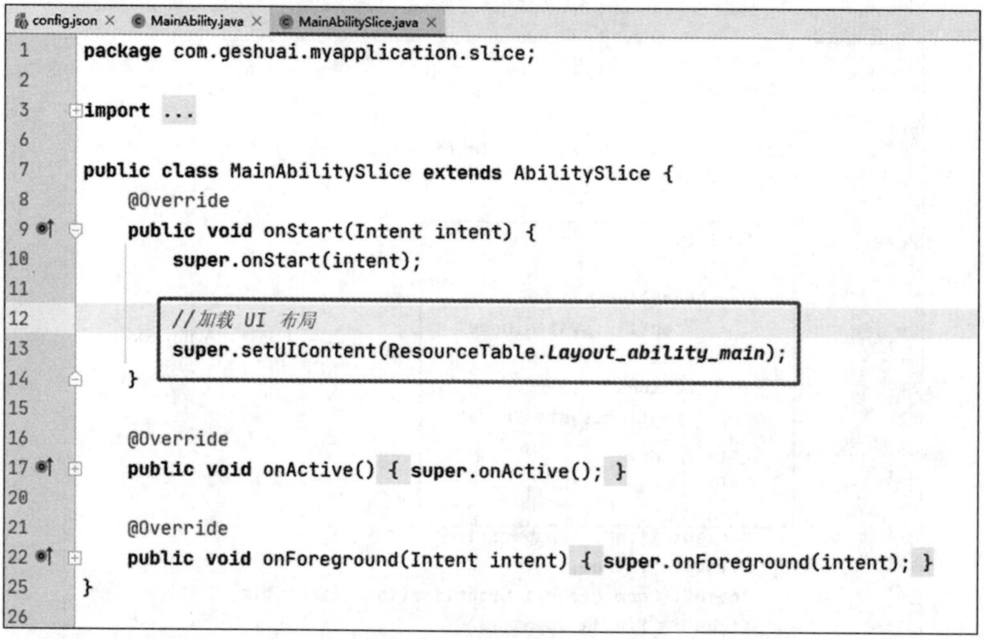

config.json
MainAbility.java
MainAbilitySlice.java
package com.geshuai.myapplication.slice;
import ...
public class MainAbilitySlice extends AbilitySlice {
@Override
public void onStart(Intent intent) {
super.onStart(intent);
//加载 UI 布局
super.setUIContent(ResourceTable.Layout_ability_main);
}
@Override
public void onActive() { super.onActive(); }
@Override
public void onForeground(Intent intent) { super.onForeground(intent); }
}

图 1-77　加载布局文件

（5）ability_main. xml 布局文件，如图 1-78 所示。

Project
MyApplication2 D:\geshuai\book\sample
.gradle
.idea
build
entry
build
libs
src
main
java
resources
base
element
graphic
layout
ability_main.xml
media
profile
en.element
rawfile
zh.element
config.json
ohosTest
test
.gitignore
build.gradle
proguard-rules.pro
gradle
.gitignore
build.gradle
config.json
MainAbility.java
MainAbilitySlice.java
ability_main.xml
<?xml version="1.0" encoding="utf-8"?>
<DirectionalLayout
xmlns:ohos="http://schemas.huawei.com/res/ohos"
ohos:height="match_parent"
ohos:width="match_parent"
ohos:alignment="center"
ohos:orientation="vertical">
<Text
ohos:id="$+id:text_helloworld"
ohos:height="match_content"
ohos:width="match_content"
ohos:background_element="$graphic:background_ability_main"
ohos:layout_alignment="horizontal_center"
ohos:text=Hello World
ohos:text_size="40vp"
/>
</DirectionalLayout>

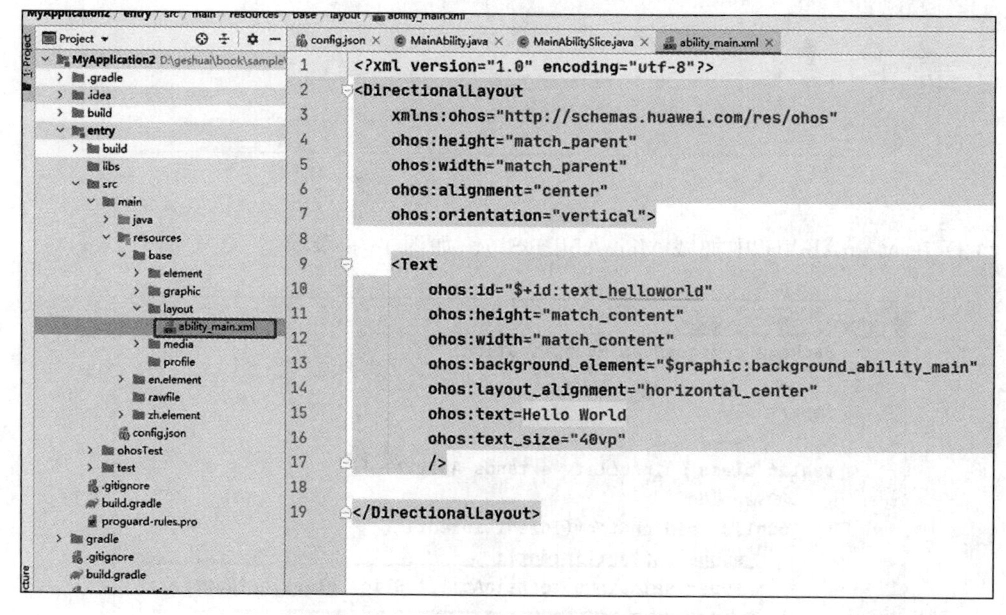

图 1-78　ability_main. xml 布局文件

第2章 UI框架

本章通过15个案例来讲解Java UI框架中常用UI组件和布局的开发方法和步骤。15个案例分别是：跑马灯(Text)、论坛点赞(Button)、楼梯(DirectionalLayout)、标题栏(DependentLayout)、百度搜索(TextField)、调色器(Picker)、图片编辑器(Image/Slider)、新闻列表(ListContainer)、新闻浏览器(ScrollView)、进度显示器(ProgressBar)、单选题(RadioButton/RadioContainer)、多选题(Checkbox)、首页(TabList/Tab)、Web浏览器(WebView)、轮播图(PageSlider/PageSliderIndicator)。

2.1 常用组件案例

2.1.1 案例1：跑马灯(Text)

本案例使用Text组件实现跑马灯功能。跑马灯功能是在单行内滚动显示超过一屏宽度的文本。首先，创建一个Java模板工程；接着，实现UI布局设计；然后，在MainAbilitySlice中实现跑马灯功能。

(1) 创建Java模板工程，工程名为HorseLaceLamp，API版本号为6。

(2) 打开layout目录下的abiliy_main. xml文件，如图2-1所示。

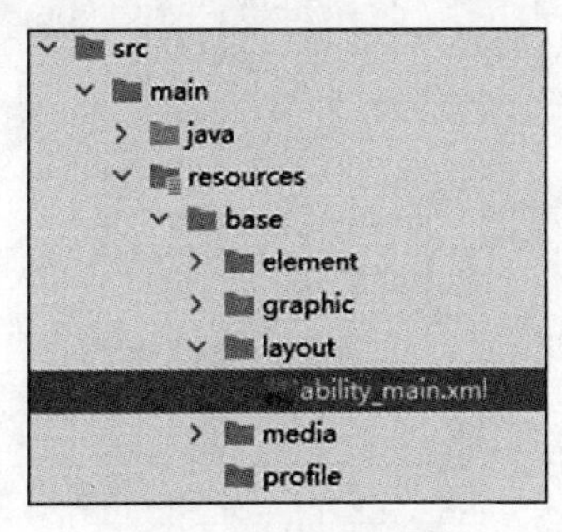

图2-1 布局文件

(3) 在布局中添加1个Text组件,完成布局设计,参考布局如图2-2所示。

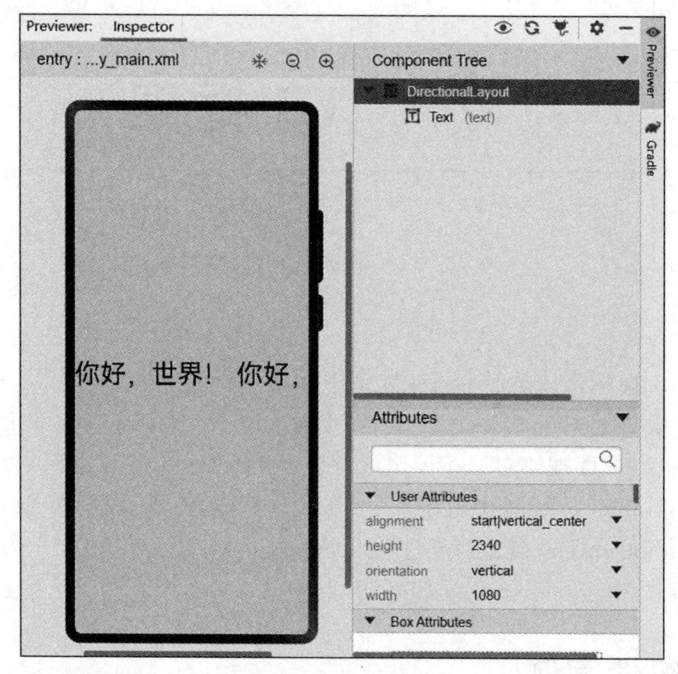

图2-2 跑马灯布局

(4) 参考代码如下:

```
//第2章\HorseLaceLamp\...\layout\ability_main.xml
<?xml version = "1.0" encoding = "utf - 8"?>
< DirectionalLayout
    xmlns:ohos = "http://schemas.huawei.com/res/ohos"
    ohos:height = "match_parent"
    ohos:width = "match_parent"
    ohos:alignment = "vertical_center"
    ohos:orientation = "vertical">

    < Text
        ohos:id = " $ + id:text"
        ohos:height = "match_content"
        ohos:width = "match_content"
        ohos:background_element = " $graphic:background_ability_main"
        ohos:layout_alignment = "horizontal_center"
        ohos:text = "你好,世界! 你好,鸿蒙!"
```

```
        ohos:text_size = "40fp"
        />

</DirectionalLayout>
```

(5) 在 MainAbilitySlice 中通过 id 获取 Text 组件,设置并开启跑马灯功能,参考代码如下:

```
//第 2 章\HorseLaceLamp\...\slice\MainAbilitySlice.java
package com.geshuai.horselacelamp.slice;

import com.geshuai.horselacelamp.ResourceTable;
import ohos.aafwk.ability.AbilitySlice;
import ohos.aafwk.content.Intent;
import ohos.agp.components.Text;

public class MainAbilitySlice extends AbilitySlice {
    Text text; //声明 Text 组件引用类型变量
    @Override
    public void onStart(Intent intent) {
        super.onStart(intent);
        //加载布局文件 ability_main.xml
        super.setUIContent(ResourceTable.Layout_ability_main);

        //通过 id 获取布局中的 Text 组件
        text = findComponentById(ResourceTable.Id_text);

        //将 Text 组件的长文本截断方式设置为自动滚动
        text.setTruncationMode(Text.TruncationMode.AUTO_SCROLLING);

        //将 Text 组件的滚动次数设置为永久滚动
        text.setAutoScrollingCount(-1);

        //开始滚动
        text.startAutoScrolling();
    }
}
```

(6) 单击右侧 Previewer 按钮预览效果,如图 2-3 所示。

注意:如果无法启动 Previewer,则可按照 Settings → DevEco Labs → Previewer 步骤进行设置启用。

(7) 将程序运行到本地模拟器,运行效果如图 2-4 所示。

图 2-3　跑马灯工程预览

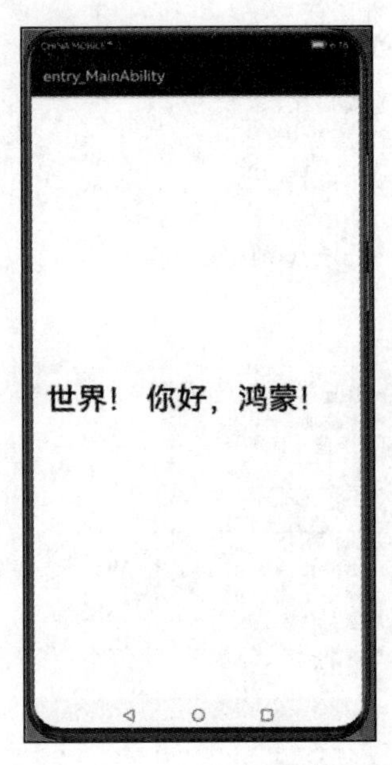

图 2-4　跑马灯运行效果

2.1.2　案例 2：论坛点赞(Button)

本案例使用 Button 组件实现论坛点赞功能。论坛点赞功能是每单击一次按钮数量加 1。首先，创建一个 Java 模板工程；接着，实现 UI 布局设计；然后，在 MainAbilitySlice 中实现论坛点赞功能。

(1) 创建 Java 模板工程，工程名为 ForumPraise，API 版本号为 6。

(2) 在 media 目录下添加点赞图片，如图 2-5 所示。

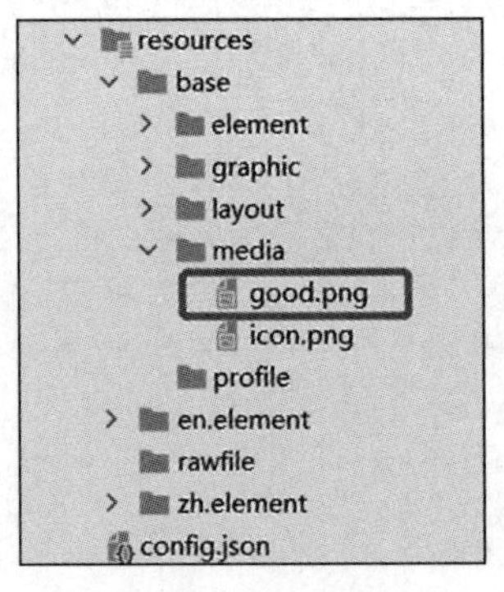

图 2-5　图片文件

(3) 打开 layout 目录下的 abiliy_main. xml 文件。

(4) 在布局中添加 1 个 Button 组件，完成布局设计，参考布局如图 2-6 所示。

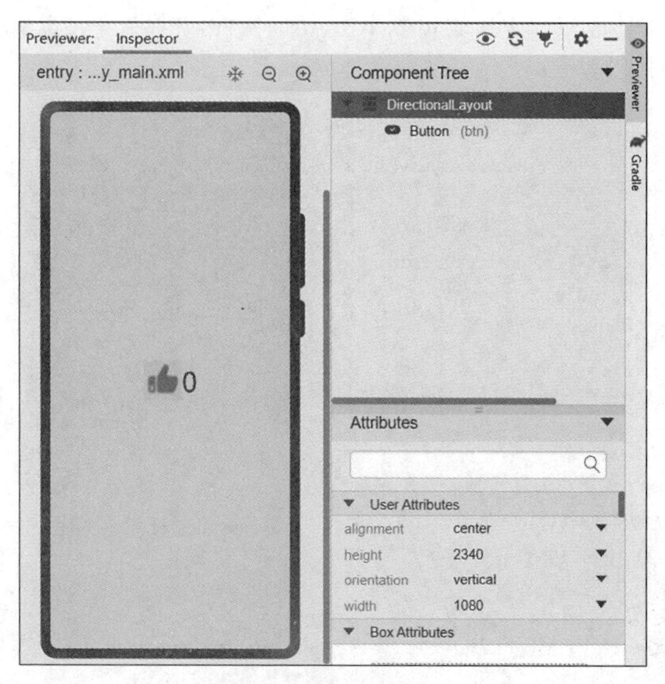

图 2-6 论坛点赞布局

(5) 参考代码如下：

```
//第 2 章\ForumPraise\...\layout\ability_main.xml
<?xml version = "1.0" encoding = "UTF - 8"?>
< DirectionalLayout
    xmlns:ohos = "http://schemas.huawei.com/res/ohos"
    ohos:height = "match_parent"
    ohos:width = "match_parent"
    ohos:alignment = "center"
    ohos:orientation = "vertical">

    < Button
        ohos:id = " $ + id:btn"
        ohos:height = "match_content"
        ohos:width = "match_content"
        ohos:background_element = " $graphic:background_ability_main"
        ohos:layout_alignment = "horizontal_center"
        ohos:text = "0"
        ohos:element_left = " $media:good"
        ohos:text_size = "40vp"
        />

</DirectionalLayout >
```

(6) 在 MainAbilitySlice 中通过 id 获取 Button 组件，并设置单击监听器，在监听器中实现数量自增，参考代码如下：

```
//第 2 章\ForumPraise\...\slice\MainAbilitySlice.java
package com.geshuai.forumpraise.slice;

import com.geshuai.forumpraise.ResourceTable;
import ohos.aafwk.ability.AbilitySlice;
import ohos.aafwk.content.Intent;
import ohos.agp.components.Button;

public class MainAbilitySlice extends AbilitySlice {
    Button btn;                                         //声明 Button 组件引用类型变量
    int number = 0;                                     //声明 int 类型变量
    @Override
    public void onStart(Intent intent) {
        super.onStart(intent);

        //加载布局文件 ability_main.xml
        super.setUIContent(ResourceTable.Layout_ability_main);

        //通过 id 获取布局中的 Button 组件
        btn = findComponentById(ResourceTable.Id_btn);

        //设置 Button 组件的单击监听器
        btn.setClickedListener(component -> {
            number++;                                   //number 变量值 + 1

            //设置 Button 组件的文本
            btn.setText(String.valueOf(number));
        });
    }

    @Override
    public void onActive() {
        super.onActive();
    }

    @Override
    public void onForeground(Intent intent) {
        super.onForeground(intent);
    }
}
```

(7) 单击右侧 Previewer 按钮预览效果，如图 2-7 所示。

(8) 将程序运行到本地模拟器，运行效果如图 2-8 所示。

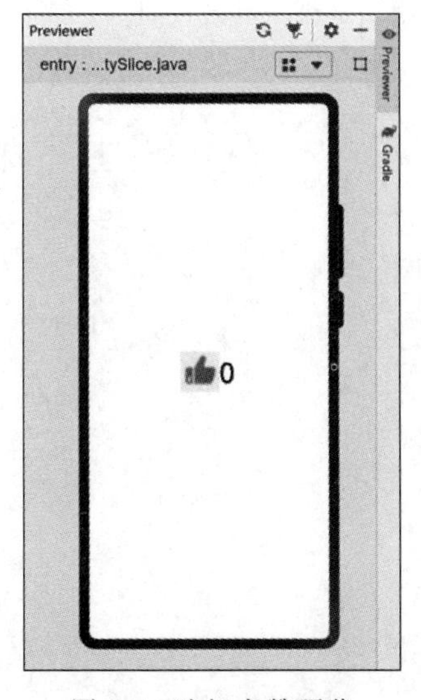

图 2-7　论坛点赞预览

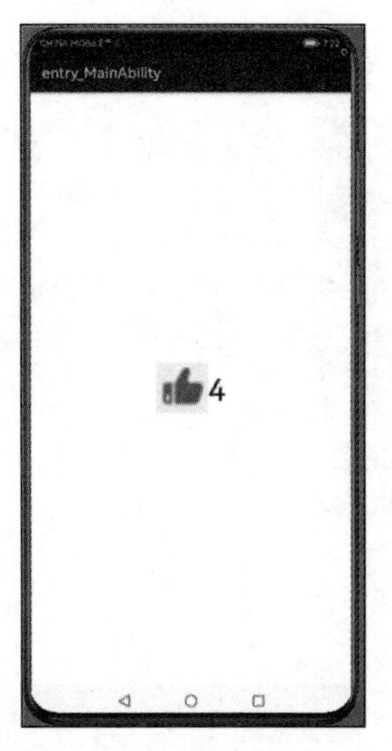

图 2-8　论坛点赞运行效果

2.2　常用布局案例

2.2.1　案例 3：楼梯(DirectionalLayout)

本案例使用线性布局 DirectionalLayout 实现楼梯布局。在线性 DirectionalLayout 中添加 3 个 Text 组件即可完成。首先，创建一个 Java 模板工程；接着，实现 UI 布局设计；然后，预览和运行工程。

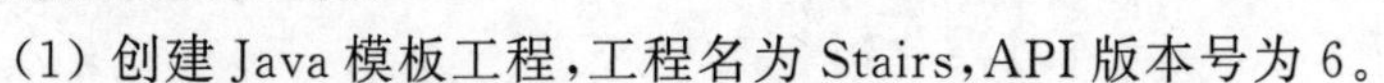

(1) 创建 Java 模板工程，工程名为 Stairs，API 版本号为 6。

(2) 打开 layout 目录下的 abiliy_main.xml 文件。

(3) 在布局中添加 3 个 Text 组件完成布局设计，参考布局如图 2-9 所示。

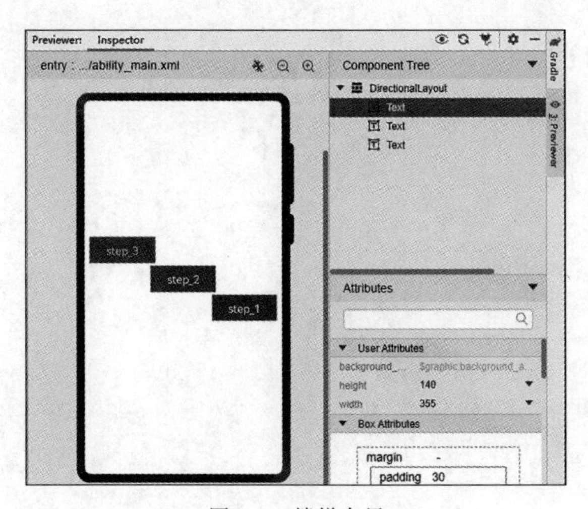

图 2-9　楼梯布局

（4）参考代码如下：

```
//第 2 章\Stairs\...\layout\ability_main.xml
<?xml version = "1.0" encoding = "UTF - 8"?>
< DirectionalLayout
    xmlns:ohos = "http://schemas.huawei.com/res/ohos"
    ohos:height = "match_parent"
    ohos:width = "match_parent"
    ohos:alignment = "center"
    ohos:orientation = "vertical"
    ohos:padding = "10vp">

    < Text
        ohos:height = "match_content"
        ohos:width = "match_content"
        ohos:background_element = " $graphic:background_ability_main"
        ohos:bottom_padding = "10vp"
        ohos:layout_alignment = "left"
        ohos:left_padding = "30vp"
        ohos:right_padding = "30vp"
        ohos:text = "step_3"
        ohos:text_color = "white"
        ohos:text_size = "20vp"
        ohos:top_padding = "10vp"/>

    < Text
        ohos:height = "match_content"
        ohos:width = "match_content"
        ohos:background_element = " $graphic:background_ability_main"
        ohos:bottom_padding = "10vp"
        ohos:layout_alignment = "center"
        ohos:left_padding = "30vp"
        ohos:margin = "5vp"
        ohos:right_padding = "30vp"
        ohos:text = "step_2"
        ohos:text_color = "white"
        ohos:text_size = "20vp"
        ohos:top_padding = "10vp"
        />

    < Text
        ohos:height = "match_content"
        ohos:width = "match_content"
        ohos:background_element = " $graphic:background_ability_main"
        ohos:bottom_padding = "10vp"
        ohos:layout_alignment = "right"
```

```
        ohos:left_padding = "30vp"
        ohos:right_padding = "30vp"
        ohos:text = "step_1"
        ohos:text_color = "white"
        ohos:text_size = "20vp"
        ohos:top_padding = "10vp"
        />

</DirectionalLayout>
```

(5) 修改背景样式文件 background_ability_main. xml,参考代码如下:

```
//第 2 章\Stairs\...\graphic\background_ability_main.xml
<?xml version = "1.0" encoding = "UTF - 8" ?>
< shape xmlns:ohos = "http://schemas.huawei.com/res/ohos"
        ohos:shape = "rectangle">
    < solid
        ohos:color = "#FF1A6CB7"/>
</shape>
```

(6) 单击右侧 Previewer 按钮预览效果,如图 2-10 所示。

(7) 将程序运行到本地模拟器,运行效果如图 2-11 所示。

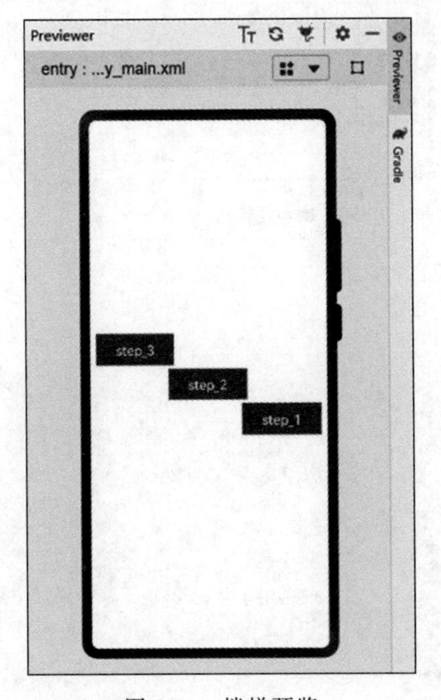

图 2-10 楼梯预览

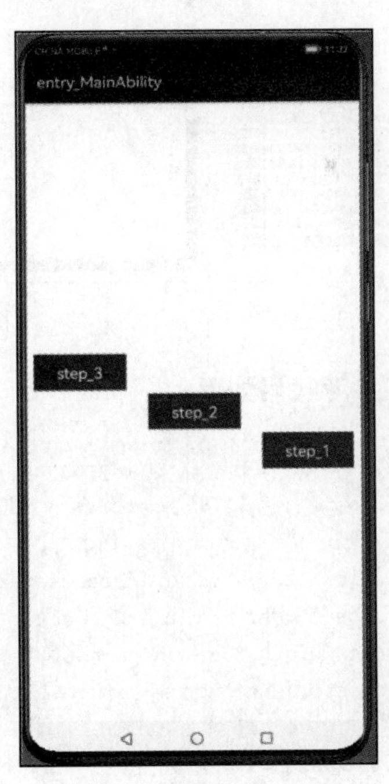

图 2-11 楼梯运行效果

2.2.2 案例4：标题栏（DependentLayout）

本案例使用相对布局 DependentLayout 实现标题栏功能。首先，创建一个 Java 模板工程；其次，实现 UI 布局设计；最后，在 MainAbilitySlice 中实现标题栏功能。

6min

（1）创建 Java 模板工程，工程名为 TitleBlock，API 版本号为 6。

（2）在 DirectionalLayout 中添加 DependentLayout 布局。

（3）在 DependentLayout 中添加 Button 和 Text 组件完成布局设计，参考布局如图 2-12 所示。

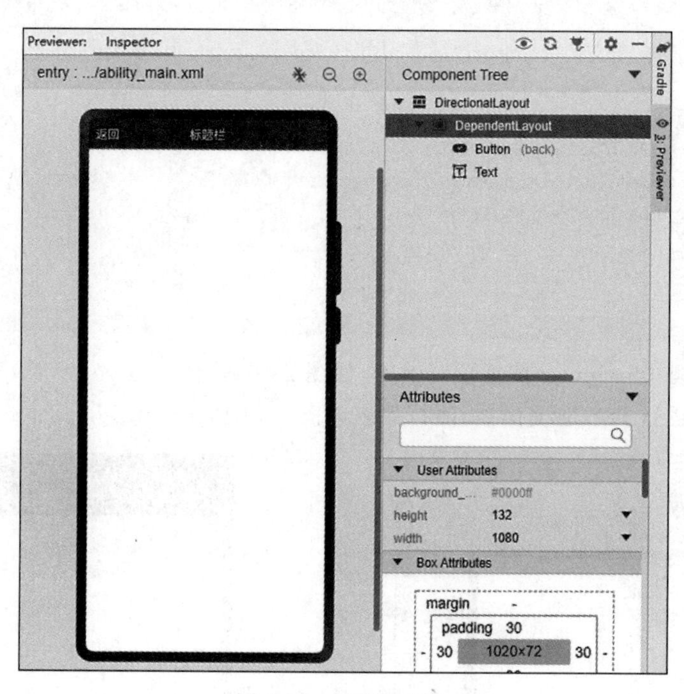

图 2-12 标题栏布局

（4）参考代码如下：

```
//第 2 章\TitleBlock\...\layout\ability_main.xml
<?xml version = "1.0" encoding = "UTF - 8"?>
< DirectionalLayout
    xmlns:ohos = "http://schemas.huawei.com/res/ohos"
    ohos:height = "match_parent"
    ohos:width = "match_parent"
    ohos:orientation = "vertical">

    < DependentLayout
        ohos:height = "match_content"
```

```
        ohos:width = "match_parent"
        ohos:background_element = "#0000ff"
        ohos:padding = "10vp"
        >

        <Button
            ohos:id = "$+id:back"
            ohos:height = "match_content"
            ohos:width = "match_content"
            ohos:align_parent_left = "true"
            ohos:text = "返回"
            ohos:text_color = "#fff"
            ohos:text_size = "18fp"
            ohos:text_weight = "600"
            />

        <Text
            ohos:height = "match_content"
            ohos:width = "match_content"
            ohos:center_in_parent = "true"
            ohos:text = "标题栏"
            ohos:text_color = "#fff"
            ohos:text_size = "18fp"
            ohos:text_weight = "600"
            />
    </DependentLayout>
</DirectionalLayout>
```

(5) 在 MainAbilitySlice 中通过 id 获取 Button 组件，并设置单击监听器，在监听器中实现退出功能，参考代码如下：

```
//第 2 章\TitleBlock\...\slice\MainAbilitySlice.java
package com.geshuai.titleblock.slice;

import com.geshuai.titleblock.ResourceTable;
import ohos.aafwk.ability.AbilitySlice;
import ohos.aafwk.content.Intent;

public class MainAbilitySlice extends AbilitySlice {

    @Override
    public void onStart(Intent intent) {
```

```
        super.onStart(intent);
        super.setUIContent(ResourceTable.Layout_ability_main);

        //给 Button 组件设置单击监听器
        findComponentById(ResourceTable.Id_back).setClickedListener(lis ->{
            terminateAbility(); //结束 Ability
        });
    }
}
```

(6) 运行效果如图 2-13 所示。

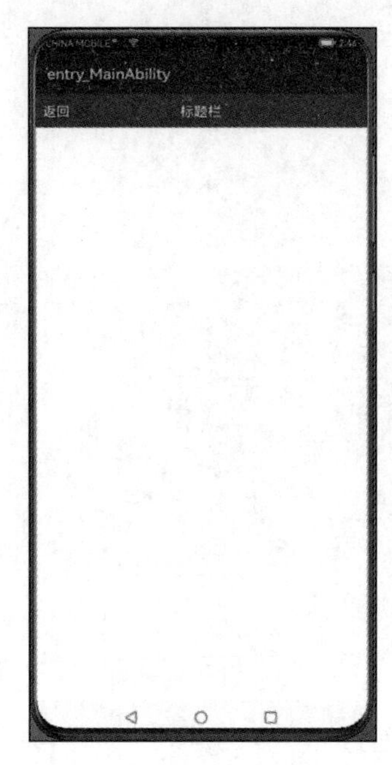

图 2-13　标题栏运行效果

2.3　常用组件与布局综合案例

2.3.1　案例 5：百度搜索(TextField)

本案例使用文本输入框 TextField 组件实现百度搜索 UI 布局。首先，创建一个 Java 模板工程；接着，实现 UI 布局设计；然后，实现 UI 样式设计。

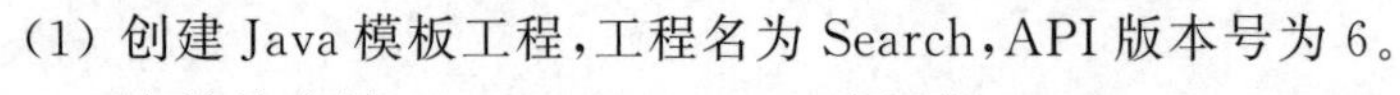

(1) 创建 Java 模板工程，工程名为 Search，API 版本号为 6。

(2) 在线性布局 DirectionalLayout 中添加 Text、TextField 和 Button 组件完成布局设计，参考布局如图 2-14 所示。

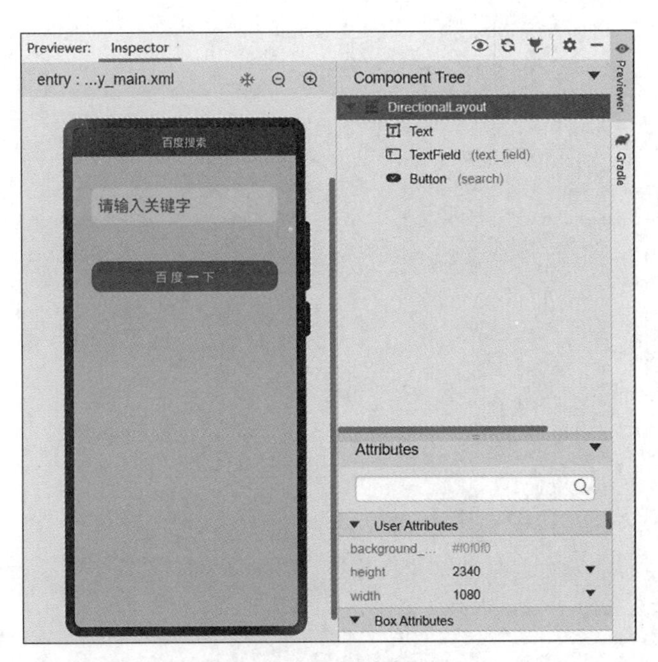

图 2-14 百度搜索布局

(3) 参考代码如下：

```
//第 2 章\Search\...\layout\ability_main.xml
<?xml version = "1.0" encoding = "UTF - 8"?>
< DirectionalLayout
    xmlns:ohos = "http://schemas.huawei.com/res/ohos"
    ohos:height = "match_parent"
    ohos:width = "match_parent"
    ohos:background_element = "#f0f0f0"
    >

    < Text
        ohos:height = "match_content"
        ohos:width = "match_parent"
        ohos:align_parent_top = "true"
        ohos:background_element = "#00f"
        ohos:bottom_margin = "20vp"
        ohos:padding = "10vp"
        ohos:text = "百度搜索"
        ohos:text_alignment = "center"
        ohos:text_color = "white"
        ohos:text_size = "18fp"
        ohos:text_weight = "600"/>

    < TextField
```

```
        ohos:id = "$+id:text_field"
        ohos:height = "match_content"
        ohos:width = "match_parent"
        ohos:background_element = "$graphic:background_textfiled"
        ohos:hint = "请输入关键字"
        ohos:margin = "30vp"
        ohos:padding = "10vp"
        ohos:text_size = "25fp"
        />

    <Button
        ohos:id = "$+id:search"
        ohos:height = "match_content"
        ohos:width = "match_parent"
        ohos:background_element = "$graphic:background_button"
        ohos:margin = "30vp"
        ohos:padding = "10vp"
        ohos:text = "百 度 一 下"
        ohos:text_color = "white"
        ohos:text_size = "20fp"/>
</DirectionalLayout>
```

（4）在 graphic 目录下分别为 TextField 和 Button 组件创建背景样式文件 background_textfiled.xml 和 background_button.xml。

（5）在样式文件 background_textfiled.xml 中，设置背景和圆角属性，参考代码如下：

```
//第 2 章\Search\...\graphic\background_textfiled.xml
<?xml version = "1.0" encoding = "UTF-8" ?>
<shape xmlns:ohos = "http://schemas.huawei.com/res/ohos"
        ohos:shape = "rectangle">
    <solid
        ohos:color = "white"/>
    <corners
        ohos:radius = "10vp"/>
</shape>
```

（6）在样式文件 background_button.xml 中，设置背景和圆角属性，参考代码如下：

```
//第 2 章\Search\...\graphic\background_button.xml
<?xml version = "1.0" encoding = "UTF-8" ?>
<shape xmlns:ohos = "http://schemas.huawei.com/res/ohos"
        ohos:shape = "rectangle">
    <solid
        ohos:color = "#4E6EF2"/>
    <corners
        ohos:radius = "15vp"/>
</shape>
```

(7) 运行效果如图 2-15 所示。

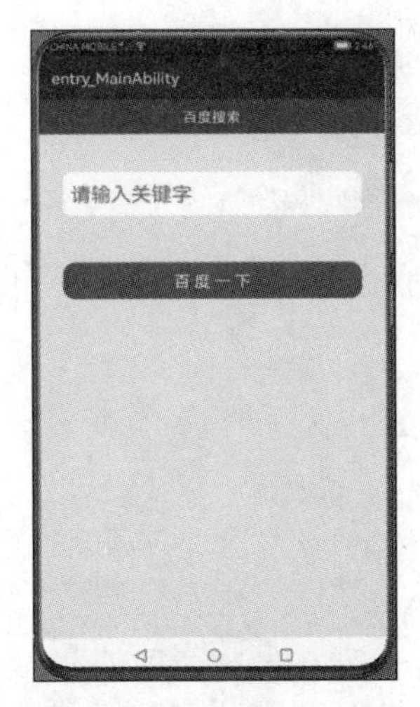

图 2-15 百度搜索运行效果

2.3.2 案例 6：调色器（Picker）

本案例使用 Picker 组件实现调色器功能。首先，创建一个 Java 模板工程；其次，实现 UI 布局设计；接着，实现 UI 样式设计；然后，在 MainAbilitySlice 中实现调色功能。

(1) 创建 Java 模板工程，工程名为 ColorPalette，API 版本号为 6。

(2) 在 abiliy_main.xml 文件中进行 UI 布局设计，参考布局如图 2-16 所示。

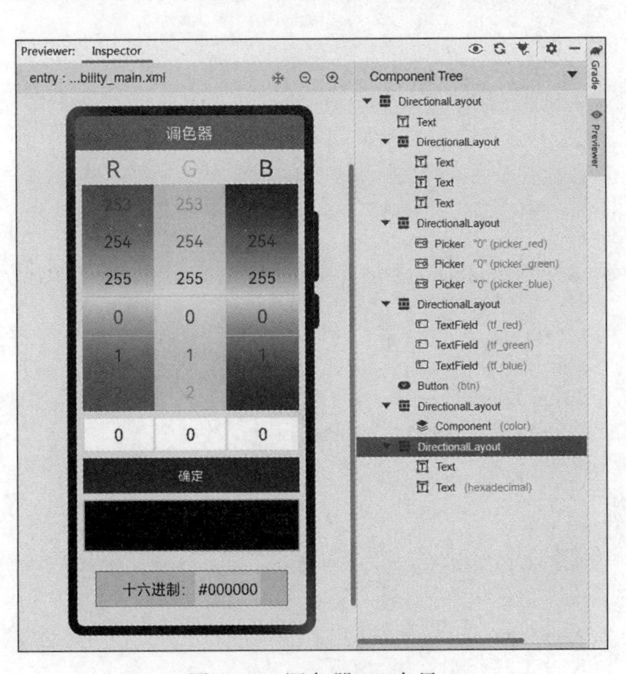

图 2-16 调色器 UI 布局

（3）参考代码如下：

```
//第 2 章\ColorPalette\...\layout\ability_main.xml
<?xml version = "1.0" encoding = "UTF - 8"?>
< DirectionalLayout
    xmlns:ohos = "http://schemas.huawei.com/res/ohos"
    ohos:height = "match_parent"
    ohos:width = "match_parent"
    ohos:alignment = "horizontal_center"
    ohos:background_element = "#efefef"
    ohos:orientation = "vertical">

    < Text
        ohos:height = "match_parent"
        ohos:width = "match_parent"
        ohos:background_element = "#FFFF0000"
        ohos:text = "调色器"
        ohos:text_alignment = "center"
        ohos:text_color = "white"
        ohos:text_size = "25fp"
        ohos:weight = "2"/>

    < DirectionalLayout
        ohos:height = "match_parent"
        ohos:width = "match_parent"
        ohos:orientation = "horizontal"
        ohos:weight = "2">

        < Text
            ohos:height = "match_parent"
            ohos:width = "match_parent"
            ohos:text = "R"
            ohos:text_alignment = "center"
            ohos:text_color = "red"
            ohos:text_size = "35fp"
            ohos:weight = "1"/>

        < Text
            ohos:height = "match_parent"
            ohos:width = "match_parent"
            ohos:text = "G"
            ohos:text_alignment = "center"
            ohos:text_color = "green"
            ohos:text_size = "35fp"
            ohos:weight = "1"/>
```

```
    <Text
        ohos:height = "match_parent"
        ohos:width = "match_parent"
        ohos:text = "B"
        ohos:text_alignment = "center"
        ohos:text_color = "blue"
        ohos:text_size = "35fp"
        ohos:weight = "1"/>
</DirectionalLayout>

<DirectionalLayout
    ohos:height = "match_parent"
    ohos:width = "340vp"
    ohos:orientation = "horizontal"
    ohos:weight = "13">

    <Picker
        ohos:id = "$ + id:picker_red"
        ohos:height = "match_parent"
        ohos:width = "340vp"
        ohos:bottom_line_element = "#FF00FFE0"
        ohos:max_value = "255"
        ohos:min_value = "0"
        ohos:normal_text_color = "#FF0000FF"
        ohos:normal_text_size = "25fp"
        ohos:selected_text_color = "red"
        ohos:selected_text_size = "28fp"
        ohos:selector_item_num = "6"
        ohos:shader_color = "#FFFF0000"
        ohos:top_line_element = "#FF00FFE0"
        ohos:value = "0"
        ohos:weight = "1"
        ohos:wheel_mode_enabled = "true"
        />

    <Picker
        ohos:id = "$ + id:picker_green"
        ohos:height = "match_parent"
        ohos:width = "340vp"
        ohos:bottom_line_element = "#FF00FFE0"
        ohos:max_value = "255"
        ohos:min_value = "0"
        ohos:normal_text_color = "#FF0000FF"
        ohos:normal_text_size = "25fp"
        ohos:selected_text_color = "red"
        ohos:selected_text_size = "28fp"
```

```
            ohos:selector_item_num = "6"
            ohos:shader_color = "#00ff00"
            ohos:top_line_element = "#FF00FFE0"
            ohos:value = "0"
            ohos:weight = "1"
            ohos:wheel_mode_enabled = "true"
            />

        <Picker
            ohos:id = "$+id:picker_blue"
            ohos:height = "match_parent"
            ohos:width = "340vp"
            ohos:bottom_line_element = "#FF00FFE0"
            ohos:max_value = "255"
            ohos:min_value = "0"
            ohos:normal_text_color = "#FF0000FF"
            ohos:normal_text_size = "25fp"
            ohos:selected_text_color = "red"
            ohos:selected_text_size = "28fp"
            ohos:selector_item_num = "6"
            ohos:shader_color = "#FF0000FF"
            ohos:top_line_element = "#FF00FFE0"
            ohos:value = "0"
            ohos:weight = "1"
            ohos:wheel_mode_enabled = "true"
            />
    </DirectionalLayout>

    <DirectionalLayout
        ohos:height = "match_parent"
        ohos:width = "340vp"
        ohos:orientation = "horizontal"
        ohos:top_margin = "10vp"
        ohos:weight = "2">

        <TextField
            ohos:id = "$+id:tf_red"
            ohos:height = "match_parent"
            ohos:width = "match_parent"
            ohos:background_element = "$graphic:background_text_field"
            ohos:text = "0"
            ohos:text_alignment = "center"
            ohos:text_input_type = "pattern_number"
            ohos:text_size = "25vp"
            ohos:weight = "1"
            />
```

```
        <TextField
            ohos:id = "$+id:tf_green"
            ohos:height = "match_parent"
            ohos:width = "match_parent"
            ohos:background_element = "$graphic:background_text_field"
            ohos:text = "0"
            ohos:text_alignment = "center"
            ohos:text_input_type = "pattern_number"
            ohos:text_size = "25vp"
            ohos:weight = "1"
            />

        <TextField
            ohos:id = "$+id:tf_blue"
            ohos:height = "match_parent"
            ohos:width = "match_parent"
            ohos:background_element = "$graphic:background_text_field"
            ohos:text = "0"
            ohos:text_alignment = "center"
            ohos:text_input_type = "pattern_number"
            ohos:text_size = "25vp"
            ohos:weight = "1"
            />
    </DirectionalLayout>

    <Button
        ohos:id = "$+id:btn"
        ohos:height = "match_parent"
        ohos:width = "340vp"
        ohos:background_element = "blue"
        ohos:margin = "10vp"
        ohos:text = "确定"
        ohos:text_color = "white"
        ohos:text_size = "20vp"

        ohos:weight = "2"/>

    <DirectionalLayout
        ohos:height = "match_parent"
        ohos:width = "340vp"
        ohos:background_element = "#FFCACACA"
        ohos:padding = "2vp"
        ohos:weight = "3">
```

```
        <Component
            ohos:id = "$ + id:color"
            ohos:height = "match_parent"
            ohos:width = "match_parent"
            ohos:background_element = "#000000"
            />
    </DirectionalLayout>


    <DirectionalLayout
        ohos:height = "match_parent"
        ohos:width = "match_parent"
        ohos:alignment = "center"
        ohos:margin = "30vp"
        ohos:orientation = "horizontal"
        ohos:weight = "2">

        <Text
            ohos:height = "match_parent"
            ohos:width = "match_content"
            ohos:text = "十六进制: "
            ohos:text_size = "23fp"/>

        <Text
            ohos:id = "$ + id:hexadecimal"
            ohos:height = "match_parent"
            ohos:width = "match_content"
            ohos:background_element = "white"
            ohos:padding = "5vp"
            ohos:text = "#000000"
            ohos:text_size = "23fp"/>
    </DirectionalLayout>

</DirectionalLayout>
```

(4) 为 TextField 组件添加样式 background_text_field,参考代码如下:

```
//第 2 章\ColorPalette\...\graphic\background_text_field.xml
<?xml version = "1.0" encoding = "UTF - 8" ?>
<shape xmlns:ohos = "http://schemas.huawei.com/res/ohos"
        ohos:shape = "rectangle">
    <solid
        ohos:color = "#FFFFFF"/>
    <stroke
        ohos:width = "2vp"
        ohos:color = "#FFEAEAEA"/>
</shape>
```

(5) 在 MainAbilitySlice 中初始化 UI 组件并添加监听器完成功能，参考代码如下：

```
//第 2 章\ColorPalette\...\slice\MainAbilitySlice.java
package com.geshuai.colorpalette.slice;

import com.geshuai.colorpalette.ResourceTable;
import com.geshuai.colorpalette.util.Toast;
import ohos.aafwk.ability.AbilitySlice;
import ohos.aafwk.content.Intent;
import ohos.agp.colors.RgbColor;
import ohos.agp.components.*;
import ohos.agp.components.element.ShapeElement;

public class MainAbilitySlice extends AbilitySlice {
    //声明三元色 Picker 变量
    Picker picker_red;
    Picker picker_green;
    Picker picker_blue;

    Button button;                    //声明确定按钮变量

    //声明三元色数值输入组件 TextField 变量
    TextField tf_red;
    TextField tf_green;
    TextField tf_blue;

    //声明颜色展示组件变量
    Component color;

    //声明 Text 组件变量  显示最终颜色的 RGB 值
    Text hexadecimal;

    //最终展示颜色元素
    ShapeElement shapeElement = new ShapeElement();
    RgbColor rgbColor = new RgbColor();

    //存放 RGB 颜色值
    int r = 0;
    int g = 0;
    int b = 0;

    @Override
    public void onStart(Intent intent) {
        super.onStart(intent);
        super.setUIContent(ResourceTable.Layout_ability_main);
```

```
        initView();                          //初始 Component 组件
        initListener();                      //初始化监听器

    }

    /**
     * 初始化监听器
     */
    private void initListener() {
        //为红色的 picker 设置数值以改变监听器
        picker_red.setValueChangedListener((picker1, oldVal, newVal) -> {
            r = newVal;                      //保存改变后的值
            tf_red.setText(r + "");          //更新红色数值输入框的值
            setColor();                      //更新,最终展示颜色

            //更新,最终颜色的 RGB 值
            hexadecimal.setText("#" + String.format("%02x", r) + String.format("%02x",
g) + String.format("%02x", b));
        });

        picker_green.setValueChangedListener((picker1, oldVal, newVal) -> {
            g = newVal;
            tf_green.setText(g + "");
            setColor();
            hexadecimal.setText("#" + String.format("%02x", r) + String.format("%02x",
g) + String.format("%02x", b));
        });

        picker_blue.setValueChangedListener((picker1, oldVal, newVal) -> {
            b = newVal;
            tf_blue.setText(b + "");
            setColor();
            hexadecimal.setText("#" + String.format("%02x", r) + String.format("%02x",
g) + String.format("%02x", b));
        });

        //给确定按钮添加单击监听器
        button.setClickedListener(lis -> {
            //判断输入的 RGB 值是否合法,如果超出范围,则使用默认值 0
            if (Integer.parseInt(tf_red.getText()) > 255 || Integer.parseInt(tf_green.getText()) >
255|| Integer.parseInt(tf_blue.getText()) > 255) {
                Toast.makeToast(this, "请输入 256 以下的数", Toast.TOAST_LONG);
                tf_red.setText(0 + "");
                tf_green.setText(0 + "");
                tf_blue.setText(0 + "");
```

```
                r = 0;
                g = 0;
                b = 0;

                setColor();

                picker_red.setValue(r);
                picker_green.setValue(g);
                picker_blue.setValue(b);
            } else {
                picker_red.setValue(Integer.parseInt(tf_red.getText()));
                picker_green.setValue(Integer.parseInt(tf_green.getText()));
                picker_blue.setValue(Integer.parseInt(tf_blue.getText()));
            }
        });
    }

    /**
     * 设置展示区的背景颜色
     */
    private void setColor() {
        rgbColor.setBlue(b);
        rgbColor.setGreen(g);
        rgbColor.setRed(r);
        shapeElement.setRgbColor(rgbColor);
        color.setBackground(shapeElement);
    }

    private void initView() {
        picker_red = (Picker) findComponentById(ResourceTable.Id_picker_red);
        picker_green = (Picker) findComponentById(ResourceTable.Id_picker_green);
        picker_blue = (Picker) findComponentById(ResourceTable.Id_picker_blue);

        button = (Button) findComponentById(ResourceTable.Id_btn);

        tf_red = (TextField) findComponentById(ResourceTable.Id_tf_red);
        tf_green = (TextField) findComponentById(ResourceTable.Id_tf_green);
        tf_blue = (TextField) findComponentById(ResourceTable.Id_tf_blue);

        color = findComponentById(ResourceTable.Id_color);
        hexadecimal = (Text) findComponentById(ResourceTable.Id_hexadecimal);
    }

}
```

（6）创建 util 包并在该包创建 Toast 工具类，参考代码如下：

```
//第 2 章\ColorPalette\...\util\Toast.java
package com.geshuai.colorpalette.util;

import ohos.agp.colors.RgbColor;
import ohos.agp.components.AttrHelper;
import ohos.agp.components.DirectionalLayout;
import ohos.agp.components.Text;
import ohos.agp.components.element.ShapeElement;
import ohos.agp.utils.TextAlignment;
import ohos.agp.window.dialog.ToastDialog;
import ohos.app.Context;

/**
 * The Toast
 */
public class Toast {
    /**
     * 1000ms
     */
    public static final int TOAST_SHORT = 1000;

    /**
     * 2000ms
     */
    public static final int TOAST_LONG = 2000;

    //Toast offset
    private static final int TOAST_OFFSETX = 0;
    private static final int TOAST_OFFSETY = 180;

    //Shape arg
    private static final int SHAPE_CORNER_RADIO = 18;
    private static final int SHAPE_RGB_COLOR_RED = 188;
    private static final int SHAPE_RGB_COLOR_GREEN = 188;
    private static final int SHAPE_RGB_COLOR_BLUE = 188;

    //Text arg
    private static final int TEXT_PADDING_LEFT = 8;
    private static final int TEXT_PADDING_TOP = 4;
    private static final int TEXT_PADDING_RIGHT = 8;
    private static final int TEXT_PADDING_BOTTOM = 4;
    private static final int TEXT_SIZE = 16;
```

```
    /**
     * Get ItemList
     *
     * @param context  context
     * @param text     text
     * @param duration duration
     * @return toastDialog
     */
    public static ToastDialog makeToast(Context context, String text, int duration) {
        Text toastText = new Text(context);

        ShapeElement shapeElement = new ShapeElement();
        shapeElement.setShape(ShapeElement.RECTANGLE);
        shapeElement.setCornerRadius(AttrHelper.vp2px(SHAPE_CORNER_RADIO, context));
        shapeElement.setRgbColor(new RgbColor(SHAPE_RGB_COLOR_RED, SHAPE_RGB_COLOR_GREEN,
SHAPE_RGB_COLOR_BLUE));

        toastText.setComponentSize(
                DirectionalLayout.LayoutConfig.MATCH_CONTENT, DirectionalLayout.LayoutConfig.
MATCH_CONTENT);
        toastText.setPadding(
                AttrHelper.vp2px(TEXT_PADDING_LEFT, context),
                AttrHelper.vp2px(TEXT_PADDING_TOP, context),
                AttrHelper.vp2px(TEXT_PADDING_RIGHT, context),
                AttrHelper.vp2px(TEXT_PADDING_BOTTOM, context));
        toastText.setTextAlignment(TextAlignment.CENTER);
        toastText.setTextSize(AttrHelper.vp2px(TEXT_SIZE, context));
        toastText.setBackground(shapeElement);
        toastText.setText(text);

        ToastDialog toastDialog = new ToastDialog(context);
        toastDialog
                .setContentCustomComponent(toastText)
                .setDuration(duration)
                .setTransparent(true)
                .setOffset(TOAST_OFFSETX, TOAST_OFFSETY)
                 .setSize(DirectionalLayout.LayoutConfig.MATCH_CONTENT, DirectionalLayout.
LayoutConfig.MATCH_CONTENT);

        return toastDialog;
    }
}
```

(7) 运行效果如图 2-17 所示。

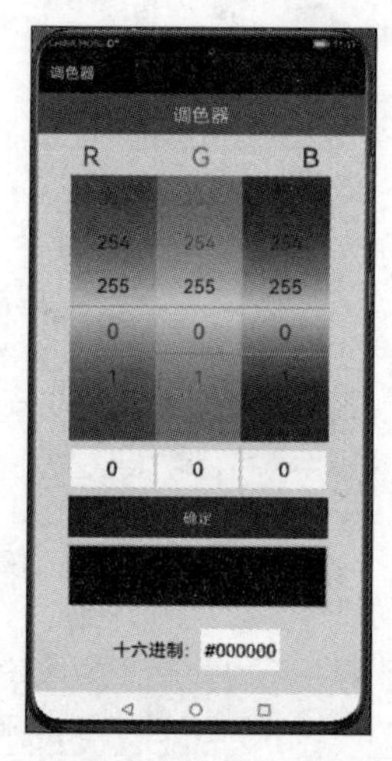

图 2-17 调色器运行效果

5min

2.3.3 案例 7：图片编辑器（Image/Slider）

本案例使用 Slider 组件实现 Image 图片编辑功能。首先，创建一个 Java 模板工程；接着，实现 UI 布局设计；然后，在 MainAbilitySlice 中实现图片编辑器功能。

(1) 创建 Java 模板工程，工程名为 ImageEditor，API 版本号为 6。

(2) UI 布局设计与实现，添加 Image、Text、Slider 组件，参考布局如图 2-18 所示。

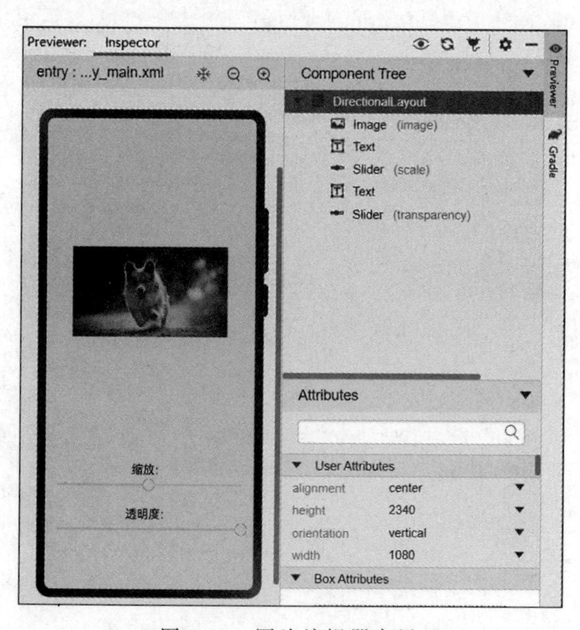

图 2-18 图片编辑器布局

（3）参考代码如下：

```
//第 2 章\ImageEditor\...\layout\ability_main.xml
<?xml version = "1.0" encoding = "UTF - 8"?>
< DirectionalLayout
    xmlns:ohos = "http://schemas.huawei.com/res/ohos"
    ohos:height = "match_parent"
    ohos:width = "match_parent"
    ohos:alignment = "center"
    ohos:orientation = "vertical"
    ohos:padding = "10vp">

    < Image
        ohos:id = " $ + id:image"
        ohos:height = "400vp"
        ohos:width = "600vp"
        ohos:image_src = " $media:image"
        ohos:scale_mode = "center"
        />

    < Text
        ohos:height = "match_content"
        ohos:width = "match_content"
        ohos:text = "缩放："
        ohos:text_size = "20fp"
        ohos:top_margin = "80vp"
        />

    < Slider
        ohos:id = " $ + id:scale"
        ohos:height = "match_content"
        ohos:width = "match_parent"
        ohos:max = "200"
        ohos:min = "0"
        ohos:progress = "100"
        ohos:step = "2"
        />

    < Text
        ohos:height = "match_content"
        ohos:width = "match_content"
        ohos:text = "透明度："
        ohos:text_size = "20fp"
        ohos:top_margin = "20vp"
        />
```

```
    <Slider
        ohos:id = "$+id:transparency"
        ohos:height = "match_content"
        ohos:width = "match_parent"
        ohos:max = "100"
        ohos:progress = "100"
        />
</DirectionalLayout>
```

（4）在MainAbilitySlice中初始化UI组件并给Slider组件添加滑动监听器完成图片编辑功能，参考代码如下：

```
//第2章\ImageEditor\...\slice\MainAbilitySlice.java
package com.geshuai.imageeditor.slice;

import com.geshuai.imageeditor.ResourceTable;
import ohos.aafwk.ability.AbilitySlice;
import ohos.aafwk.content.Intent;
import ohos.agp.components.Image;
import ohos.agp.components.Slider;

public class MainAbilitySlice extends AbilitySlice {
    Slider scale;                       //表示缩放
    Slider transparency;                //表示透明度
    Image image;                        //表示编辑图片

    @Override
    public void onStart(Intent intent) {
        super.onStart(intent);
        super.setUIContent(ResourceTable.Layout_ability_main);

        initView();                     //初始化UI组件
        initListener();                 //初始化Slider数值以改变监听器
    }

    //通过id获取布局中的UI组件
    private void initView() {
        scale = (Slider) findComponentById(ResourceTable.Id_scale);
        transparency = (Slider) findComponentById(ResourceTable.Id_transparency);
        image = (Image) findComponentById(ResourceTable.Id_image);
    }

    //初始化Slider数值以改变监听器
    private void initListener() {
        //设置透明度监听器
```

```java
        transparency.setValueChangedListener(new Slider.ValueChangedListener() {
            @Override
            public void onProgressUpdated(Slider slider, int i, boolean b) {
                //获取当前值计算透明度值,类型为 float 类型
                float a = 1.0f * i / slider.getMax();
                image.setAlpha(a);              //为图片设置透明度
            }

            @Override
            public void onTouchStart(Slider slider) {

            }

            @Override
            public void onTouchEnd(Slider slider) {

            }
        });

        //设置缩放监听器
        scale.setValueChangedListener(new Slider.ValueChangedListener() {
            @Override
            public void onProgressUpdated(Slider slider, int i, boolean b) {
                //获取当前 Slider 的值计算缩放比例
                float s = i / 100.0f;

                //设置在 x、y 轴上的缩放值
                image.setScale(s, s);
            }

            @Override
            public void onTouchStart(Slider slider) {

            }

            @Override
            public void onTouchEnd(Slider slider) {

            }
        });
    }
}
```

(5) 运行效果如图 2-19 所示。

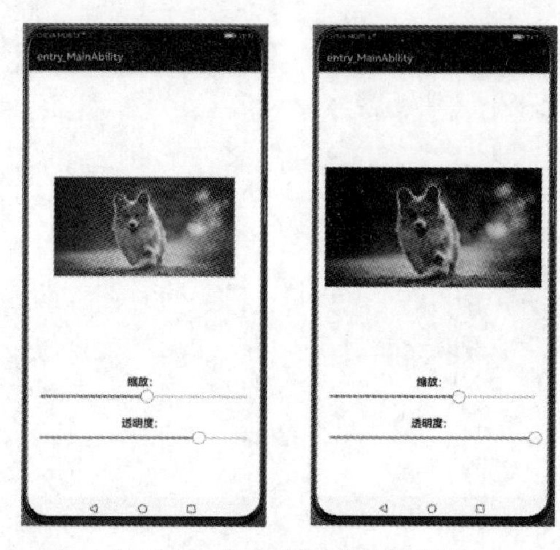

图 2-19　图片编辑器运行效果

11min

2.3.4　案例 8：新闻列表（ListContainer）

本案例使用 ListContainer 组件实现新闻列表展示功能。首先，创建一个 Java 模板工程；接着，完成主 UI 和 Item UI 布局设计；然后，创建新闻实体类 News 和 Item 解析类 NewsProvider；最后，在 MainAbilitySlice 中实现新闻列表数据初始化及展示功能。

(1) 创建 Java 模板工程，工程名为 NewsList，API 版本号为 6。

(2) 主 UI 布局设计与实现，添加 Text、ListContainer 组件，参考布局如图 2-20 所示。

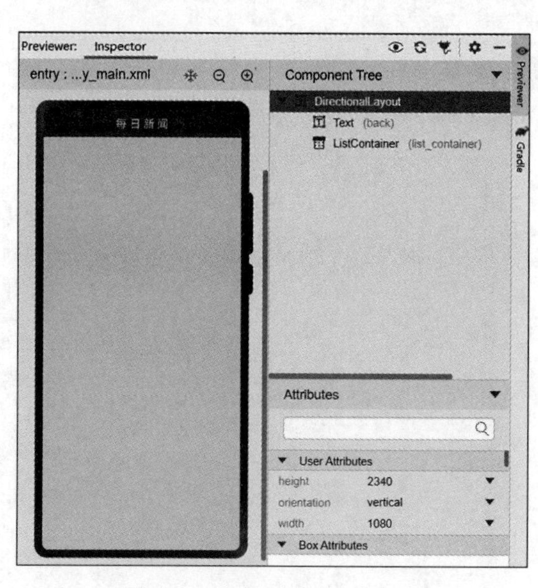

图 2-20　新闻列表主 UI 布局

(3) 参考代码如下：

```
//第 2 章\NewsList\...\layout\ability_main.xml
<?xml version = "1.0" encoding = "UTF - 8"?>
< DirectionalLayout
    xmlns:ohos = "http://schemas.huawei.com/res/ohos"
    ohos:height = "match_parent"
    ohos:width = "match_parent"
    ohos:orientation = "vertical">

    < Text
        ohos:id = " $ + id:back"
        ohos:height = "50vp"
        ohos:width = "match_parent"
        ohos:background_element = "blue"
        ohos:text = "每 日 新 闻"
        ohos:text_alignment = "center"
        ohos:text_color = "white"
        ohos:text_size = "20fp"
        ohos:text_weight = "500"/>

    < ListContainer
        ohos:id = " $ + id:list_container"
        ohos:height = "match_content"
        ohos:width = "match_parent"
        ohos:background_element = " $graphic:background_ability_main"
        />

</DirectionalLayout >
```

(4) Item UI 布局设计与实现，添加 Image、Text 组件，参考布局如图 2-21 所示。

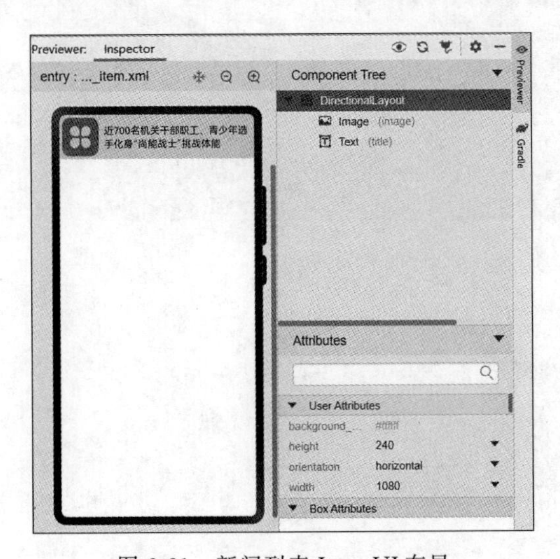

图 2-21 新闻列表 Item UI 布局

（5）参考代码如下：

```
//第 2 章\NewsList\...\layout\ability_main_item.xml
<?xml version = "1.0" encoding = "UTF - 8"?>
<DirectionalLayout
    xmlns:ohos = "http://schemas.huawei.com/res/ohos"
    ohos:height = "80vp"
    ohos:width = "match_parent"
    ohos:background_element = "#ffffff"
    ohos:bottom_margin = "2vp"
    ohos:orientation = "horizontal">

    <Image
        ohos:id = "$+id:image"
        ohos:height = "70vp"
        ohos:width = "70vp"
        ohos:image_src = "$media:icon"
        ohos:layout_alignment = "right"
        ohos:margin = "5vp"
        ohos:scale_mode = "stretch"
        ohos:weight = "3"/>

    <Text
        ohos:id = "$+id:title"
        ohos:height = "match_parent"
        ohos:width = "match_parent"
        ohos:margin = "5vp"
        ohos:max_text_lines = "3"
        ohos:multiple_lines = "true"
        ohos:text = "近 700 名机关干部职工、青少年选手化身"尚能战士"挑战体能"
        ohos:text_size = "18fp"
        ohos:truncation_mode = "ellipsis_at_end"
        ohos:weight = "12"/>


</DirectionalLayout>
```

（6）创建新闻实体类 News，参考代码如下：

```
//第 2 章\NewsList\...\bean\News.java
package com.geshuai.newslist.bean;

public class News {
    String title;   //新闻标题
    Integer image; //新闻图片资源 id
```

```
    public News(String title, Integer image) {
        this.title = title;
        this.image = image;
    }

    public String getTitle() {
        return title;
    }

    public void setTitle(String title) {
        this.title = title;
    }

    public Integer getImage() {
        return image;
    }

    public void setImage(Integer image) {
        this.image = image;
    }
}
```

(7) 创建 Item 解析类 NewsProvider,参考代码如下:

```
//第 2 章\NewsList\...\provider\NewsProvider.java
package com.geshuai.newslist.provider;

import com.geshuai.newslist.ResourceTable;
import com.geshuai.newslist.bean.News;
import ohos.agp.components.*;
import ohos.app.Context;

import Java.util.List;

public class NewsProvider extends BaseItemProvider{
    Context context;                    //上下文
    List<News> list;                    //新闻列表展示数据


    public NewsProvider(Context content, List<News> list) {
        this.context = content;
        this.list = list;
    }
```

```
    @Override
    public int getCount() {
        return list == null ? 0 : list.size();
    }

    @Override
    public News getItem(int i) {
        return list == null ? null: list.get(i);
    }

    @Override
    public long getItemId(int i) {
        return i;
    }

    @Override
    public Component getComponent ( int  i,  Component  component,  ComponentContainer
componentContainer) {
        //获取显示数据对象
        News item = getItem(i);
        if(item == null)
            return null;

        //加载解析 item 布局,获得布局组件
        Component component1 = LayoutScatter.getInstance(context).parse(ResourceTable.
Layout_ability_main_item, null, false);

        //通过 id 获取布局中的 Text 组件
        Text title = component1.findComponentById(ResourceTable.Id_title);

        //通过 id 获取布局中的 Image 组件
        Image image = component1.findComponentById(ResourceTable.Id_image);

        //设置 item 数据
        title.setText(item.getTitle());
        image.setPixelMap(item.getImage());

        //返回当前 item 布局对象
        return component1;
    }
}
```

（8）在 MainAbilitySlice 中实现新闻列表数据初始化及展示功能，参考代码如下：

```
//第 2 章\NewsList\...\slice\MainAbilitySlice.java
package com.geshuai.newslist.slice;

import com.geshuai.newslist.ResourceTable;
import com.geshuai.newslist.bean.News;
import com.geshuai.newslist.provider.NewsProvider;
import ohos.aafwk.ability.AbilitySlice;
import ohos.aafwk.content.Intent;
import ohos.agp.components.ListContainer;

import Java.util.ArrayList;
import Java.util.List;

public class MainAbilitySlice extends AbilitySlice {

    ListContainer listContainer;
    List<News> list;
    NewsProvider newsProvider;

    @Override
    public void onStart(Intent intent) {
        super.onStart(intent);
        super.setUIContent(ResourceTable.Layout_ability_main);

        listContainer = findComponentById(ResourceTable.Id_list_container);

        //初始化数据
        list = new ArrayList<News>();
        list.add(new News("文旅部公布 10 条冰雪旅游精品线路", ResourceTable.Media_1));
        list.add(new News(""家门口"跨年成主流,游客最爱滑雪泡汤迎新年", ResourceTable.
Media_2));
        list.add(new News("横穿祖国正北方岁末"种草"(上) 诚邀北京游客来年相会靓丽内蒙古",
ResourceTable.Media_3));

        //实例化 NewsProvider
        newsProvider = new NewsProvider(MainAbilitySlice.this, list);

        //设置 ItemProvider 属性
        listContainer.setItemProvider(newsProvider);
    }
}
```

(9) 运行效果如图 2-22 所示。

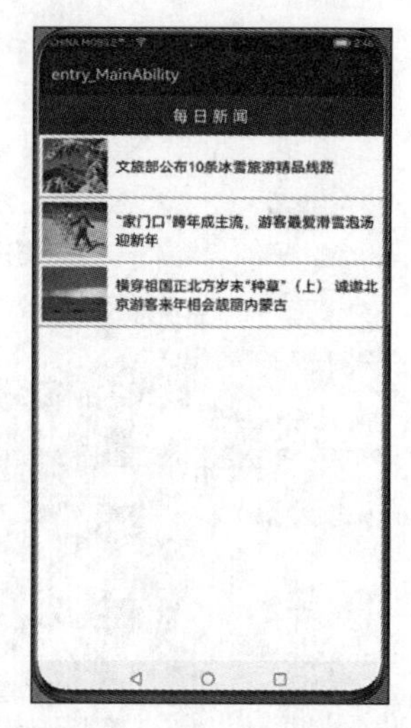

图 2-22 新闻列表运行效果

2.3.5 案例 9：新闻浏览器(ScrollView)

5min

本案例使用 ScrollView 实现图片、文本滚动浏览功能。首先，创建一个 Java 模板工程；接着，实现 UI 布局设计；然后，运行程序。

(1) 创建 Java 模板工程，工程名为 NewsBrowsing，API 版本号为 6。

(2) 在 media 目录下添加新闻图片，如图 2-23 所示。

(3) UI 布局设计，参考布局如图 2-24 所示。

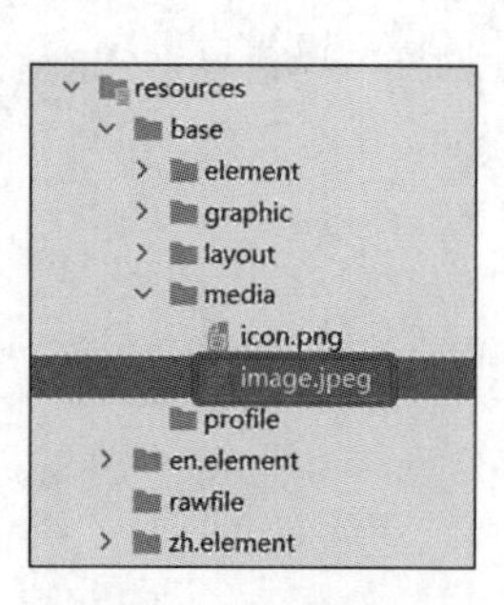

图 2-23 添加图片文件

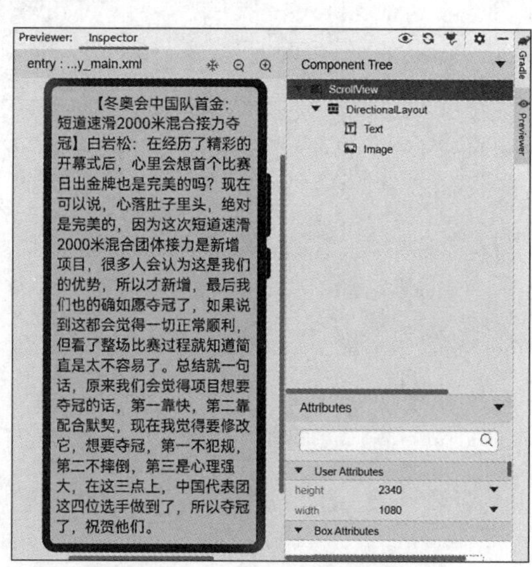

图 2-24 新闻浏览器 UI 布局

(4) 参考代码如下：

```
//第 2 章\NewsBrowsing\...\layout\ability_main.xml
<?xml version = "1.0" encoding = "UTF - 8"?>
< ScrollView
    xmlns:ohos = "http://schemas.huawei.com/res/ohos"
    ohos:height = "match_parent"
    ohos:width = "match_parent"
    ohos:padding = "10vp"
    >
    < DirectionalLayout
        ohos:height = "match_content"
        ohos:width = "match_parent"
        ohos:alignment = "center"
        ohos:orientation = "vertical">
        < Text
            ohos:height = "match_content"
            ohos:width = "match_parent"
            ohos:multiple_lines = "true"
            ohos:text = "         内容..."
            ohos:text_size = "26fp"/>

        < Image
            ohos:height = "180vp"
            ohos:width = "match_parent"
            ohos:image_src = " $media:image"
            ohos:scale_mode = "stretch"
            ohos:top_margin = "10vp"/>
    </DirectionalLayout >
</ScrollView >
```

(5) 将程序运行到本地模拟器，运行效果如图 2-25 所示。

图 2-25　新闻浏览器运行效果

2.3.6 案例10：进度显示器(ProgressBar)

本案例使用ProgressBar实现下载进度显示功能。首先，创建一个Java模板工程；接着，实现UI布局设计；然后，创建接口DownLoadlistener；再然后，创建工具类DownLoadTask；最后，在MainAbilitySlice中实现下载进度显示功能。

7min

(1) 创建Java模板工程，工程名为ProgressDisplay，API版本号为6。

(2) UI布局设计，参考布局如图2-26所示。

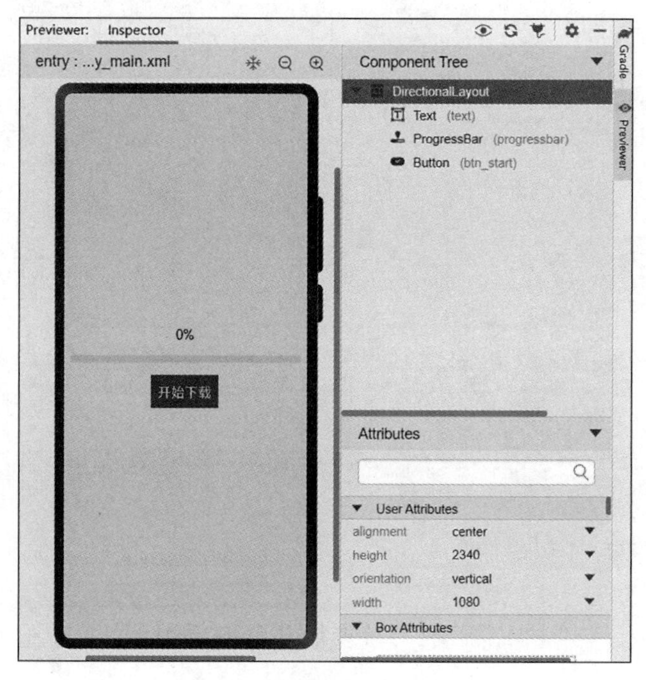

图2-26 进度显示器UI布局

(3) 参考代码如下：

```
//第2章\ProgressDisplay\...\layout\ability_main.xml
<?xml version = "1.0" encoding = "UTF - 8"?>
< DirectionalLayout
    xmlns:ohos = "http://schemas.huawei.com/res/ohos"
    ohos:height = "match_parent"
    ohos:width = "match_parent"
    ohos:alignment = "center"
    ohos:orientation = "vertical">

    < Text
        ohos:id = " $ + id:text"
```

```
        ohos:height = "match_content"
        ohos:width = "match_content"
        ohos:text = "0 % "
        ohos:text_color = "black"
        ohos:text_size = "20fp"/>

    <ProgressBar
        ohos:id = "$ + id:progressbar"
        ohos:height = "match_content"
        ohos:width = "match_parent"
        ohos:margin = "10vp"
        ohos:max = "100"
        ohos:min = "0"
        ohos:progress = "0"
        ohos:progress_element = "#FFFF00E5"
        ohos:progress_width = "10vp"/>

    <Button
        ohos:id = "$ + id:btn_start"
        ohos:height = "match_content"
        ohos:width = "match_content"
        ohos:background_element = "blue"
        ohos:padding = "10vp"
        ohos:text = "开始下载"
        ohos:text_color = "white"
        ohos:text_size = "20fp"/>
</DirectionalLayout>
```

(4) 创建接口 DownLoadListener，并添加 begin、progress 与 downLoaded 方法，参考代码如下：

```
//第 2 章\ProgressDisplay\...\listener\DownLoadListener.java
package com.geshuai.progressdisplay.listener;

public interface DownLoadListener {
    void begin();
    void progress(int i);
    void downLoaded();
}
```

(5) 创建工具类 DownLoadTask，并声明类成员变量，参考代码如下：

```
//第 2 章\ProgressDisplay\...\util\DownLoadTask.java
package com.geshuai.progressdisplay.util;
```

```
import com.geshuai.progressdisplay.listener.DownLoadListener;
import ohos.app.Context;

public class DownLoadTask {
    Context context;
    int i = 0;
    DownLoadListener downLoadListener;
}
```

（6）创建构造方法，参考代码如下：

```
public DownLoadTask(Context context, DownLoadListener downLoadListener) {
    this.context = context;
    this.downLoadListener = downLoadListener;
}
```

（7）创建 startDownLoad 方法，实现模拟下载功能，参考代码如下：

```
//第 2 章\ProgressDisplay\...\util\DownLoadTask.java
public void startDownLoad() {
    i = 0;
    new Thread(() -> {
        if (downLoadListener == null)
            return;
        //获取 UI 线程，开始下载
        context.getUITaskDispatcher().syncDispatch(() -> downLoadListener.begin());

        while (i < 100) {
            try {
                Thread.sleep(500);
            } catch (InterruptedException e) {
                e.printStackTrace();
            }
            //获取 UI 线程，设置进度
            context.getUITaskDispatcher().syncDispatch(() -> downLoadListener.progress(i));
            i += 5;
        }
        context.getUITaskDispatcher().syncDispatch(() -> downLoadListener.downLoaded());
    }).start();
}
```

(8) 在 MainAbilitySlice 中初始化 UI 组件，并创建与进度显示有关的类成员变量，参考代码如下：

```
//第 2 章\ProgressDisplay\...\slice\MainAbilitySlice.java
public class MainAbilitySlice extends AbilitySlice {
    ProgressBar progressbar;
    Text text;

    @Override
    public void onStart(Intent intent) {
        super.onStart(intent);
        super.setUIContent(ResourceTable.Layout_ability_main);

        progressbar = findComponentById(ResourceTable.Id_progressbar);
        text = findComponentById(ResourceTable.Id_text);
    }
}
```

(9) 创建 DownLoadTask 对象，参考代码如下：

```
//第 2 章\ProgressDisplay\...\slice\MainAbilitySlice.java
DownLoadTask downLoadTask = new DownLoadTask(this, new DownLoadListener() {
    @Override
    public void begin() {
        text.setText("开始下载");
    }

    @Override
    public void progress(int i) {
        //设置进度
        progressbar.setProgressValue(i);
        text.setText(String.format("%d%%", i));
    }

    @Override
    public void downLoaded() {
        text.setText("下载完成");
    }
});
```

(10) 给开始按钮设置单击监听器，开始下载，参考代码如下：

```
findComponentById(ResourceTable.Id_btn_start).setClickedListener(component ->
downLoadTask.startDownLoad());
```

(11) 将程序运行到本地模拟器,单击“开始下载”按钮,运行效果如图 2-27 所示。

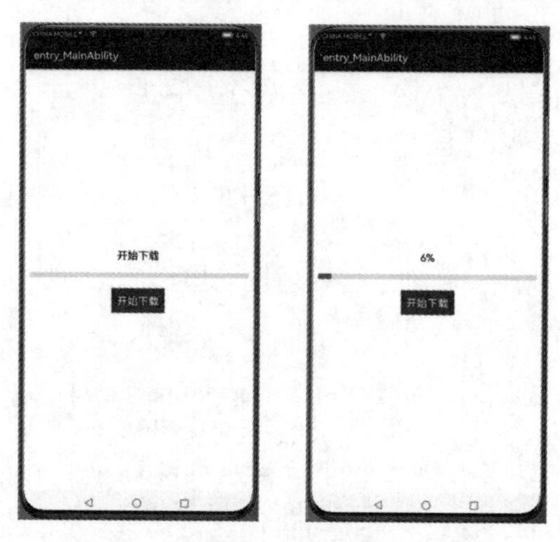

图 2-27 进度显示器运行效果

5min

2.3.7 案例 11：单选题(RadioButton/RadioContainer)

本案例使用 RadioButton 和 RadioContainer 组件实现单选题选择功能。首先,创建一个 Java 模板工程;接着,实现 UI 布局设计;然后,在 MainAbilitySlice 中初始化 UI 组件;最后,给 RadioContainer 组件设置选择以改变监听器,实现单选题选择功能。

(1) 创建 Java 模板工程,工程名为 SingleChoiceQuestions,API 版本号为 6。

(2) UI 布局设计,参考布局如图 2-28 所示。

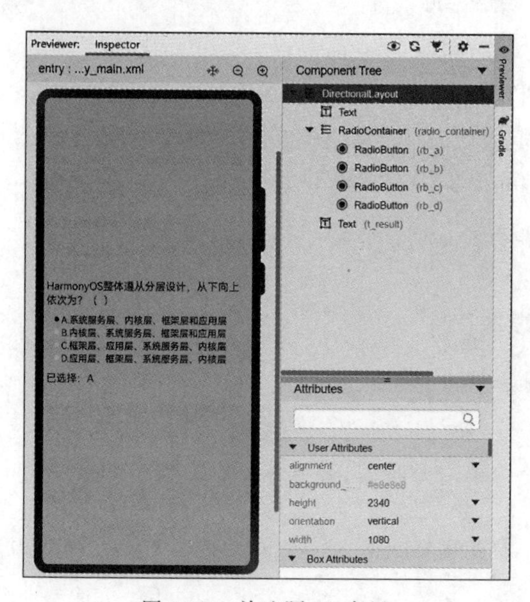

图 2-28 单选题 UI 布局

(3) 参考代码如下：

```
//第 2 章\SingleChoiceQuestions\...\layout\ability_main.xml
<?xml version = "1.0" encoding = "UTF - 8"?>
< DirectionalLayout
    xmlns:ohos = "http://schemas.huawei.com/res/ohos"
    ohos:height = "match_parent"
    ohos:width = "match_parent"
    ohos:alignment = "center"
    ohos:background_element = " # e8e8e8"
    ohos:orientation = "vertical"
    ohos:padding = "5vp">

    < Text
        ohos:height = "match_content"
        ohos:width = "match_parent"
        ohos:multiple_lines = "true"
        ohos:text = "HarmonyOS 整体遵从分层设计,从下向上依次为?(    )"
        ohos:text_size = "18fp"/>

    < RadioContainer
        ohos:id = " $ + id:radio_container"
        ohos:height = "match_content"
        ohos:width = "match_parent"
        ohos:padding = "10vp">

        < RadioButton
            ohos:id = " $ + id:rb_a"
            ohos:height = "match_content"
            ohos:width = "match_content"
            ohos:marked = "true"
            ohos:text = "A.系统服务层、内核层、框架层和应用层"
            ohos:text_size = "16fp"/>

        < RadioButton
            ohos:id = " $ + id:rb_b"
            ohos:height = "match_content"
            ohos:width = "match_content"
            ohos:text = "B.内核层、系统服务层、框架层和应用层"
            ohos:text_size = "16fp"/>

        < RadioButton
            ohos:id = " $ + id:rb_c"
            ohos:height = "match_content"
            ohos:width = "match_content"
            ohos:text = "C.框架层、应用层、系统服务层、内核层"
            ohos:text_size = "16fp"/>

        < RadioButton
```

```
            ohos:id = "$+id:rb_d"
            ohos:height = "match_content"
            ohos:width = "match_content"
            ohos:text = "D.应用层、框架层、系统服务层、内核层"
            ohos:text_size = "16fp"/>
    </RadioContainer>

    <Text
        ohos:id = "$+id:t_result"
        ohos:height = "match_content"
        ohos:width = "match_parent"
        ohos:text = "已选择：A"
        ohos:text_size = "18fp"/>

</DirectionalLayout>
```

（4）在 MainAbilitySlice 中初始化 UI 组件，参考代码如下：

```
//第 2 章\SingleChoiceQuestions\...\slice\MainAbilitySlice.java
public class MainAbilitySlice extends AbilitySlice {
    RadioContainer radioContainer;
    Text t_result;

    @Override
    public void onStart(Intent intent) {
        super.onStart(intent);
        super.setUIContent(ResourceTable.Layout_ability_main);

        radioContainer = (RadioContainer) findComponentById(ResourceTable.Id_radio_container);
        t_result = (Text) findComponentById(ResourceTable.Id_t_result);
    }
}
```

（5）给 RadioContainer 组件设置选择以改变监听器，并实现单选题选择功能，参考代码如下：

```
//第 2 章\SingleChoiceQuestions\...\slice\MainAbilitySlice.java
radioContainer.setMarkChangedListener(new RadioContainer.CheckedStateChangedListener() {
    @Override
    public void onCheckedChanged(RadioContainer radioContainer, int i) {
        //获取 RadioButton 组件
        RadioButton radioButton = (RadioButton) radioContainer.getComponentAt(i);
        t_result.setText("已选择：" + radioButton.getText().substring(0,1));
    }
});
```

（6）将程序运行到本地模拟器，运行效果如图 2-29 所示。

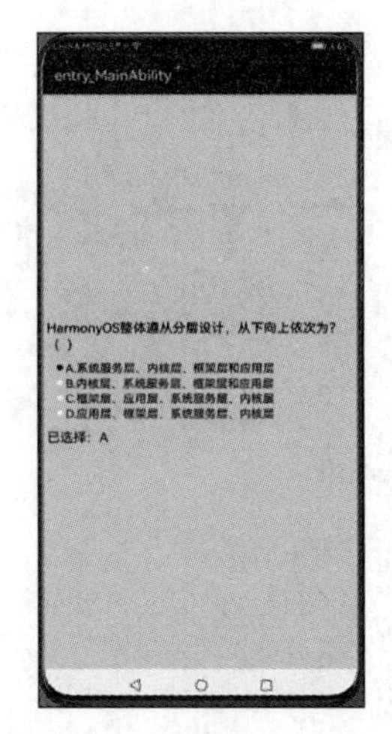

图 2-29　单选题运行效果

2.3.8　案例 12：多选题（Checkbox）

本案例使用 Checkbox 组件实现多选题的多项选择功能。首先，创建一个 Java 模板工程；接着，实现 UI 布局设计；然后，初始化 UI 组件并给 Checkbox 组件添加状态以改变监听器；最后，实现多选题的多项选择功能。

（1）创建 Java 模板工程，工程名为 MultipleChoiceQuestions，API 版本号为 6。

（2）UI 布局设计，参考布局如图 2-30 所示。

图 2-30　多选题 UI 布局

（3）参考代码如下：

```
//第 2 章\MultipleChoiceQuestions\...\layout\ability_main.xml
<?xml version = "1.0" encoding = "UTF - 8"?>
< DirectionalLayout
    xmlns:ohos = "http://schemas.huawei.com/res/ohos"
    ohos:height = "match_parent"
    ohos:width = "match_parent"
    ohos:alignment = "center"
    ohos:background_element = "#e8e8e8"
    ohos:orientation = "vertical">

    < Text
        ohos:height = "match_content"
        ohos:width = "match_parent"
        ohos:text = "编写 UI 布局,常用的组件类别有哪些?(    )"
        ohos:text_size = "18fp"/>

    < DirectionalLayout
        ohos:height = "match_content"
        ohos:width = "match_parent"
        ohos:padding = "10vp">

        < Checkbox
            ohos:id = " $ + id:cb_a"
            ohos:height = "match_content"
            ohos:width = "match_content"
            ohos:text = "A.布局类组件"
            ohos:text_size = "16fp"/>

        < Checkbox
            ohos:id = " $ + id:cb_b"
            ohos:height = "match_content"
            ohos:width = "match_content"
            ohos:text = "B.显示类组件"
            ohos:text_size = "16fp"/>

        < Checkbox
            ohos:id = " $ + id:cb_c"
            ohos:height = "match_content"
            ohos:width = "match_content"
            ohos:text = "C.交互类组件"
            ohos:text_size = "16fp"/>
        < Checkbox
            ohos:id = " $ + id:cb_d"
            ohos:height = "match_content"
            ohos:width = "match_content"
            ohos:text = "D.样式类组件"
            ohos:text_size = "16fp"/>
```

```
    </DirectionalLayout>

    <Text
        ohos:id="$+id:t_result"
        ohos:height="match_content"
        ohos:width="match_parent"
        ohos:text="已选择：[]"
        ohos:text_size="18fp"/>

</DirectionalLayout>
```

（4）在 MainAbilitySlice 中初始化 UI 组件，并创建 HashSet 集合，参考代码如下：

```
//第 2 章\MultipleChoiceQuestions\...\slice\MainAbilitySlice.java
public class MainAbilitySlice extends AbilitySlice {
    HashSet<String> hashSet = new HashSet<>();
    Text t_result;

    @Override
    public void onStart(Intent intent) {
        super.onStart(intent);
        super.setUIContent(ResourceTable.Layout_ability_main);

        t_result = findComponentById(ResourceTable.Id_t_result);
    }
}
```

（5）让 MainAbilitySlice 实现接口 CheckedStateChangedListener，参考代码如下：

```
//第 2 章\MultipleChoiceQuestions\...\slice\MainAbilitySlice.java
public class MainAbilitySlice extends AbilitySlice implements AbsButton.
                                                CheckedStateChangedListener {
    HashSet<String> hashSet = new HashSet<>();
    Text t_result;

    @Override
    public void onStart(Intent intent) {
        super.onStart(intent);
        super.setUIContent(ResourceTable.Layout_ability_main);

        t_result = findComponentById(ResourceTable.Id_t_result);
    }

    @Override
    public void onCheckedChanged(AbsButton absButton, boolean b) {

    }
}
```

(6) 给 Checkbox 组件设置状态以改变监听器,参考代码如下:

```
//第 2 章\MultipleChoiceQuestions\...\slice\MainAbilitySlice.java
((Checkbox) findComponentById(ResourceTable.Id_cb_a)).setCheckedStateChangedListener(this);
((Checkbox) findComponentById(ResourceTable.Id_cb_b)).setCheckedStateChangedListener(this);
((Checkbox) findComponentById(ResourceTable.Id_cb_c)).setCheckedStateChangedListener(this);
((Checkbox) findComponentById(ResourceTable.Id_cb_d)).setCheckedStateChangedListener(this);
```

(7) onCheckedChanged 实现多选题的多项选择功能,参考代码如下:

```
//第 2 章\MultipleChoiceQuestions\...\slice\MainAbilitySlice.java
@Override
public void onCheckedChanged(AbsButton absButton, boolean b) {
    //获取 Checkbox 组件
    Checkbox cb = (Checkbox) absButton;
    String s = cb.getText().substring(0, 1);
    if (b)
        hashSet.add(s);
    else
        hashSet.remove(s);

    t_result.setText("已选择: " + hashSet);
}
```

(8) 将程序运行到本地模拟器,运行效果如图 2-31 所示。

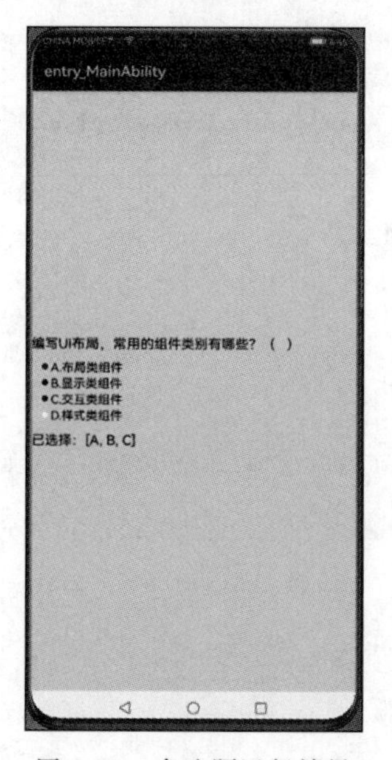

图 2-31 多选题运行效果

2.3.9　案例 13：首页（TabList/Tab）

本案例使用 TabList、Tab 组件实现多个页签栏的切换功能。首先，创建一个 Java 模板工程；接着，实现 UI 布局设计；然后，在 MainAbilitySlice 中添加 Tab 组件；最后，给 TabList 组件设置标签以选中监听器，实现多个页签栏的切换功能。

（1）创建 Java 模板工程，工程名为 HomePage，API 版本号为 6。

（2）UI 布局设计，参考布局如图 2-32 所示。

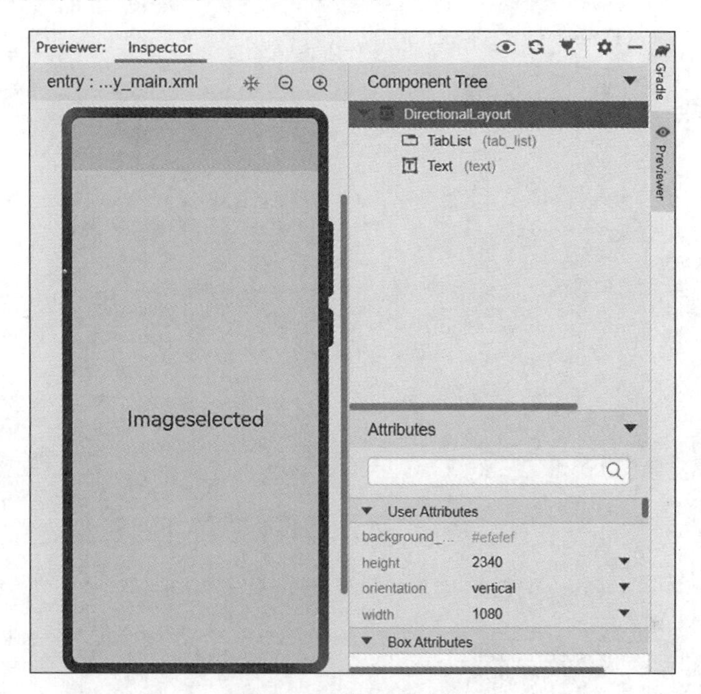

图 2-32　首页 UI 布局

（3）参考代码如下：

```
//第 2 章\HomePage\...\layout\ability_main.xml
<?xml version = "1.0" encoding = "UTF - 8"?>
< DirectionalLayout
    xmlns:ohos = "http://schemas.huawei.com/res/ohos"
    ohos:height = "match_parent"
    ohos:width = "match_parent"
    ohos:background_element = "#efefef"
    ohos:orientation = "vertical">

    < TabList
        ohos:id = "$ + id:tab_list"
        ohos:height = "36vp"
```

```
        ohos:width = "match_parent"
        ohos:layout_alignment = "center"
        ohos:normal_text_color = "#999999"
        ohos:orientation = "horizontal"
        ohos:selected_tab_indicator_color = "#00F"
        ohos:selected_tab_indicator_height = "2vp"
        ohos:selected_text_color = "#00F"
        ohos:tab_length = "140vp"
        ohos:tab_margin = "24vp"
        ohos:text_alignment = "center"
        ohos:text_size = "20fp"
        ohos:top_margin = "40vp"
        />

    <Text
        ohos:id = "$+id:text"
        ohos:height = "match_parent"
        ohos:width = "match_parent"
        ohos:background_element = "white"
        ohos:text = "Imageselected"
        ohos:text_alignment = "center"
        ohos:text_color = "black"
        ohos:text_size = "30fp"/>

</DirectionalLayout>
```

（4）在 MainAbilitySlice 中初始化 UI 组件，参考代码如下：

```
//第 2 章\HomePage\...\slice\MainAbilitySlice.java
public class MainAbilitySlice extends AbilitySlice {
    TabList tabList;
    TabList.Tab tab;
    Text text;

    @Override
    public void onStart(Intent intent) {
        super.onStart(intent);
        super.setUIContent(ResourceTable.Layout_ability_main);

        text = findComponentById(ResourceTable.Id_text);
        tabList = (TabList) findComponentById(ResourceTable.Id_tab_list);
        tabList.setFixedMode(true);    //设置可同时显示所有标签
    }
}
```

(5) 在 TabList 中添加 3 个页签,参考代码如下:

```
//第 2 章\HomePage\...\slice\MainAbilitySlice.java
tab = tabList.new Tab(getContext());
tab.setText("Image");
tab.setMinWidth(64);
tab.setPadding(12, 0, 12, 0);
tabList.addTab(tab,0,true);        //0 表示位置 true 表示选中

tab = tabList.new Tab(getContext());
tab.setText("News");
tab.setMinWidth(64);
tab.setPadding(12, 0, 12, 0);
tabList.addTab(tab, 1, false);     //1 表示位置 false 表示不选中

tab = tabList.new Tab(getContext());
tab.setText("video");
tab.setMinWidth(64);
tab.setPadding(12, 0, 12, 0);
tabList.addTab(tab, 2, false);     //2 表示位置 false 表示不选中
```

(6) 给 TabList 组件设置标签以选中监听器,并在 onSelected 方法中实现页签之间切换功能,参考代码如下:

```
//第 2 章\HomePage\...\slice\MainAbilitySlice.Java
tabList.addTabSelectedListener(new TabList.TabSelectedListener() {
    @Override
    public void onSelected(TabList.Tab tab) {
        text.setText(tab.getText() + "selected");
    }

    @Override
    public void onUnselected(TabList.Tab tab) {

    }

    @Override
    public void onReselected(TabList.Tab tab) {

    }
});
```

(7) 将程序运行到本地模拟器,运行效果如图 2-33 所示。

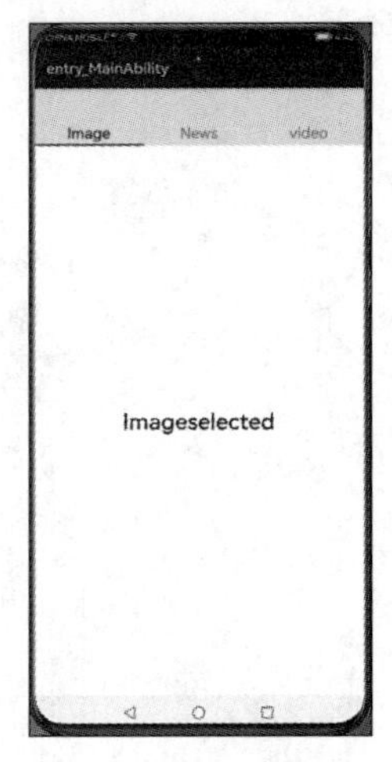

图 2-33　首页运行效果

2.3.10　案例 14：Web 浏览器(WebView)

本案例使用 WebView 组件实现 Web 浏览器功能。首先,创建一个 Java 模板工程；接着,实现 UI 布局设计；然后,在 MainAbilitySlice 中实现加载网页功能；再然后,实现停止加载、前进浏览和后退浏览功能；最后,添加网络请求权限与允许明文访问。

(1) 创建 Java 模板工程,工程名为 WebBrowser,API 版本号为 6。

(2) UI 布局设计,参考布局如图 2-34 所示。

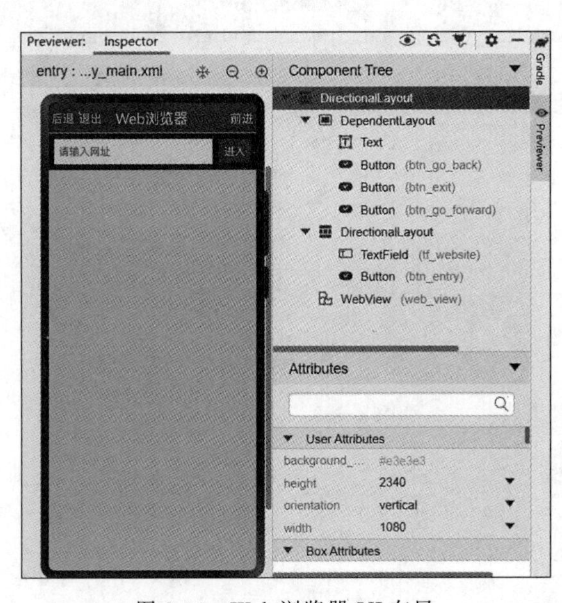

图 2-34　Web 浏览器 UI 布局

(3) 参考代码如下：

```
//第 2 章\WebBrowser\...\layout\ability_main.xml
<?xml version = "1.0" encoding = "UTF - 8"?>
< DirectionalLayout
    xmlns:ohos = "http://schemas.huawei.com/res/ohos"
    ohos:height = "match_parent"
    ohos:width = "match_parent"
    ohos:background_element = "#e3e3e3"
    ohos:orientation = "vertical">

    < DependentLayout
        ohos:height = "50vp"
        ohos:width = "match_parent"
        ohos:background_element = "blue">

        < Text
            ohos:height = "match_parent"
            ohos:width = "match_parent"
            ohos:text = "Web 浏览器"
            ohos:text_alignment = "center"
            ohos:text_color = "white"
            ohos:text_size = "25fp"/>

        < Button
            ohos:id = " $ + id:btn_go_back"
            ohos:height = "match_parent"
            ohos:width = "match_content"
            ohos:left_padding = "5vp"
            ohos:text = "后退"
            ohos:text_alignment = "center"
            ohos:text_color = "white"
            ohos:text_size = "20fp"/>

        < Button
            ohos:id = " $ + id:btn_exit"
            ohos:height = "match_parent"
            ohos:width = "match_content"
            ohos:left_padding = "8vp"
            ohos:right_of = " $id:btn_go_back"
            ohos:text = "退出"
            ohos:text_alignment = "center"
            ohos:text_color = "white"
            ohos:text_size = "20fp"/>
```

```
    <Button
        ohos:id="$+id:btn_go_forward"
        ohos:height="match_parent"
        ohos:width="match_content"
        ohos:align_parent_right="true"
        ohos:right_padding="5vp"
        ohos:text="前进"
        ohos:text_alignment="center"
        ohos:text_color="white"
        ohos:text_size="20fp"/>
</DependentLayout>

<DirectionalLayout
    ohos:height="match_content"
    ohos:width="match_parent"
    ohos:background_element="black"
    ohos:orientation="horizontal"
    ohos:padding="10vp"
    ohos:top_margin="1vp">

    <TextField
        ohos:id="$+id:tf_website"
        ohos:height="match_content"
        ohos:width="match_parent"
        ohos:background_element="white"
        ohos:hint="请输入网址"
        ohos:multiple_lines="true"
        ohos:padding="8vp"
        ohos:text_size="18fp"
        ohos:weight="5"
        />

    <Button
        ohos:id="$+id:btn_entry"
        ohos:height="match_content"
        ohos:width="match_parent"
        ohos:background_element="blue"
        ohos:left_margin="10vp"
        ohos:padding="8vp"
        ohos:text="进入"
        ohos:text_color="white"
        ohos:text_size="18fp"
        ohos:weight="1"
        />
</DirectionalLayout>
```

```
    <ohos.agp.components.webengine.WebView
        ohos:id="$+id:web_view"
        ohos:height="match_parent"
        ohos:width="match_parent"
        ohos:background_element="white"
        ohos:padding="10vp"
        />

</DirectionalLayout>
```

(4) 在 MainAbilitySlice 中初始化 UI 组件,并创建与 Web 浏览有关的类成员变量,参考代码如下:

```
//第2章\WebBrowser\...\slice\MainAbilitySlice.java
public class MainAbilitySlice extends AbilitySlice {
    TextField tf_website;
    WebView web_view;
    Navigator navigator;

    @Override
    public void onStart(Intent intent) {
        super.onStart(intent);
        super.setUIContent(ResourceTable.Layout_ability_main);

        tf_website = (TextField) findComponentById(ResourceTable.Id_tf_website);
        web_view = (WebView) findComponentById(ResourceTable.Id_web_view);
    }
}
```

(5) 设置 WebView 组件以启用 JavaScript,参考代码如下:

```
//启用 JavaScript
web_view.getWebConfig().setJavaScriptPermit(true);
```

(6) 给"进入"按钮设置单击监听器,并实现加载网页功能,参考代码如下:

```
//第2章\WebBrowser\...\slice\MainAbilitySlice.java
findComponentById(ResourceTable.Id_btn_entry).setClickedListener(component -> {
    //如果用户输入网址,则加载网页
    if ("".equals(tf_website.getText())) {
        new ToastDialog(MainAbilitySlice.this).setText("请输入网址").show();
    } else {
        //加载网页
        web_view.load(tf_website.getText());
    }
});
```

(7) 给 WebView 组件设置网络代理,实现协议 HTTP 与 HTTPS 的网址加载网页,参考代码如下:

```
//第 2 章\WebBrowser\...\slice\MainAbilitySlice.java
//设置网络代理
web_view.setWebAgent(new WebAgent() {
    @Override
    public boolean isNeedLoadUrl(WebView webView, ResourceRequest request) {
        if (request == null || request.getRequestUrl() == null) {
            return false;
        }
        //获取用户输入网址
        String url = request.getRequestUrl().toString();
        //如果是 HTTP 协议或 HTTPS 协议,则加载网页
        if (url.startsWith("http:") || url.startsWith("https:")) {
            webView.load(url);
            return false;
        } else {
            return super.isNeedLoadUrl(webView, request);
        }
    }
});
```

(8) 给"退出"按钮设置单击监听器,实现停止加载网页功能,参考代码如下:

```
//单击"退出"按钮,停止加载网页
findComponentById(ResourceTable.Id_btn_exit).setClickedListener(component -> web_view.
stopLoading());
```

(9) 获取 Navigator 对象,参考代码如下:

```
//获取 Navigator 对象
navigator = web_view.getNavigator();
```

(10) 给"后退"按钮设置单击监听器,实现后退浏览功能,参考代码如下:

```
//第 2 章\WebBrowser\...\slice\MainAbilitySlice.java
findComponentById(ResourceTable.Id_btn_go_back).setClickedListener(component -> {
    //判断是否可以后退浏览
    if (navigator.canGoBack()) {
        //后退浏览
        navigator.goBack();
    }
});
```

(11) 给"前进"按钮设置单击监听器,实现前进浏览功能,参考代码如下:

```
//第 2 章\WebBrowser\...\slice\MainAbilitySlice.java
findComponentById(ResourceTable.Id_btn_go_forward).setClickedListener(component -> {
    //判断是否可以前进浏览
    if (navigator.canGoForward()) {
        //前进浏览
        navigator.goForward();
    }
});
```

(12) 在配置文件 config.json 中,申请网络请求权限,参考代码如下:

```
"reqPermissions": [
  {
    "name": "ohos.permission.INTERNET"
  }
]
```

(13) 允许明文访问(HTTP 协议),参考代码如下:

```
//第 2 章\WebBrowser\...\main\config.json
"deviceConfig": {
  "default": {
    "network": {
      "cleartextTraffic": true
    }
  }
}
```

(14) 将程序运行到远程模拟器,运行效果如图 2-35 所示。

图 2-35 Web 浏览器运行效果

8min

2.3.11 案例15：轮播图（PageSlider/PageSliderIndicator）

本案例使用PageSlider与PageSliderIndicator组件，实现轮播图功能。首先，创建一个Java模板工程；接着，实现UI布局设计；然后，创建PageSliderProvider类MyPageSliderProvider实现页面展示功能；最后，在MainAbilitySlice中实现轮播图功能。

（1）创建Java模板工程，工程名为RotationMap，API版本号为6。

（2）主UI布局设计，参考布局如图2-36所示。

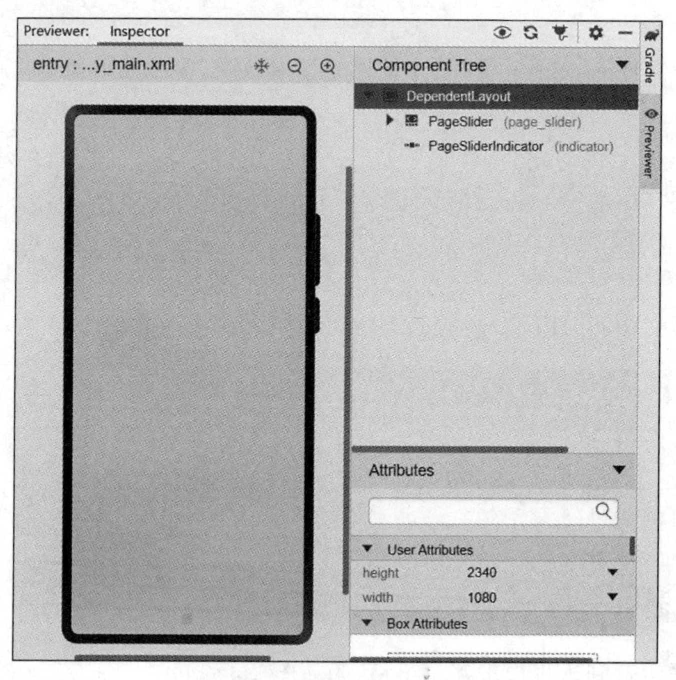

图2-36 轮播图主UI布局

（3）参考代码如下：

```
//第2章\RotationMap\...\layout\ability_main.xml
<?xml version = "1.0" encoding = "UTF - 8"?>
< DependentLayout
    xmlns:ohos = "http://schemas.huawei.com/res/ohos"
    ohos:height = "match_parent"
    ohos:width = "match_parent">

    < PageSlider
        ohos:id = " $ + id:page_slider"
        ohos:height = "match_parent"
        ohos:width = "match_parent"
```

```
        />

      <PageSliderIndicator
          ohos:id = "$ + id:indicator"
          ohos:height = "match_content"
          ohos:width = "match_content"
          ohos:align_parent_bottom = "true"
          ohos:background_element = "#34C8C8C8"
          ohos:bottom_margin = "15vp"
          ohos:center_in_parent = "true"
          ohos:padding = "8vp"/>
</DependentLayout>
```

（4）在 layout 目录下创建布局文件 page. xml。

（5）Page 布局 UI 设计，参考布局如图 2-37 所示。

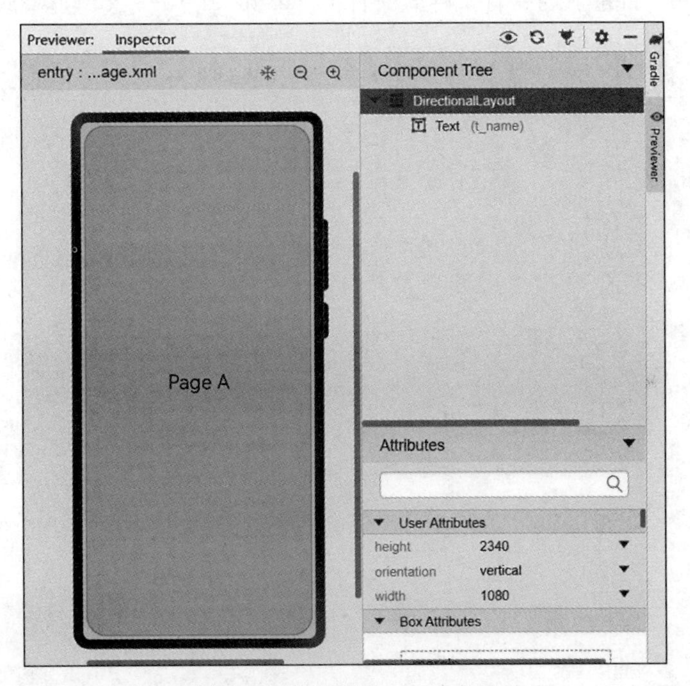

图 2-37　轮播图 Page UI 布局

（6）参考代码如下：

```
//第 2 章\RotationMap\...\layout\page.xml
<?xml version = "1.0" encoding = "UTF - 8"?>
<DirectionalLayout
    xmlns:ohos = "http://schemas.huawei.com/res/ohos"
    ohos:height = "match_parent"
```

```
    ohos:width = "match_parent"
    ohos:orientation = "vertical">

    <Text
        ohos:id = "$+id:t_name"
        ohos:height = "match_parent"
        ohos:width = "match_parent"
        ohos:background_element = "$graphic:background_page"
        ohos:margin = "5vp"
        ohos:text = "Page A"
        ohos:text_alignment = "center"
        ohos:text_size = "30fp"/>

</DirectionalLayout>
```

（7）在 graphic 目录下创建背景样式文件 background_page.xml，参考代码如下：

```
//第 2 章\RotationMap\...\graphic\background_page.xml
<?xml version = "1.0" encoding = "UTF - 8"?>
<shape
    xmlns:ohos = "http://schemas.huawei.com/res/ohos"
    ohos:shape = "rectangle">
    <solid
        ohos:color = "#AFEEEE"/>
    <corners
        ohos:radius = "30vp"/>
    <stroke
        ohos:color = "#bbbbbb"
        ohos:width = "2vp"/>
</shape>
```

（8）创建 PageSliderIndicator 的未选中背景样式文件 background_normal.xml，参考代码如下：

```
//第 2 章\RotationMap\...\graphic\background_normal.xml
<?xml version = "1.0" encoding = "UTF - 8" ?>
<shape xmlns:ohos = "http://schemas.huawei.com/res/ohos"
        ohos:shape = "oval">
    <solid
        ohos:color = "#FFB7B7B7"/>
    <bounds
        ohos:right = "32px"
        ohos:bottom = "32px"/>
</shape>
```

(9) 创建 PageSliderIndicator 的选中背景样式文件 background_selected.xml，参考代码如下：

```
//第 2 章\RotationMap\...\graphic\background_selected.xml
<?xml version = "1.0" encoding = "UTF - 8" ?>
< shape xmlns:ohos = "http://schemas.huawei.com/res/ohos"
        ohos:shape = "rectangle">
    < corners
        ohos:radius = "16px"/>
    < bounds
        ohos:right = "64px"
        ohos:bottom = "32px"/>
    < solid
        ohos:color = " # FF00AEFF"/>
</shape>
```

(10) 创建类 MyPageProvider，继承 PageSliderProvider，重写抽象方法，实现页面展示功能，参考代码如下：

```
//第 2 章\RotationMap\...\provider\MyPageProvider.java
package com.geshuai.rotationmap.provider;

import com.geshuai.rotationmap.ResourceTable;
import ohos.agp.components.*;
import ohos.app.Context;

import Java.util.List;

public class MyPageProvider extends PageSliderProvider {
    List < String > list;
    Context context;

    public MyPageProvider(List < String > list, Context context) {
        this.list = list;
        this.context = context;
    }

    @Override
    public int getCount() {
        return list != null ? list.size() : 0;
    }

    @Override
    public Object createPageInContainer(ComponentContainer componentContainer, int i) {
        String data = list.get(i);
```

```
        //解析布局
        Component component = LayoutScatter.getInstance(context).parse(ResourceTable.Layout_
page, null, false);
        Text text = component.findComponentById(ResourceTable.Id_t_name);
        //设置文本
        text.setText(data);
        //添加组件
        componentContainer.addComponent(component);
        return component;
    }

    @Override
    public void destroyPageFromContainer(ComponentContainer componentContainer, int i, Object o) {
        //移除组件
        componentContainer.removeComponent((Component) o);
    }

    @Override
    public boolean isPageMatchToObject(Component component, Object o) {
        return true;
    }
}
```

(11) 在 MainAbilitySlice 中创建 getList 方法,初始化数据,参考代码如下:

```
//第 2 章\RotationMap\...\slice\MainAbilitySlice.java
//初始化数据
private List<String> getList() {
    List<String> list = new ArrayList<>();
    list.add("Page A");
    list.add("Page B");
    list.add("Page C");
    list.add("Page D");

    return list;
}
```

(12) 声明 PageSlider 成员变量,创建方法 initPageSlider,初始化 PageSlider 组件,参考代码如下:

```
//第 2 章\RotationMap\...\slice\MainAbilitySlice.java
//初始化 PageSlider 组件
private void initPageSlider() {
    page_slider = (PageSlider) findComponentById(ResourceTable.Id_page_slider);
    page_slider.setProvider(new MyPageProvider(getList(), this));
```

```
    //设置回弹效果
    page_slider.setReboundEffect(true);
}
```

（13）在 onStart 方法中调用 initPageSlider 方法。

（14）声明 PageSliderIndicator 成员变量，创建方法 initPageSliderIndicator，初始化 PageSliderIndicator 组件，参考代码如下：

```
//第 2 章\RotationMap\...\slice\MainAbilitySlice.java
private void initPageSliderIndicator() {
    indicator = (PageSliderIndicator) findComponentById(ResourceTable.Id_indicator);

    //设置导航点的选中状态与未选中状态的样式
    indicator.setItemElement(new ShapeElement(this, ResourceTable.Graphic_background_normal)
          , new ShapeElement(this, ResourceTable.Graphic_background_selected));

    //关联 PageSlider
    indicator.setPageSlider(page_slider);
    //设置导航点之间的距离
    indicator.setItemOffset(60);
    //添加响应页面切换事件
    indicator.addOnSelectionChangedListener(new PageSlider.PageChangedListener() {
        //滑动时回调该方法
        @Override
        public void onPageSliding(int i, float v, int i1) {

        }

        //当 PageSlide 状态改变时回调该方法,如静止变为滑动时
        @Override
        public void onPageSlideStateChanged(int i) {

        }

        //当页面切换结束后回调该方法
        @Override
        public void onPageChosen(int i) {

        }
    });
}
```

（15）在 onStart 方法中调用 initPageSliderIndicator 方法。

（16）在配置文件 config.json 中，将 module 元素中的子元素 metaData 配置为全屏显

示,参考代码如下:

```
//第 2 章\RotationMap\...\main\config.json
"metaData": {
  "customizeData": [
    {
      "name": "hwc-theme",
      "value": "androidhwext:style/Theme.Emui.Wallpaper.NoTitleBar.Fullscreen"
    }
  ]
}
```

(17) 将程序运行到本地模拟器,运行效果如图 2-38 所示。

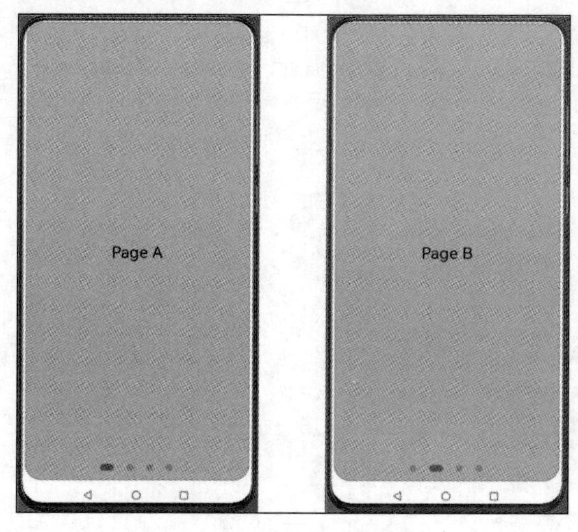

图 2-38 轮播图运行效果

第3章

Ability 框架

本章通过6个案例来讲解 Ability 框架中的 Page Ability、Service Ability、公共事件与通知、线程管理、线程间通信的开发方法和步骤。6个案例分别是新闻详情查看、生命周期回调方法测试、音乐播放器(启动/停止功能)、消息通知、实时天气、秒表。

3.1 Page Ability

3.1.1 案例16:新闻详情查看

本案例实现新闻详情查看功能。首先,参考案例8实现新闻列表功能;接着,创建一个 Page Ability 用来展示新闻详情;然后,完成新闻详情 UI 设计;再然后,在 MainAbilitySlice 中实现新闻列表单击跳转及数据传递功能;最后,在新闻详情 Ability 中实现数据获取及详情展示功能。

(1) 参考案例8,创建新闻详情工程 NewsDetails,实现新闻列表功能。

(2) 给 bean 包下的 News 实体类添加日期和内容属性,并添加 setter、getter 和全参构造方法,参考代码如下:

```
//第3章\NewsDetails\...\bean\News.java
package com.geshuai.newsdetails.bean;

import Java.text.SimpleDateFormat;
import Java.util.Date;

    public class News {
    String title;                //新闻标题
    Date date;
    String content;
    Integer image;               //新闻图片资源 id

    public News(String title, Date date, String content, Integer image) {
        this.title = title;
```

```
        this.date = date;
        this.content = content;
        this.image = image;
    }
    //省略 setter、getter 方法
}
```

(3) 在 MainAbilitySlice 中,利用全参构造方法添加新闻数据,参考代码如下:

```
    list.add(new News("文旅部公布 10 条冰雪旅游精品线路", new Date(122,0,21,8,57), "
  为推动冰雪旅游发展,近日,文化和旅游部确定"冰雪京张·冬奥之城"精品线路等 10 条线路为全国冰雪旅游精品线路。10 条精品线路遍布全国,既有跨越北京市、河北省的"冰雪京张·冬奥之城"精品线路,也有"冰雪秘境·心灵牧场"精品线路、"乐游辽宁·不虚此行"精品线路、"长白有约·滑雪度假"精品线路等。其中,以北京市城区—延庆区—张家口怀来县—张家口崇礼区—张家口沽源县为主要节点的"冰雪京张·冬奥之城"精品线路,包含滑雪、温泉休闲、冰雪娱乐、自驾穿越等体验形式,沿线冰雪旅游点有国家速滑馆(冰丝带)、首钢滑雪大跳台、石京龙滑雪场、八达岭滑雪场等。"
, ResourceTable.Media_1));
list.add(new News(""家门口"跨年成主流,游客最爱滑雪泡汤迎新年", new Date(121,11,29,9,16),
"          随着元旦、新年假期的临近,国内各大目的地纷纷推出了具有当地特色的文化旅游节,丰富各地居民节日期间的文化旅游生活。12 月底,吉林的查干湖冰雪渔猎文化旅游节、四川的冬季乡村文化旅游节等节事活动对本地和异地游客同样有着巨大的吸引力。相比往年,蕴含"国潮"文化的跨年方式,更受年轻用户欢迎。在洛阳看一看老君山的雪景、在苏州听听寒山寺的钟声等众多新兴小众的国潮文化体验,都是年轻人寻找跨年"仪式感"的方式。", ResourceTable.Media_2));
list.add(new News("横穿祖国正北方岁末"种草"(上) 诚邀北京游客来年相会靓丽内蒙古", new
Date(121,10,25,17,2), "          内蒙古自治区横亘在祖国的正北方,从东到西最短公路里程将近3000 千米,听着就很远,然而,也正是因为跨度如此之大,内蒙古离北京也可以很近。拜京新高速及京包高铁等公路铁路全线贯通,京蒙两地不但深化全方位多领域的合作,两地间的日常交往也愈发密切。", ResourceTable.Media_3));
```

(4) 在新闻列表中添加日期,参考布局如图 3-1 所示。

图 3-1 新闻列表布局

(5) 创建一个名为 DetailsAbility 的 Page Ability,用来展示新闻详情。

(6) 新闻详情 UI 设计,实现导航栏、新闻标题、日期、新闻内容等展示。参考布局如图 3-2 所示。

图 3-2 新闻详情 UI 布局

(7) 参考代码如下:

```
//第 3 章\NewsDetails\...\layout\ability_details.xml
<?xml version = "1.0" encoding = "UTF - 8"?>
< DirectionalLayout
    xmlns:ohos = "http://schemas.huawei.com/res/ohos"
    ohos:height = "match_parent"
    ohos:width = "match_parent"
    ohos:orientation = "vertical">

    < DependentLayout
        ohos:height = "50vp"
        ohos:width = "match_parent"
        ohos:background_element = "blue">

        < Button
            ohos:id = " $ + id:back"
            ohos:height = "match_content"
            ohos:width = "match_content"
```

```
            ohos:align_parent_left = "true"
            ohos:padding = "10vp"
            ohos:text = "返回"
            ohos:text_color = "#fff"
            ohos:text_size = "20fp"/>

        < Text
            ohos:height = "match_content"
            ohos:width = "match_content"
            ohos:center_in_parent = "true"
            ohos:text = "新 闻 详 情"
            ohos:text_color = "white"
            ohos:text_size = "20fp"/>

    </DependentLayout >

    < DirectionalLayout
        ohos:height = "match_parent"
        ohos:width = "match_parent"
        ohos:padding = "10vp">

        < Text
            ohos:id = " $ + id:t_tittle"
            ohos:height = "match_content"
            ohos:width = "match_content"
            ohos:background_element = " $graphic:background_ability_details"
            ohos:layout_alignment = "horizontal_center"
            ohos:multiple_lines = "true"
            ohos:text = "又一快递公司倒下!曾有员工 8 万多名,被誉为行业"黄埔军校""
            ohos:text_font = "HwChinese - medium"
            ohos:text_size = "22fp"
            />

        < Text
            ohos:id = " $ + id:t_date"
            ohos:height = "match_content"
            ohos:width = "match_content"
            ohos:background_element = " $graphic:background_ability_details"
            ohos:layout_alignment = "right"
            ohos:text = "发布时间: 2021 - 12 - 27 20:00:00"
            ohos:text_color = "#FFC8C8C8"
            ohos:text_font = "sans - serif"
            ohos:text_size = "16fp"
            ohos:top_margin = "30vp"
            />
```

```
        <Component
            ohos:height = "1vp"
            ohos:width = "match_parent"
            ohos:background_element = "#FFC8C8C8"
            ohos:bottom_margin = "40vp"
            ohos:top_margin = "30vp"
            />

        <Text
            ohos:id = "$+id:t_content"
            ohos:height = "match_content"
            ohos:width = "match_parent"
            ohos:line_height_num = "2.5"
            ohos:multiple_lines = "true"
            ohos:scrollable = "true"
            ohos:text = "因为我们在网上购买的商品可能与自己有着非常远的距离,这个时候就需
要由专门的物流集散公司进行配送运输。可以说快递行业的发展,与网购的发展几乎是同步的。近
几年国内兴起的快递企业有很多,不过有一个快递公司叫速尔快递,它曾有8万名员工,是行业内
的"黄埔军校",如今为何衰落了?这个快递公司的名字叫作速尔快递,"
            ohos:text_size = "20vp"
            />

    </DirectionalLayout>

</DirectionalLayout>
```

(8) 在 MainAbilitySlice 中,将新闻数据集合变量 list 设置为公共类成员变量,参考代码如下:

```
public static List<News> list;
```

(9) 给新闻列表添加 item 单击事件,参考代码如下:

```
//第3章\NewsDetails\...\slice\MainAbilitySlice.java
listContainer.setItemClickedListener(new ListContainer.ItemClickedListener() {
    @Override
    public void onItemClicked(ListContainer listContainer, Component component, int i, long l) {
        }
});
```

(10) 在单击事件回调方法中,实现跳转及数据传递,参考代码如下:

```
//第3章\NewsDetails\...\slice\MainAbilitySlice.java
Operation operation = new Intent.OperationBuilder()
```

```
        .withAbilityName(DetailsAbility.class)      //设置启动 Ability
        .withBundleName(getBundleName())
        .build();
intent.setOperation(operation);
intent.setParam("index",i);                          //设置待查看新闻在集合中的索引
startAbility(intent);                                //启动跳转
```

(11) 在 DetailsAbilitySlice 中实现数据获取与展示功能,参考代码如下:

```
//第 3 章\NewsDetails\...\slice\DetailsAbilitySlice.java
package com.geshuai.newsdetails.slice;

import com.geshuai.newsdetails.ResourceTable;
import com.geshuai.newsdetails.bean.News;
import ohos.aafwk.ability.AbilitySlice;
import ohos.aafwk.content.Intent;
import ohos.agp.components.Text;

public class DetailsAbilitySlice extends AbilitySlice {
    Text t_tittle;
    Text t_date;
    Text t_content;

    News item;

    @Override
    public void onStart(Intent intent) {
        super.onStart(intent);
        super.setUIContent(ResourceTable.Layout_ability_details);

        //获取数据
        int index = intent.getIntParam("index", -1);

        //没有数据时结束 Ability
        if(index == -1){
            terminateAbility();
        }
        item = MainAbilitySlice.list.get(index);

        initComponent();
    }

    private void initComponent() {
        t_tittle = findComponentById(ResourceTable.Id_t_tittle);
        t_date = findComponentById(ResourceTable.Id_t_date);
```

```
        t_content = findComponentById(ResourceTable.Id_t_content);

        findComponentById(ResourceTable.Id_back).
                                        setClickedListener(component -> terminateAbility());

        t_tittle.setText(item.getTitle());
        t_date.setText(item.getDate());
        t_content.setText(item.getContent());
    }

}
```

(12) 将程序运行到本地模拟器,运行效果如图 3-3 所示。

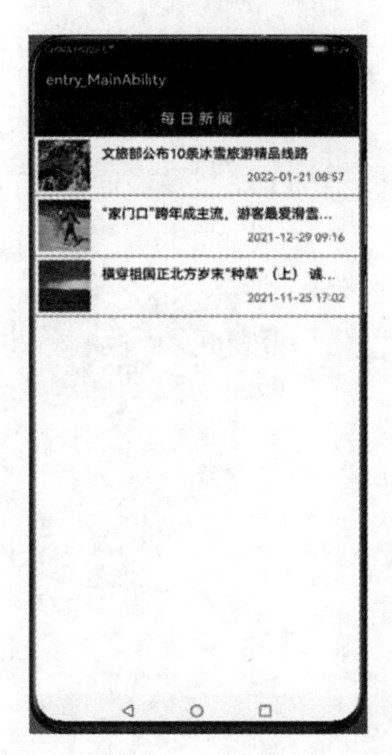

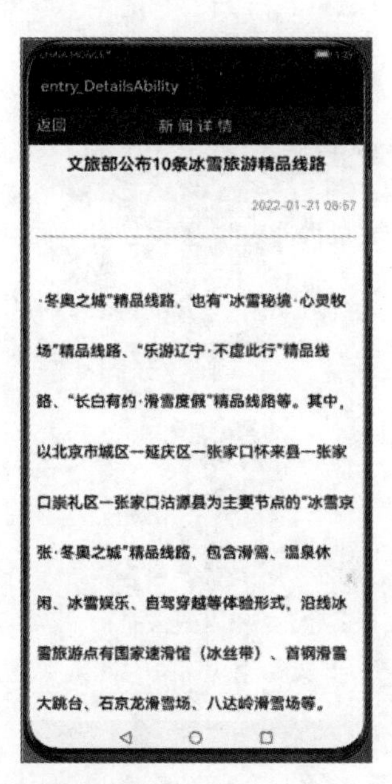

entry_DetailsAbility
返回
新闻详情
文旅部公布10条冰雪旅游精品线路
2022-01-21 08:57
·冬奥之城"精品线路，也有"冰雪秘境·心灵牧
场"精品线路、"乐游辽宁·不虚此行"精品线
路、"长白有约·滑雪度假"精品线路等。其中，
以北京市城区—延庆区—张家口怀来县—张家
口崇礼区—张家口沽源县为主要节点的"冰雪京
张·冬奥之城"精品线路，包含滑雪、温泉休
闲、冰雪娱乐、自驾穿越等体验形式，沿线冰
雪旅游点有国家速滑馆（冰丝带）、首钢滑雪
大跳台、石京龙滑雪场、八达岭滑雪场等。

图 3-3　新闻详情运行效果

3.1.2　案例 17：生命周期回调方法测试

本案例通过打印日志，来验证 Ability 生命周期及对应回调方法的关系。首先，创建 Java 模板工程 AbilityLifeCycle；接着，在 MainAbility 中重写 Ability 生命周期回调方法，并添加日志打印语句；然后，创建 SecondAbility；再然后，在 MainAbility 中添加 Button 组件实现 MainAbility 到 SecondAbility 的跳转功能；最后，运行测试。

(1) 创建 Java 模板空工程 AbilityLifeCycle，API 版本号为 6。

(2) 删除 MainAbilitySlice，在 MainAbility 的 onStart 方法中设置 UI 布局，参考代码如下：

```
//第 3 章\AbilityLifeCycle\...\MainAbility.java
@Override
public void onStart(Intent intent) {
    super.onStart(intent);
    //设置布局
    setUIContent(ResourceTable.Layout_ability_main);
}
```

(3) 重写 Ability 生命周期回调方法,并添加日志打印语句,参考代码如下:

```
//第 3 章\AbilityLifeCycle\...\MainAbility.java
public class MainAbility extends Ability {
    final HiLogLabel HLL = new HiLogLabel(HiLog.LOG_APP, 2, "LifeCycle");

    @Override
    public void onStart(Intent intent) {
        super.onStart(intent);

        HiLog.info(HLL, "onStart");

        //如果不想使用 Slice,则可以直接设置布局
        setUIContent(ResourceTable.Layout_ability_main);

    }

    @Override
    protected void onActive() {
        super.onActive();
        HiLog.info(HLL, "onActive");
    }

    @Override
    protected void onInactive() {
        super.onInactive();
        HiLog.info(HLL, "onInactive");
    }

    @Override
    protected void onBackground() {
        super.onBackground();
        HiLog.info(HLL, "onBackground");
    }

    @Override
    protected void onForeground(Intent intent) {
```

```
        super.onForeground(intent);
        HiLog.info(HLL, "onForeground");
    }

    @Override
    protected void onStop() {
        super.onStop();
        HiLog.info(HLL, "onStop");
    }
}
```

(4) 创建名为 SecondAbility 的 PageAbility。

(5) 在 MainAbility 中添加 Button 组件实现 MainAbility 到 SecondAbility 的跳转功能。参考代码如下：

```
findComponentById(ResourceTable.Id_btn_start).setClickedListener(component ->{
Operation operation = new Intent.OperationBuilder()
            .withBundleName(getBundleName())           //获取包名
            .withAbilityName(SecondAbility.class)      //设置目标 Ability
            .build();

    //把 operation 对象设置到 intent
    intent.setOperation(operation);
    startAbility(intent);
});
```

(6) 运行程序查看日志，如图 3-4 所示。

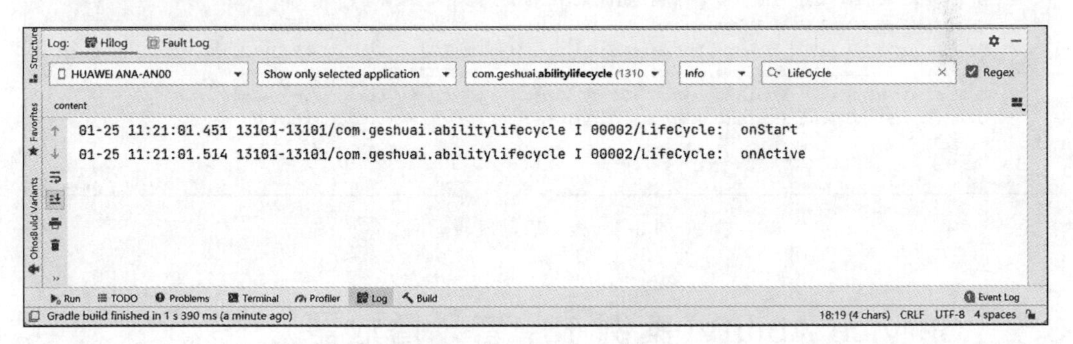

图 3-4 程序首次运行

(7) 按 Home 键进入后台运行，如图 3-5 所示。

(8) 单击桌面图标恢复前台运行，如图 3-6 所示。

(9) 运行程序，跳转 SecondAbility 并返回，如图 3-7 所示。

```
01-25 11:21:01.451 13101-13101/com.geshuai.abilitylifecycle I 00002/LifeCycle:  onStart
01-25 11:21:01.514 13101-13101/com.geshuai.abilitylifecycle I 00002/LifeCycle:  onActive
01-25 11:24:39.408 13101-13101/com.geshuai.abilitylifecycle I 00002/LifeCycle:  onInactive
01-25 11:24:41.665 13101-13101/com.geshuai.abilitylifecycle I 00002/LifeCycle:  onBackground
```

图 3-5　程序进入后台运行

```
01-25 11:41:46.008 13101-13101/com.geshuai.abilitylifecycle I 00002/LifeCycle:  onStart
01-25 11:41:46.043 13101-13101/com.geshuai.abilitylifecycle I 00002/LifeCycle:  onActive
01-25 11:41:51.551 13101-13101/com.geshuai.abilitylifecycle I 00002/LifeCycle:  onInactive
01-25 11:41:52.358 13101-13101/com.geshuai.abilitylifecycle I 00002/LifeCycle:  onBackground
01-25 11:41:55.827 13101-13101/com.geshuai.abilitylifecycle I 00002/LifeCycle:  onForeground
01-25 11:41:55.833 13101-13101/com.geshuai.abilitylifecycle I 00002/LifeCycle:  onActive
```

图 3-6　程序恢复前台运行

```
01-25 11:41:46.008 13101-13101/com.geshuai.abilitylifecycle I 00002/LifeCycle:  onStart
01-25 11:41:46.043 13101-13101/com.geshuai.abilitylifecycle I 00002/LifeCycle:  onActive
01-25 11:41:51.551 13101-13101/com.geshuai.abilitylifecycle I 00002/LifeCycle:  onInactive
01-25 11:41:52.358 13101-13101/com.geshuai.abilitylifecycle I 00002/LifeCycle:  onBackground
01-25 11:41:55.827 13101-13101/com.geshuai.abilitylifecycle I 00002/LifeCycle:  onForeground
01-25 11:41:55.833 13101-13101/com.geshuai.abilitylifecycle I 00002/LifeCycle:  onActive
```

图 3-7　程序启动跳转返回

3.2　Service Ability（案例 18：音乐播放器）

5min

本案例讲解 Service Ability 实现音乐播放与停止功能。首先，创建 Java 模板工程 MusicPlayer；接着，实现 UI 布局设计；然后，创建名为 MusicPlayerServiceAbility 的 Service Ability 并实现音乐播放器启动与停止功能；最后，在 MainAbilitySlice 中添加 ToggleButton 的单击事件监听器，在监听器中根据按钮状态发送相应指令。

（1）创建 Java 模板空工程 MusicPlayer。

（2）音乐播放器 UI 布局设计，参考布局如图 3-8 所示。

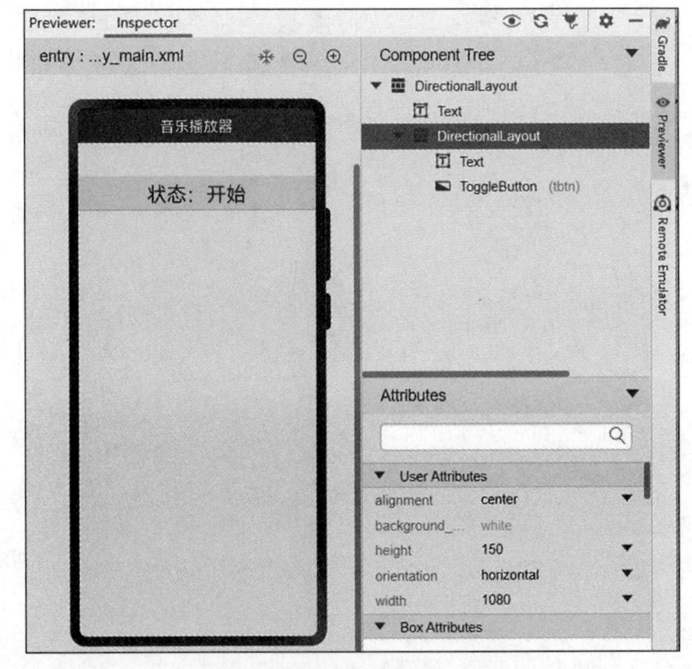

图 3-8 音乐播放器 UI 布局

（3）参考代码如下：

```
//第 3 章\MusicPlayer\...\layout\ability_main.xml
<?xml version = "1.0" encoding = "UTF - 8"?>
< DirectionalLayout
    xmlns:ohos = "http://schemas.huawei.com/res/ohos"
    ohos:height = "match_parent"
    ohos:width = "match_parent"
    ohos:background_element = "#efefef"
    ohos:orientation = "vertical">

    < Text
        ohos:height = "50vp"
        ohos:width = "match_parent"
        ohos:background_element = "blue"
        ohos:text = "音乐播放器"
        ohos:text_alignment = "center"
        ohos:text_color = "white"
        ohos:text_size = "22fp"/>

    < DirectionalLayout
```

```
        ohos:height = "match_content"
        ohos:width = "match_parent"
        ohos:alignment = "center"
        ohos:background_element = "white"
        ohos:orientation = "horizontal"
        ohos:padding = "5vp"
        ohos:top_margin = "50vp"
        >

        <Text
            ohos:height = "match_content"
            ohos:width = "match_content"
            ohos:text = "状态："
            ohos:text_size = "30fp"
            />

        <ToggleButton
            ohos:id = "$+id:tbtn"
            ohos:height = "match_content"
            ohos:width = "match_content"
            ohos:text_color_off = "blue"
            ohos:text_color_on = "gray"
            ohos:text_size = "30fp"
            ohos:text_state_off = "开始"
            ohos:text_state_on = "停止"/>

    </DirectionalLayout>

</DirectionalLayout>
```

(4) 创建名为 MusicPlayerServiceAbility 的 Service Ability，在 onCommand 方法中实现播放与停止功能，参考代码如下：

```
//第 3 章\MusicPlayer\...\slice\MusicPlayerServiceAbility.java
public void onCommand(Intent intent, boolean restart, int startId) {
    //获取指令
    int index = intent.getIntParam("cmd", 1);
    String[] cmd = new String[]{"开始", "停止"};
    //执行播放与停止功能
    new ToastDialog(this).setText("播放" + cmd[index]).show();
}
```

(5) 在 MainAbilitySlice 中初始化 ToggleButton 组件,并添加单击监听器,参考代码如下:

```
//第 3 章\MusicPlayer\...\slice\MainAbilitySlice.java
ToggleButton tbtn = findComponentById(ResourceTable.Id_tbtn);

//将默认值设置为未选中状态
tbtn.setChecked(false);
//给播放/停止按钮添加单击监听器
tbtn.setClickedListener(component ->{

});
```

(6) 在监听器中根据按钮状态发送相应指令,参考代码如下:

```
//第 3 章\MusicPlayer\...\slice\MainAbilitySlice.java
Operation operation = new Intent.OperationBuilder()
        .withBundleName(getBundleName())
        .withAbilityName(MusicPlayerServiceAbility.class)
        .build();
intent.setOperation(operation);
//根据按钮状态发送相应指令
intent.setParam("cmd", tbtn.isChecked() ? 1 : 0);
startAbility(intent);
```

(7) 运行程序,效果如图 3-9 所示。

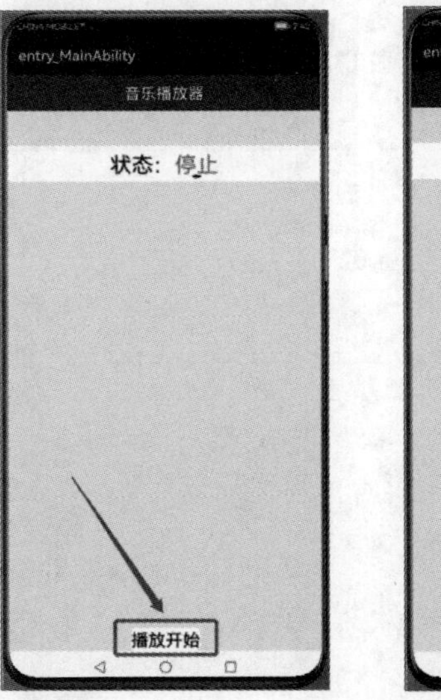

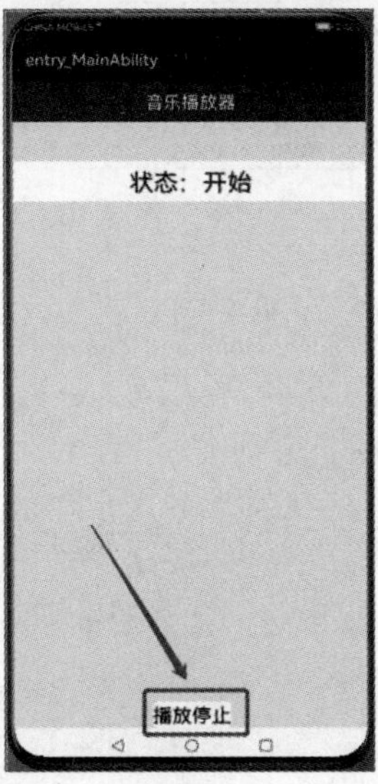

图 3-9 音乐播放器运行效果

3.3 公共事件与通知(案例19：消息通知)

4min

本案例实现鸿蒙操作系统消息通知发布与取消的功能。首先,创建Java模板工程MessageNotification；接着,实现UI布局设计；然后,实现通知发布功能；最后,实现通知取消功能。

(1) 创建Java模板空工程MessageNotification。

(2) 消息通知UI布局设计,参考布局如图3-10所示。

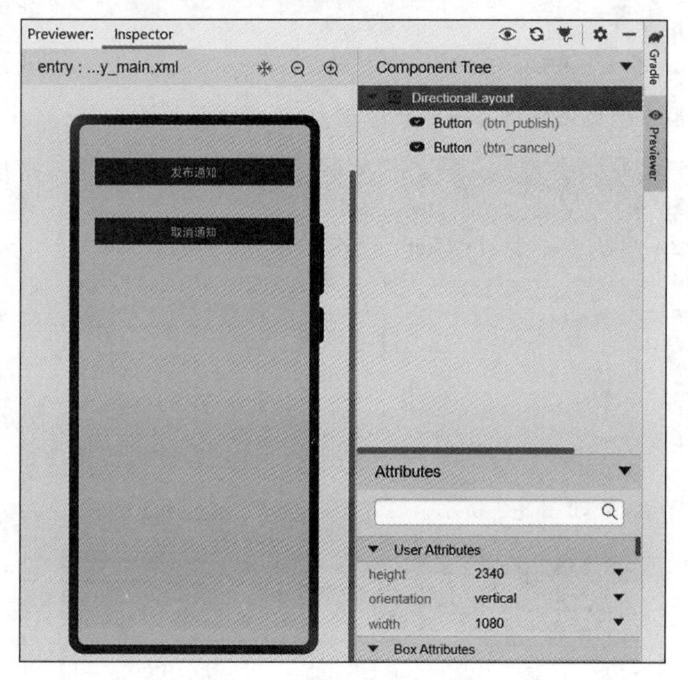

图3-10 消息通知UI布局

(3) UI布局参考代码如下：

```
//第3章\MessageNotification\...\layout\ability_main.xml
<?xml version = "1.0" encoding = "UTF - 8"?>
<DirectionalLayout
    xmlns:ohos = "http://schemas.huawei.com/res/ohos"
    ohos:height = "match_parent"
    ohos:width = "match_parent"
    ohos:orientation = "vertical">

    <Button
        ohos:id = " $ + id:btn_publish"
        ohos:height = "40vp"
```

```
        ohos:width="match_parent"
        ohos:background_element="blue"
        ohos:left_margin="24vp"
        ohos:padding="10vp"
        ohos:right_margin="24vp"
        ohos:text="发布通知"
        ohos:text_alignment="center"
        ohos:text_color="white"
        ohos:text_size="18fp"
        ohos:top_margin="50vp"/>

    <Button
        ohos:id="$+id:btn_cancel"
        ohos:height="40vp"
        ohos:width="match_parent"
        ohos:background_element="blue"
        ohos:left_margin="24vp"
        ohos:padding="10vp"
        ohos:right_margin="24vp"
        ohos:text="取消通知"
        ohos:text_alignment="center"
        ohos:text_color="white"
        ohos:text_size="18fp"
        ohos:top_margin="50vp"/>

</DirectionalLayout>
```

(4) 在 onStart 方法中创建一条消息通知对象，参考代码如下：

```
//第3章\MessageNotification\...\slice\MainAbilitySlice.java
public class MainAbilitySlice extends AbilitySlice {
    @Override
    public void onStart(Intent intent) {
        super.onStart(intent);
        super.setUIContent(ResourceTable.Layout_ability_main);

        //设置通知的 id
        int notificationId = 1;

        //创建 NotificationRequest 对象
        NotificationRequest request = new NotificationRequest(notificationId);
```

```
        //创建 NotificationNormalContent 对象,用来存放通知标题与内容
         NotificationRequest.NotificationNormalContent content = new NotificationRequest.
NotificationNormalContent();

        //设置通知的标题与内容
        content.setTitle("2022 年元旦放假通知")
              .setText("元旦放假 3 天,放假时间为 2022 年 1 月 1、2、3 日休息,4 日正常上班");

        //封装消息通知
        NotificationRequest.NotificationContent notificationContent = new NotificationRequest.
NotificationContent(content);

        //设置通知的内容
        request.setContent(notificationContent);
    }
}
```

(5) 给"发布通知"按钮添加单击监听器,在监听器中实现通知发布功能,参考代码如下:

```
//第 3 章\MessageNotification\...\slice\MainAbilitySlice.java
//给"发布通知"按钮添加单击监听器
findComponentById(ResourceTable.Id_btn_publish).setClickedListener(component ->{
    try {
        //发布通知
        NotificationHelper.publishNotification(request);
    } catch (RemoteException ex) {
    }
});
```

(6) 给"取消通知"按钮添加单击监听器,在监听器中实现删除消息通知功能,参考代码如下:

```
//第 3 章\MessageNotification\...\slice\MainAbilitySlice.java
//给"取消通知"按钮添加单击监听器
findComponentById(ResourceTable.Id_btn_cancel).setClickedListener(component ->{
    try {
        //删除通知
        NotificationHelper.cancelNotification(notificationId);
    } catch (RemoteException ex) {
    }
});
```

(7) 运行程序,效果如图 3-11 所示。

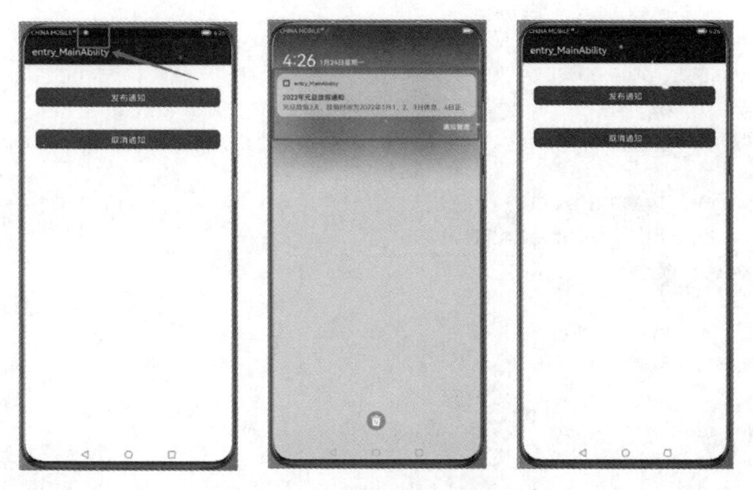

图 3-11 消息通知运行效果

3.4 线程管理(案例 20:实时天气)

本案例实现城市天气预报实时显示功能。首先,创建 Java 模板空工程 RealTimeWeather;接着,实现 UI 布局设计;然后,在子线程中获取天气数据;最后,在 UI 线程中实现天气展示功能。

(1) 创建 Java 模板空工程 RealTimeWeather,支持设备类型为手表,API 版本号为 6。

(2) UI 布局设计,参考布局如图 3-12 所示。

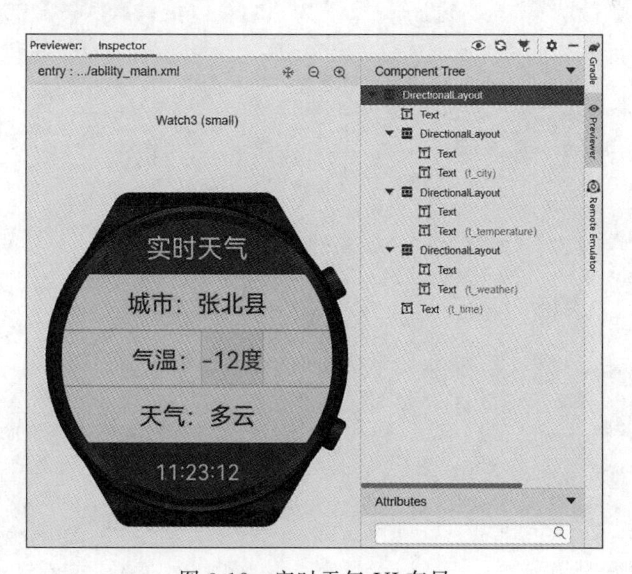

图 3-12 实时天气 UI 布局

(3) UI 布局参考代码如下：

```
//第 3 章\RealTimeWeather\...\layout\ability_main.xml
<?xml version = "1.0" encoding = "UTF - 8"?>
< DirectionalLayout
    xmlns:ohos = "http://schemas.huawei.com/res/ohos"
    ohos:height = "match_parent"
    ohos:width = "match_parent"
    ohos:background_element = "#FFBABABA"
    ohos:orientation = "vertical">

    < Text
        ohos:height = "match_content"
        ohos:width = "match_parent"
        ohos:background_element = "blue"
        ohos:text = "实时天气"
        ohos:text_alignment = "center"
        ohos:text_color = "white"
        ohos:text_size = "22fp"
        ohos:weight = "1"/>

    < DirectionalLayout
        ohos:height = "match_parent"
        ohos:width = "match_parent"
        ohos:alignment = "center"
        ohos:background_element = "white"
        ohos:orientation = "horizontal"
        ohos:weight = "1">

        < Text
            ohos:height = "match_parent"
            ohos:width = "match_content"
            ohos:background_element = " $graphic:background_ability_main"
            ohos:layout_alignment = "horizontal_center"
            ohos:text = "城市："
            ohos:text_size = "20fp"
            />

        < Text
            ohos:id = " $ + id:t_city"
            ohos:height = "match_parent"
            ohos:width = "match_content"
            ohos:background_element = " $graphic:background_ability_main"
            ohos:layout_alignment = "horizontal_center"
            ohos:text = "张北县"
            ohos:text_size = "20fp"
```

```
            />
    </DirectionalLayout>

    <DirectionalLayout
        ohos:height = "match_parent"
        ohos:width = "match_parent"
        ohos:alignment = "center"
        ohos:background_element = "white"
        ohos:orientation = "horizontal"
        ohos:top_margin = "1vp"
        ohos:weight = "1">

        <Text
            ohos:height = "match_parent"
            ohos:width = "match_content"
            ohos:background_element = "$graphic:background_ability_main"
            ohos:layout_alignment = "horizontal_center"
            ohos:text = "气温:"
            ohos:text_size = "20fp"
            />

        <Text
            ohos:id = "$+id:t_temperature"
            ohos:height = "match_parent"
            ohos:width = "match_content"
            ohos:background_element = "$graphic:background_ability_main"
            ohos:layout_alignment = "horizontal_center"
            ohos:text = "-12 度"
            ohos:text_size = "20fp"
            />
    </DirectionalLayout>

    <DirectionalLayout
        ohos:height = "match_parent"
        ohos:width = "match_parent"
        ohos:alignment = "center"
        ohos:background_element = "white"
        ohos:orientation = "horizontal"
        ohos:top_margin = "1vp"
        ohos:weight = "1">

        <Text
            ohos:height = "match_parent"
            ohos:width = "match_content"
            ohos:background_element = "$graphic:background_ability_main"
            ohos:layout_alignment = "horizontal_center"
```

```
            ohos:text = "天气: "
            ohos:text_size = "20fp"
            />

        <Text
            ohos:id = " $ + id:t_weather"
            ohos:height = "match_parent"
            ohos:width = "match_content"
            ohos:background_element = " $graphic:background_ability_main"
            ohos:layout_alignment = "horizontal_center"
            ohos:text = "多云"
            ohos:text_size = "20fp"
            />
    </DirectionalLayout>

    <Text
        ohos:id = " $ + id:t_time"
        ohos:height = "match_parent"
        ohos:width = "match_parent"
        ohos:background_element = "blue"
        ohos:text = "11:23:12"
        ohos:text_alignment = "center"
        ohos:text_color = "white"
        ohos:text_size = "18fp"
        ohos:weight = "1"/>

</DirectionalLayout>
```

(4) 创建天气实体类 Weather,并添加全局变量、构造方法与 setter、getter 方法,参考代码如下:

```
//第 3 章\RealTimeWeather\...\bean\Weather.java
package com.geshuai.realtimeweather.bean;

public class Weather {
    private String city;
    private Integer temp;
    private String weather;

    public Weather() {
    }

    public Weather(String city, Integer temp, String weather) {
        this.city = city;
        this.temp = temp;
```

```
        this.weather = weather;
    }

    //此处省略 setter、getter 方法
}
```

(5) 创建 HTTP 工具类 HttpClientUtil，参考代码如下：

```
//第 3 章\RealTimeWeather\...\util\HttpClientUtil.java
package com.geshuai.realtimeweather.util;

import Java.io.BufferedReader;
import Java.io.IOException;
import Java.io.InputStream;
import Java.io.InputStreamReader;
import Java.net.HttpURLConnection;
import Java.net.MalformedURLException;
import Java.net.url;

public class HttpClientUtil {
    public static String doGet(String httpurl) {
        HttpURLConnection connection = null;
        InputStream is = null;
        BufferedReader br = null;
        String result = null;   //返回结果字符串
        try {
            //创建远程 url 连接对象
            URL url = new URL(httpurl);
            //通过远程 url 连接对象打开一个连接,强转换成 httpURLConnection 类
            connection = (HttpURLConnection) url.openConnection();
            //设置连接方式: get
            connection.setRequestMethod("GET");
            //设置连接主机服务器的超时时间: 15000ms
            connection.setConnectTimeout(15000);
            //设置读取远程返回的数据时间: 60000ms
            connection.setReadTimeout(60000);
            //发送请求
            connection.connect();
            //通过 connection 连接,获取输入流
            if (connection.getResponseCode() == 200) {
                is = connection.getInputStream();
                //封装输入流 is,并指定字符集
                br = new BufferedReader(new InputStreamReader(is, "UTF-8"));
                //存放数据
                StringBuffer sbf = new StringBuffer();
```

```
                String temp = null;
                while ((temp = br.readLine()) != null) {
                    sbf.append(temp);
                    sbf.append("\r\n");
                }
                result = sbf.toString();
            }
        } catch (MalformedURLException e) {
            e.printStackTrace();
        } catch (IOException e) {
            e.printStackTrace();
        } finally {
            //关闭资源
            if (null != br) {
                try {
                    br.close();
                } catch (IOException e) {
                    e.printStackTrace();
                }
            }

            if (null != is) {
                try {
                    is.close();
                } catch (IOException e) {
                    e.printStackTrace();
                }
            }

            connection.disconnect();    //关闭远程连接
        }

        return result;
    }
}
```

（6）在 entry 模块的 build.gradle 中添加 Fast json 的依赖，代码如下：

```
//第 3 章\RealTimeWeather\entry\build.gradle
apply plugin: 'com.huawei.ohos.hap'
apply plugin: 'com.huawei.ohos.decctest'
//For instructions on signature configuration, see https://developer.harmonyos.com/cn/docs/
//documentation/doc-guides/ide_deBug_device-0000001053822404#section1112183053510
ohos {
    compileSdkVersion 7
```

```
    defaultConfig {
        compatibleSdkVersion 6
    }
    buildTypes {
        release {
            proguardOpt {
                proguardEnabled false
                rulesFiles 'proguard - rules.pro'
            }
        }
    }
}

dependencies {
    implementation fileTree(dir: 'libs', include: ['*.jar', '*.har'])
    testImplementation 'junit:junit:4.13.1'
    ohosTestImplementation 'com.huawei.ohos.testkit:runner:2.0.0.200'
    compile 'com.alibaba:fastjson:1.2.73'
}
decc {
    supportType = ['html','xml']
}
```

(7) 同步 gradle 依赖库,如图 3-13 所示。

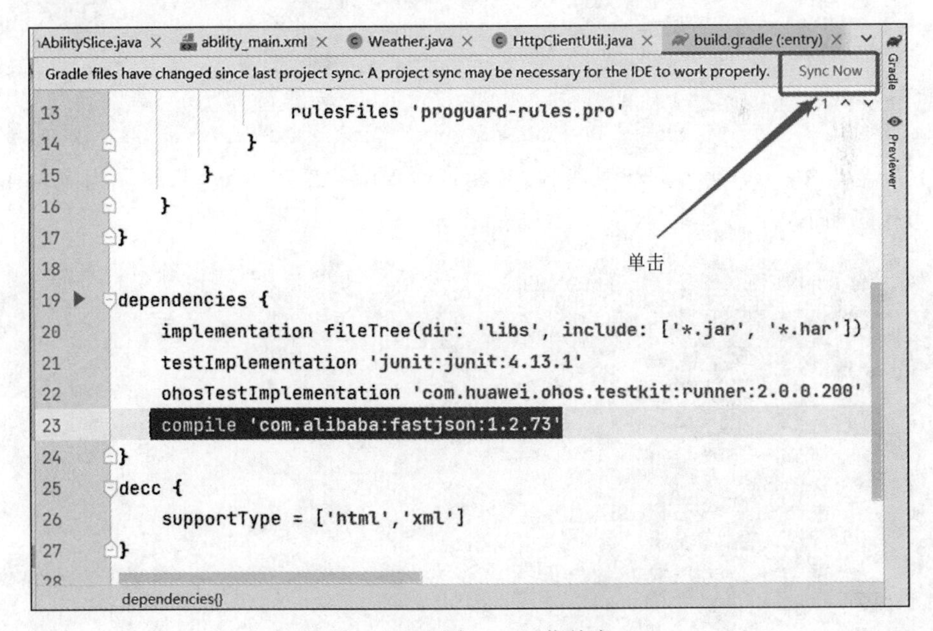

图 3-13 同步 gradle 依赖库

(8) 在 config.json 文件中的 module 中申请网络权限，代码如下：

```
    //第 3 章\RealTimeWeather\...\main\config.json
    "reqPermissions": [
  {
    "name": "ohos.permission.INTERNET"
  }
]
```

(9)初始化 UI 组件，参考代码如下：

```
//第 3 章\RealTimeWeather\...\slice\MainAbilitySlice.java
public class MainAbilitySlice extends AbilitySlice {
    Text t_temperature;
    Text t_city;
    Text t_weather;
    Text t_time;


    @Override
    public void onStart(Intent intent) {
        super.onStart(intent);
        super.setUIContent(ResourceTable.Layout_ability_main);

        t_temperature = findComponentById(ResourceTable.Id_t_temperature);
        t_city = findComponentById(ResourceTable.Id_t_city);
        t_weather = findComponentById(ResourceTable.Id_t_weather);
        t_time = findComponentById(ResourceTable.Id_t_time);
    }
}
```

(10) 在 onStart 方法中创建子线程，并在子线程中获取天气数据，转换为 Weather 对象，参考代码如下：

```
//第 3 章\RealTimeWeather\...\slice\MainAbilitySlice.java
new Thread(new Runnable() {
    SimpleDateFormat sdf = new SimpleDateFormat("hh:mm:ss");
    Weather weather;

    @Override
    public void run() {
        while (true) {
            Date date = new Date();
            //获取张北县的天气数据
            String res = HttpClientUtil.doGet("https://api.help.bj.cn/apis/weather/?id =
101090303");
            //将数据解析为 Weather 对象
            weather = JSON.parseObject(res, Weather.class);
            if (weather == null)
```

```
                return;

            //切换 UI 线程
            getUITaskDispatcher().asyncDispatch(() -> {
                t_temperature.setText(weather.getTemp() + "度");
                t_city.setText(weather.getCity());
                t_weather.setText(weather.getWeather());
                t_time.setText(sdf.format(date));
            });
            try {
                Thread.sleep(1000);
            } catch (InterruptedException e) {
                e.printStackTrace();
            }
        }
    }
}).start();
```

(11) 在子线程中调用 getUITaskDispatcher 方法切换到 UI 线程,更新 UI,参考代码如下:

```
//第 3 章\RealTimeWeather\...\slice\MainAbilitySlice.java
//切换 UI 线程
getUITaskDispatcher().asyncDispatch(() -> {
    t_temperature.setText(weather.getTemp() + "度");
    t_city.setText(weather.getCity());
    t_weather.setText(weather.getWeather());
    t_time.setText(sdf.format(date));
});
```

(12) 运行效果如图 3-14 所示。

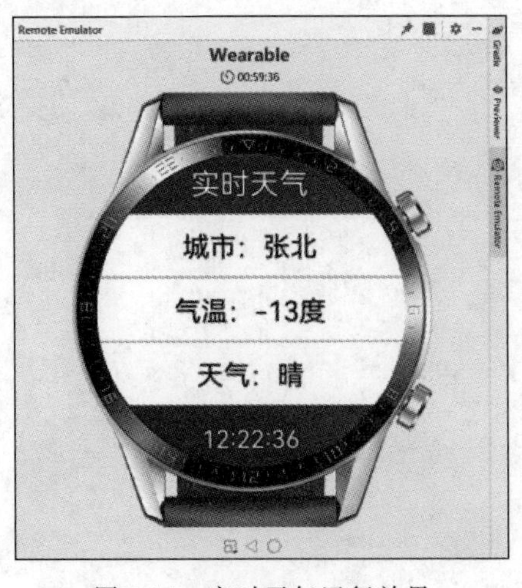

图 3-14 实时天气运行效果

3.5 线程间通信(案例21:秒表)

6min

本案例通过EventHandler实现秒表计时功能。首先,创建Java模板空工程Timer;接着,实现UI布局设计;然后,创建EventHandler子类;最后,实现计时功能。

(1) 创建Java模板空工程Timer,支持设备类型为手表,API版本号为6。

(2) 秒表UI布局设计,参考布局如图3-15所示。

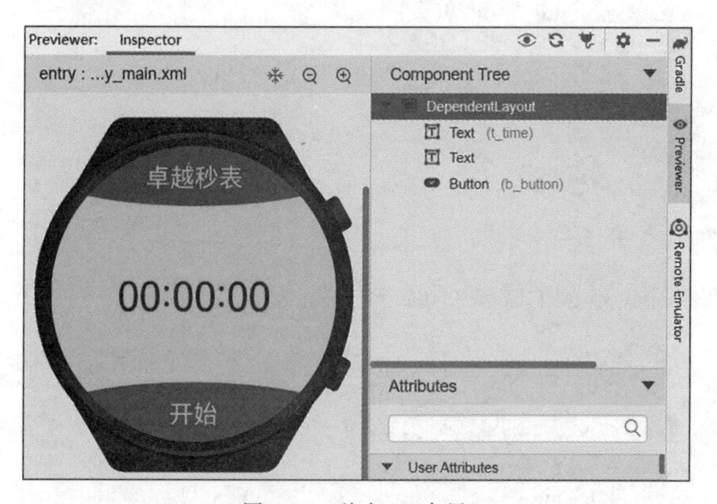

图3-15 秒表UI布局

(3) UI布局参考代码如下:

```
//第3章\Timer\...\layout\ability_main.xml
<?xml version = "1.0" encoding = "TUF - 8"?>
< DependentLayout
    xmlns:ohos = "http://schemas.huawei.com/res/ohos"
    ohos:height = "match_parent"
    ohos:width = "match_parent"
    ohos:background_element = "white">

    < Text
        ohos:id = " $ + id:t_time"
        ohos:height = "match_parent"
        ohos:width = "match_parent"
        ohos:text = "00:00:00"
        ohos:text_alignment = "center"
        ohos:text_size = "32fp"/>

    < Text
        ohos:height = "match_content"
```

```
        ohos:width = "match_parent"
        ohos:align_parent_top = "true"
        ohos:background_element = " $graphic:bg_element"
        ohos:padding = "10vp"
        ohos:text = "卓越秒表"
        ohos:text_alignment = "center"
        ohos:text_color = "white"
        ohos:text_size = "20fp"/>

    < Button
        ohos:id = " $ + id:b_start"
        ohos:height = "match_content"
        ohos:width = "match_parent"
        ohos:align_parent_bottom = "true"
        ohos:background_element = " $graphic:bg_element"
        ohos:padding = "10vp"
        ohos:text = "开始"
        ohos:text_alignment = "center"
        ohos:text_color = "white"
        ohos:text_size = "20fp"
        />
</DependentLayout >
```

(4) 创建 bg_element. xml 背景文件，参考代码如下：

```
//第 3 章\Timer\...\graphic\bg_element. xml
<?xml version = "1.0" encoding = "utf - 8"?>
< shape
    xmlns:ohos = "http://schemas. huawei. com/res/ohos"
    ohos:shape = "oval">

    < solid
        ohos:color = " # 007DFF"/>
</shape >
```

(5) 在 MainAbilitySlice 中对 UI 组件进行初始化，参考代码如下：

```
//第 3 章\Timer\...\slice\MainAbilitySlice. java
public class MainAbilitySlice extends AbilitySlice {
    Text t_time;
    Button b_start;

    @Override
    public void onStart(Intent intent) {
        super. onStart(intent);
```

```
        super.setUIContent(ResourceTable.Layout_ability_main);

        t_time = (Text) findComponentById(ResourceTable.Id_t_time);
        b_start = (Button) findComponentById(ResourceTable.Id_b_start);
    }
}
```

(6) 创建 getTimeString 方法,用来格式化时间,参考代码如下:

```
    String getTimeString(int t) {
    return String.format("%02d:%02d:%02d", t / 60 / 60, t / 60 % 60, t % 60);
}
```

(7) 在 MainAbilitySlice 中创建 EventHandler 子类 MyEventHandler,参考代码如下:

```
//第 3 章\Timer\...\slice\MainAbilitySlice.java
//创建 EventHandler 子类
class MyEventHandler extends EventHandler {

    //这个 runner 就是要运行这个对象的线程
    public MyEventHandler(EventRunner runner) throws IllegalArgumentException {
        super(runner);
    }

    //在当前方法完成功能

    @Override
    protected void processEvent(InnerEvent event) {
        super.processEvent(event);
        //完成更新时间,以及 UI 操作
        time++;
        t_time.setText(getTimeString(time));    //time 为 int 类型
        //调用 myEventHandler,继续计时
        myEventHandler.sendEvent(1, 1000);

    }
}
```

(8) 创建一个 int 类型变量 time,用来存储秒数。
(9) 获取线程 Runner(),代码如下:

```
EventRunner runner = EventRunner.getMainEventRunner();    //获取线程 Runner()
```

（10）创建类成员变量 myEventHandler，并在 onStart 方法中实例化。

（11）给 Button 组件添加单击监听器，实现计时功能，参考代码如下：

```
//第 3 章\Timer\...\slice\MainAbilitySlice.java
b_start.setClickedListener(component -> {
    if ("开始".equals(b_start.getText())) {
        b_start.setText("停止");
        //开始计时
        //调用 myEventHandler，发起事件
        myEventHandler.sendEvent(1, 1000);
    } else {
        b_start.setText("开始");
        myEventHandler.removeAllEvent();    //把事件从队列中删除
    }
});
```

（12）运行效果如图 3-16 所示。

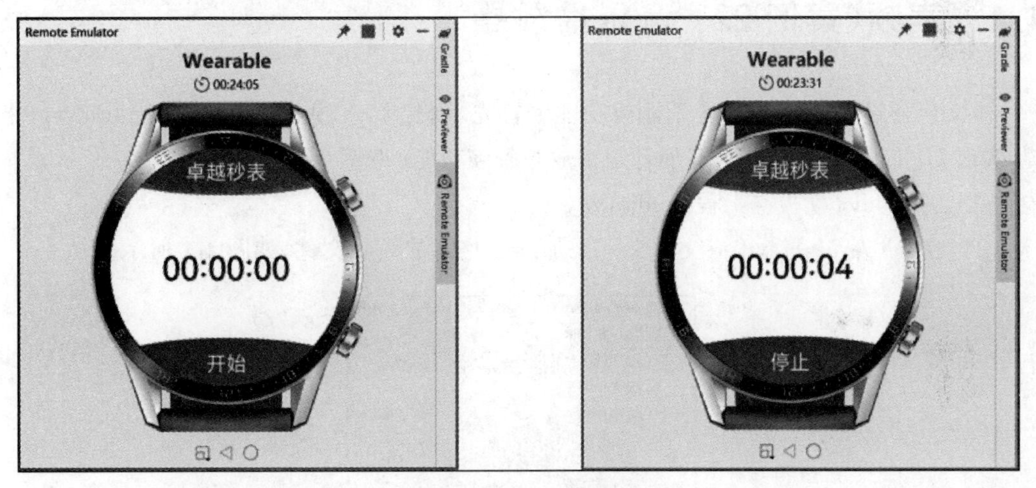

图 3-16 秒表运行效果

第4章 媒体

本章通过两个案例讲解声频和视频的基本开发方法和步骤,这两个案例分别是音乐播放器(播放功能)与视频播放器(播放功能)。

28min

4.1 声频(案例22:音乐播放器)

本案例通过Player实现音乐播放功能。首先,创建Java模板空工程AudioPlayer;接着,实现UI布局设计;然后,实现音乐播放与暂停功能;最后,释放资源。

(1) 创建Java模板空工程AudioPlayer。

(2) 在resources\rawfile文件夹下添加.aac格式的声频文件,如图4-1所示。

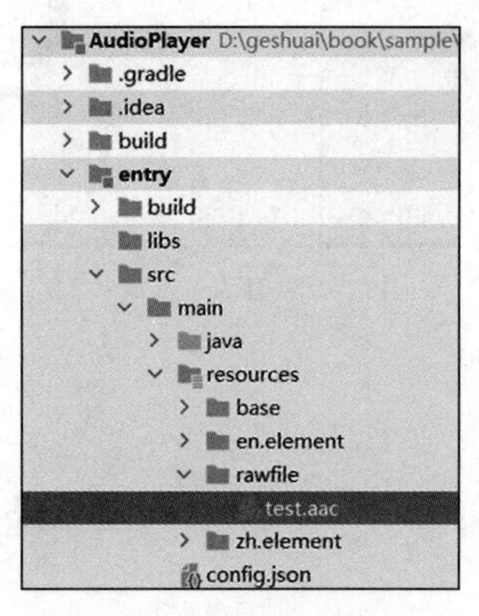

图4-1 声频源文件

(3) 音乐播放器 UI 布局设计，参考布局如图 4-2 所示。

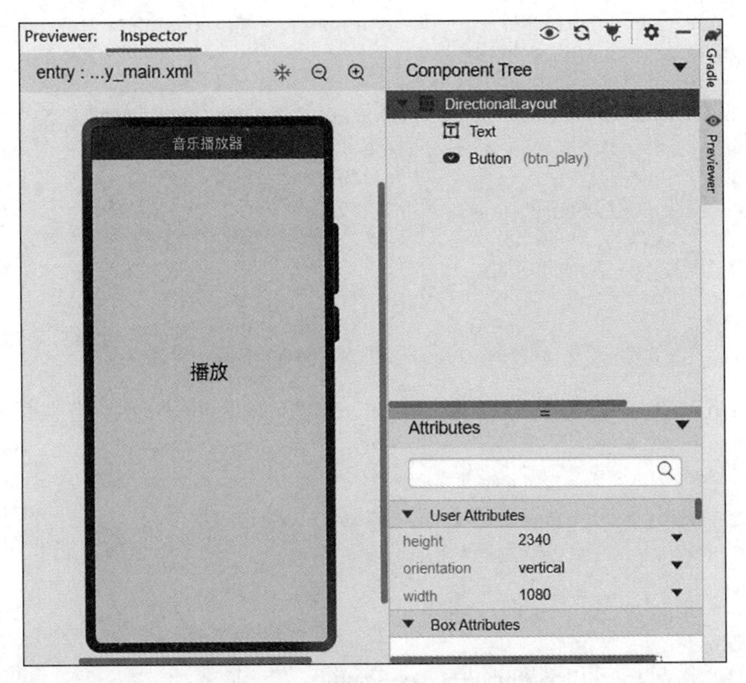

图 4-2 音乐播放器 UI 布局

(4) 音乐播放器 UI 布局，参考代码如下：

```
//第 4 章\AudioPlayer\...\layout\ability_main.xml
<?xml version = "1.0" encoding = "UTF - 8"?>
< DirectionalLayout
    xmlns:ohos = "http://schemas.huawei.com/res/ohos"
    ohos:height = "match_parent"
    ohos:width = "match_parent"
    ohos:orientation = "vertical">

    < Text
        ohos:height = "match_content"
        ohos:width = "match_parent"
        ohos:background_element = "blue"
        ohos:layout_alignment = "top"
        ohos:padding = "10vp"
        ohos:text = "音乐播放器"
        ohos:text_alignment = "center"
        ohos:text_color = "white"
        ohos:text_size = "22fp"/>
```

```
    <Button
        ohos:id="$+id:btn_play"
        ohos:height="match_content"
        ohos:width="match_content"
        ohos:background_element="$graphic:background_ability_main"
        ohos:layout_alignment="horizontal_center"
        ohos:text="播放"
        ohos:text_size="30fp"
        ohos:top_margin="300vp"
        />

</DirectionalLayout>
```

(5) 在 MainAbilitySlice 中初始化 Button 组件，并为其添加单击监听器，参考代码如下：

```java
//第4章\AudioPlayer\...\slice\MainAbilitySlice.java
public class MainAbilitySlice extends AbilitySlice {
    Button btn_play;

    @Override
    public void onStart(Intent intent) {
        super.onStart(intent);
        super.setUIContent(ResourceTable.Layout_ability_main);

        btn_play = (Button)findComponentById(ResourceTable.Id_btn_play);
        btn_play.setClickedListener(component -> {

        });
    }
}
```

(6) 在 MainAbilitySlice 中添加类成员变量 player，参考代码如下：

```java
Player player;
```

(7) 在 Button 组件单击监听器中实现音乐播放与停止功能，参考代码如下：

```java
//第4章\AudioPlayer\...\slice\MainAbilitySlice.java
if ("播放".equals(btn_play.getText())) {
    btn_play.setText("停止");

    if (player == null) {
        player = new Player(getApplicationContext());
    }
```

```
        player.reset();

        RawFileDescriptor fd = null;
        try {
            //读取 rawfile 文件夹中的音乐文件
            fd = getResourceManager().getRawFileEntry("resources/rawfile/test.aac").
                                                        openRawFileDescriptor();

        } catch (IOException e) {
            e.printStackTrace();
        }

        //设置声频源
        player. setSource ( new  Source ( fd. getFileDescriptor ( ),  fd. getStartPosition ( ),  fd.
getFileSize()));

        //准备播放环境并缓冲媒体数据
        player.prepare();

        //设置从头播放
        player.rewindTo(0);

        //开始播放
        player.play();

        new ToastDialog(MainAbilitySlice.this).setText("开始播放").show();
    } else {
        btn_play.setText("播放");

        //释放资源
        try {
            player.stop();
            player.release();
            player = null;
        } catch (Exception e) {

        }
        new ToastDialog(MainAbilitySlice.this).setText("停止播放").show();
    }
```

（8）重写 onStop 方法，停止播放并释放资源，参考代码如下：

```
//第 4 章\AudioPlayer\...\slice\MainAbilitySlice.java
@Override
protected void onStop() {
```

```
        super.onStop();

        if (player != null) {
            //在程序结束时释放资源
            try {
                player.stop();
                player.release();
                player = null;
            } catch (Exception e) {

            }
        }
    }
```

(9) 在 config.json 文件中添加访问用户存储空间权限，代码如下：

```
//第 4 章\AudioPlayer\...\main\config.json
"reqPermissions": [
  {
    "name": "ohos.permission.READ_USER_STORAGE"
  },
  {
    "name": "ohos.permission.READ_MEDIA"
  }
]
```

(10) 在 MainAbility 中向用户申请数据读取权限，参考代码如下：

```
//第 4 章\AudioPlayer\...\MainAbility.java
public class MainAbility extends Ability {
    @Override
    public void onStart(Intent intent) {

        requestPermissionsFromUser(new String[]{SystemPermission.READ_MEDIA}, 1);

        super.onStart(intent);
        super.setMainRoute(MainAbilitySlice.class.getName());
    }
}
```

(11) 登录 AppGallery Connect 官网，网址为 https://developer.huawei.com/consumer/cn/service/josp/agc/index.html。

(12) 根据提示创建“音乐播放器”项目，如图 4-3 所示。

(13) 在“音乐播放器”项目中单击“添加应用”按钮添加应用，如图 4-4 所示。

(14) 设置自动签名，如图 4-5 所示。

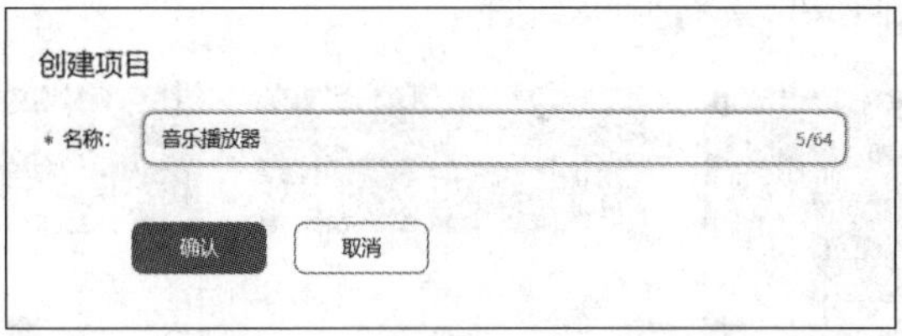

创建项目

* 名称: 音乐播放器 5/64

确认 取消

图 4-3 创建音乐播放器项目

添加应用

* 选择平台: Android iOS Web 快应用 App(HarmonyOS)

* 支持设备: 手机 手表 大屏 路由器

* 应用名称: 音乐播放器

* 应用包名: com.geshuai.audioplayer 23/64

* 应用分类: 应用

* 默认语言: 简体中文

确认 取消

图 4-4 创建应用

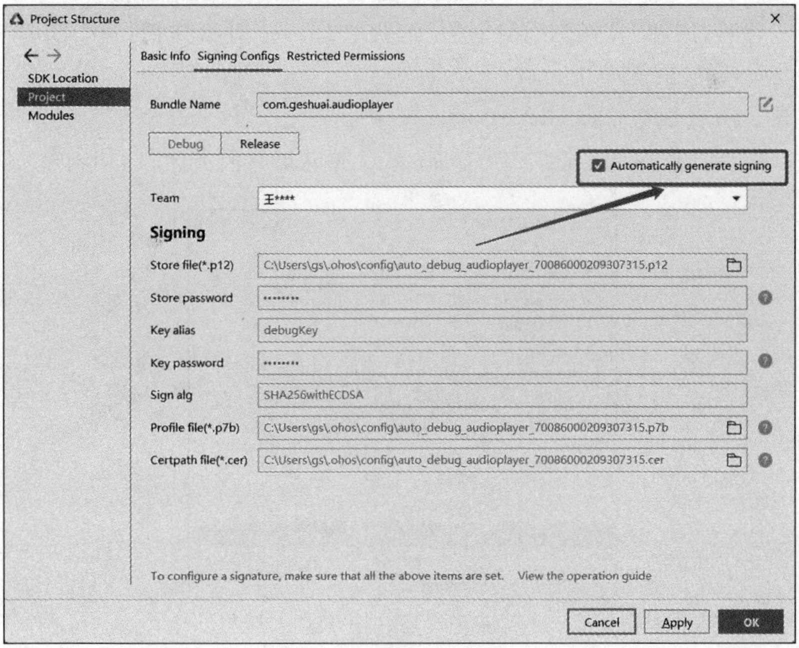

Project Structure

SDK Location
Project
Modules

Basic Info Signing Configs Restricted Permissions

Bundle Name com.geshuai.audioplayer

Debug Release

Automatically generate signing

Team 王****

Signing

Store file(*.p12) C:\Users\gs\.ohos\config\auto_debug_audioplayer_70086000209307315.p12

Store password ********

Key alias debugKey

Key password ********

Sign alg SHA256withECDSA

Profile file(*.p7b) C:\Users\gs\.ohos\config\auto_debug_audioplayer_70086000209307315.p7b

Certpath file(*.cer) C:\Users\gs\.ohos\config\auto_debug_audioplayer_70086000209307315.cer

To configure a signature, make sure that all the above items are set. View the operation guide

Cancel Apply OK

图 4-5 设置程序自动签名

(15) 将程序运行到真机,运行效果如图 4-6 所示。

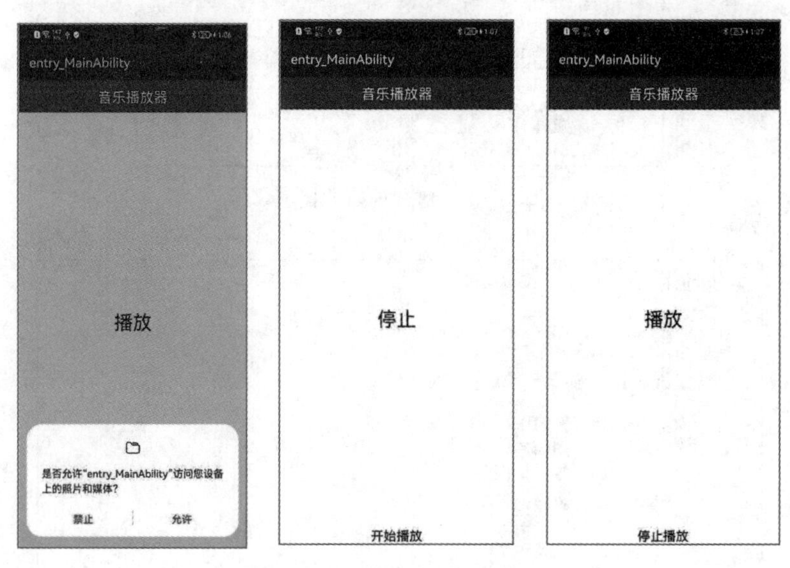

图 4-6 音乐播放器运行效果

6min

4.2 视频(案例 23:视频播放器)

本案例通过 Player 实现视频播放与暂停功能。首先,创建 Java 模板空工程 VideoPlayer;接着,实现 UI 布局设计;然后,获取 Player 对象并初始化,实现视频播放与暂停功能;最后,释放资源。

(1) 创建 Java 模板空工程 VideoPlayer。

(2) 在 resources\rawfile 文件夹下添加.mp4 格式的视频源文件,如图 4-7 所示。

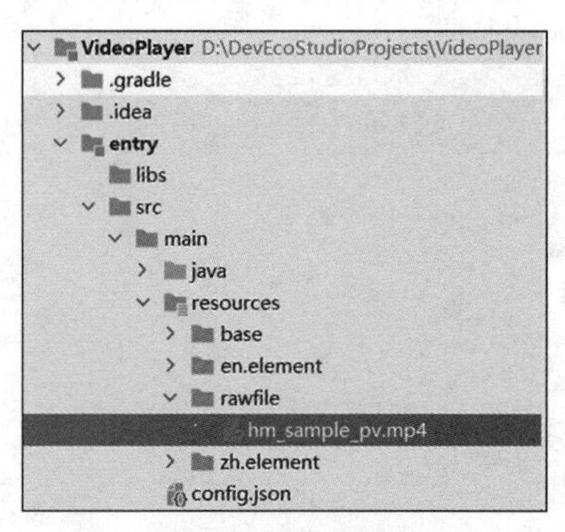

图 4-7 视频源文件

(3) 视频播放器 UI 布局设计，参考布局如图 4-8 所示。

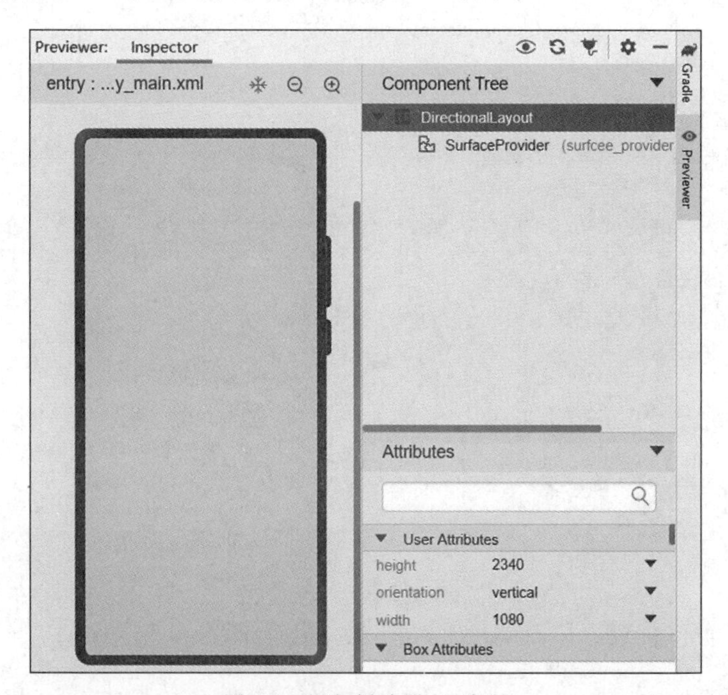

图 4-8 视频播放器 UI 布局

(4) 视频播放器 UI 布局，参考代码如下：

```
//第 4 章\VideoPlayer\...\layout\ability_main.xml
<?xml version = "1.0" encoding = "UTF - 8"?>
< DirectionalLayout
    xmlns:ohos = "http://schemas.huawei.com/res/ohos"
    ohos:height = "match_parent"
    ohos:width = "match_parent"
    ohos:orientation = "vertical">

    < SurfaceProvider
        ohos:id = " $ + id:surface_provider"
        ohos:height = "match_parent"
        ohos:width = "match_parent"
        ohos:alignment = "center"
        ohos:background_element = " # 000000"/>

</DirectionalLayout >
```

(5) 创建 BaseAbility 类，继承 AbilitySlice 类，实现 SurfaceOps. Callback 和 Player. IPlayerCallback 接口，参考代码如下：

```
//第 4 章\VideoPlayer\...\bean\BaseAbility.java
package com.geshuai.videoplayer.bean;

import ohos.aafwk.ability.AbilitySlice;
import ohos.agp.graphics.SurfaceOps;
import ohos.media.player.Player;

public class BaseAbility extends AbilitySlice implements SurfaceOps.Callback, Player.
IPlayerCallback {
    @Override
    public void surfaceCreated(SurfaceOps surfaceOps) {

    }

    @Override
    public void surfaceChanged(SurfaceOps surfaceOps, int i, int i1, int i2) {

    }

    @Override
    public void surfaceDestroyed(SurfaceOps surfaceOps) {

    }

    @Override
    public void onPrepared() {

    }

    @Override
    public void onMessage(int i, int i1) {

    }

    @Override
    public void onError(int i, int i1) {

    }

    @Override
    public void onResolutionChanged(int i, int i1) {

    }

    @Override
    public void onPlayBackComplete() {
```

```
    }

    @Override
    public void onRewindToComplete() {

    }

    @Override
    public void onBufferingChange(int i) {

    }

    @Override
    public void onNewTimedMetaData(Player.MediaTimedMetaData mediaTimedMetaData) {

    }

    @Override
    public void onMediaTimeIncontinuity(Player.MediaTimeInfo mediaTimeInfo) {

    }
}
```

(6) 让 MainAbilitySlice 继承 BaseAbility,参考代码如下：

```
//第 4 章\VideoPlayer\...\slice\MainAbilitySlice.java
public class MainAbilitySlice extends BaseAbility {
    @Override
    public void onStart(Intent intent) {
        super.onStart(intent);
        super.setUIContent(ResourceTable.Layout_ability_main);
    }
}
```

(7) 在 MainAbilitySlice 中添加类成员变量 player,参考代码如下：

```
Player player;
```

(8) 创建 initAll 方法,对 UI 组件初始化和获取 Player 对象并设置视频源,参考代码如下：

```
//第 4 章\VideoPlayer\...\slice\MainAbilitySlice.java
private void initAll() {
    //UI 组件初始化
```

```
        SurfaceProvider surfaceProvider = findComponentById(ResourceTable.Id_surface_
provider);
        //将 SurfaceProvider 设置为顶层
        surfaceProvider.pinToZTop(true);
        //获取 Player 对象
        if (player == null) {
            player = new Player(getApplicationContext());
        }
        //重置 Player
        player.reset();
        RawFileDescriptor fd = null;
        //设置视频源
        try {
            //读取 rawfile 文件夹中的视频文件
            fd = getResourceManager().getRawFileEntry("resources/rawfile/hm_sample_pv.mp4").
openRawFileDescriptor();
            //设置视频源
            player.setSource(new Source(fd.getFileDescriptor(), fd.getStartPosition(), fd.
getFileSize()));

        } catch (IOException e) {
            e.printStackTrace();
        }


        //设置播放器的回调方法,在准备完成后开始播放
        player.setPlayerCallback(this);

        //给 SurfaceProvider 设置回调方法,在 SurfaceProvider 创建成功后 给 Player 设置播放显示
UI 组件,并准备播放
        surfaceProvider.getSurfaceOps().get().addCallback(this);

        //给 surfaceProvider 设置单击监听器,实现视频播放与暂停功能
        surfaceProvider.setClickedListener(component -> {
            if(player.isNowPlaying())
                player.pause();
            else
                player.play();
        });
    }
```

(9) 在 onStart 方法中调用 initAll 方法。

(10) 重写 surfaceCreated 方法,在其中设置视频显示组件,并调用缓冲方法,参考代码如下:

```
//第 4 章\VideoPlayer\...\slice\MainAbilitySlice.java
@Override
public void surfaceCreated(SurfaceOps surfaceOps) {
    //设置播放显示 UI 组件
    player.setVideoSurface(surfaceOps.getSurface());
    //准备播放环境并缓冲媒体数据
    player.prepare();
}
```

(11) 重写 onStop 方法,释放 Player 资源,参考代码如下:

```
//第 4 章\VideoPlayer\...\slice\MainAbilitySlice.java
@Override
protected void onStop() {
    super.onStop();
    //释放资源
    if(player!= null){
        try {
            player.stop();
            player.release();
            player = null;
        }catch (Exception e){

        }
    }
}
```

(12) 在模块配置文件 config.json 中的 module 属性中将程序设置为全屏显示,参考代码如下:

```
//第 4 章\VedioPlayer\...\main\config.json
"metaData": {
  "customizeData": [
    {
      "name": "hwc - theme",
      "value": "androidhwext:style/Theme.Emui.Wallpaper.NoTitleBar.Fullscreen"
    }
  ]
}
```

(13) 在配置文件 config.json 中,将 MainAbility 属性 orientation 的值修改为 landscape,将 MainAbility 设置为横屏显示,参考代码如下:

```
//第 4 章\VideoPlayer\...\main\config.json
"abilities": [
```

```
  {
    "skills": [
      {
        "entities": [
          "entity.system.home"
        ],
        "actions": [
          "action.system.home"
        ]
      }
    ],
    "orientation": "landscape",
    "visible": true,
    "name": "com.geshuai.videoplayer.MainAbility",
    "icon": "$media:icon",
    "description": "$string:mainability_description",
    "label": "$string:entry_MainAbility",
    "type": "page",
    "launchType": "standard"
  }
]
```

(14) 将程序运行到本地模拟器，单击屏幕播放和暂停视频，如图 4-9 所示。

图 4-9　视频播放器运行效果

第5章 安全(案例24：手机人脸识别)

本章通过1个案例讲解生物特征识别的基本开发方法和步骤，案例为手机人脸识别。

本案例通过BiometricAuthentication实现手机人脸识别功能。本案例需要在真机上调试运行，真机调试操作详情可参考官方文档。首先，创建Java模板空工程FaceRecognition；接着，实现UI布局设计；然后，获取BiometricAuthentication对象并初始化，实现人脸识别功能；最后，实现取消人脸识别功能。

(1) 创建Java模板空工程FaceRecognition。

(2) 在配置文件config.json中添加人脸识别权限，参考代码如下：

```
//第5章\FaceRecognition\...\main\config.json
"reqPermissions": [
  {
    "name": "ohos.permission.ACCESS_BIOMETRIC"
  }
]
```

(3) 人脸识别UI布局设计，参考布局如图5-1所示。

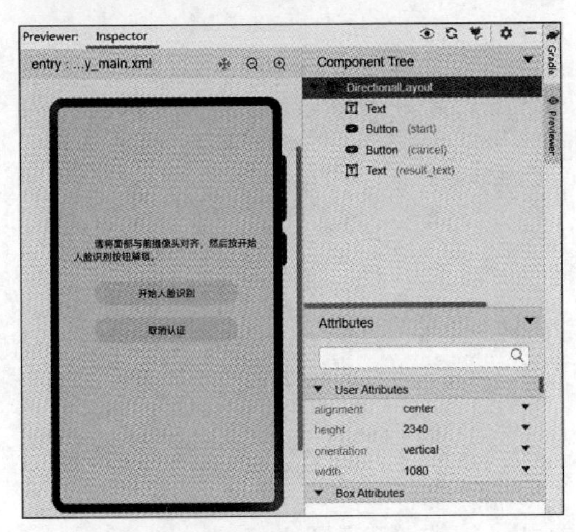

图5-1 手机人脸识别UI布局

（4）手机人脸识别 UI 布局，参考代码如下：

```
//第 5 章\FaceRecognition\...\layout\ability_main.xml
<?xml version = "1.0" encoding = "UTF - 8"?>
<DirectionalLayout
    xmlns:ohos = "http://schemas.huawei.com/res/ohos"
    ohos:height = "match_parent"
    ohos:width = "match_parent"
    ohos:alignment = "center"
    ohos:orientation = "vertical"
    ohos:padding = "5vp">

    <Text
        ohos:height = "match_content"
        ohos:width = "match_content"
        ohos:margin = "20vp"
        ohos:multiple_lines = "true"
        ohos:text = "        请将面部与前摄像头对齐,然后按开始人脸识别按钮解锁."
        ohos:text_size = "16fp"/>

    <Button
        ohos:id = " $ + id:btn_start"
        ohos:height = "40vp"
        ohos:width = "240vp"
        ohos:background_element = " $graphic:button_bg"
        ohos:margin = "10vp"
        ohos:text = "开始人脸识别"
        ohos:text_size = "16fp"/>

    <Button
        ohos:id = " $ + id:btn_cancel"
        ohos:height = "40vp"
        ohos:width = "240vp"
        ohos:background_element = " $graphic:button_bg"
        ohos:margin = "10vp"
        ohos:text = "取消认证"
        ohos:text_size = "16fp"/>

    <Text
        ohos:id = " $ + id:t_result"
        ohos:height = "match_content"
        ohos:width = "match_content"
        ohos:margin = "20vp"
        ohos:multiple_lines = "true"
        ohos:text_size = "16fp"/>
</DirectionalLayout>
```

(5) 创建背景文件 button_bg.xml，参考代码如下：

```
//第 5 章\FaceRecognition\...\graphic\button_bg.xml
<?xml version = "1.0" encoding = "utf - 8"?>
< shape
    xmlns:ohos = "http://schemas.huawei.com/res/ohos"
    ohos:shape = "rectangle">

    < corners
        ohos:radius = "75"/>

    < solid
        ohos:color = "#0d000000"/>
</shape >
```

(6) 在 MainAbilitySlice 中创建 showDialog 方法，实现弹窗显示人脸识别是否成功功能，参考代码如下：

```
//第 5 章\FaceRecognition\...\slice\MainAbilitySlice.java
private void showDialog(String message) {
    getUITaskDispatcher().asyncDispatch(new Runnable() {
        @Override
        public void run() {
            //创建 Toast 弹窗，设置文本
            new ToastDialog(MainAbilitySlice.this).setText(message).show();
        }
    });
}
```

(7) 在 MainAbilitySlice 中声明类成员常量与成员变量，参考代码如下：

```
//第 5 章\FaceRecognition\...\slice\MainAbilitySlice.java
public class MainAbilitySlice extends AbilitySlice {
    private static final int EVENT_MESSAGE_SUCCESS = 0x1000001;

    private static final int EVENT_MESSAGE_FAIL = 0x1000002;

    private static final int BA_CHECK_NOT_ENROLLED = 4;

    private Text t_result;

    private String result;

    //创建 EventHandler 对象
    private final EventHandler handler = new EventHandler(EventRunner.current()) {
```

```
        @Override
        protected void processEvent(InnerEvent event) {
            switch (event.eventId) {
                case EVENT_MESSAGE_SUCCESS:
                    showDialog(result);
                    t_result.setText(result);
                    break;
                case EVENT_MESSAGE_FAIL:
                    t_result.setText(result);
                    break;
            }
        }
    };

    private BiometricAuthentication biometricAuthentication;

    @Override
    public void onStart(Intent intent) {
        super.onStart(intent);
        super.setUIContent(ResourceTable.Layout_ability_main);
    }

    private void showDialog(String message) {
        getUITaskDispatcher().asyncDispatch(new Runnable() {
            @Override
            public void run() {
                //创建 Toast 弹窗,设置文本
                new ToastDialog(MainAbilitySlice.this).setText(message).show();
            }
        });
    }
}
```

(8) 创建 initComponents 方法,初始化 UI 组件,参考代码如下:

```
//第 5 章\FaceRecognition\...\slice\MainAbilitySlice.java
@Override
public void onStart(Intent intent) {
    super.onStart(intent);
    super.setUIContent(ResourceTable.Layout_ability_main);
    initComponents(); //初始化 UI 组件
}

private void initComponents() {
    t_result = (Text) findComponentById(ResourceTable.Id_t_result);
}
```

（9）创建 execAuthentication 方法，在子线程中完成人脸识别功能，参考代码如下：

```
//第 5 章\FaceRecognition\...\slice\MainAbilitySlice.java
private void execAuthentication() {
    new Thread(() -> {
        //开始人脸识别
        int authenticationAction = biometricAuthentication.execAuthenticationAction(
BiometricAuthentication.AuthType.AUTH_TYPE_BIOMETRIC_FACE_ONLY,
BiometricAuthentication.SecureLevel.SECURE_LEVEL_S2, true, false, null);
        if (authenticationAction == 0) {
            //解锁成功
            result = "解锁成功";
            //给 EventHandler 对象发送人脸识别成功信息
            handler.sendEvent(EVENT_MESSAGE_SUCCESS);
        } else {
            result = "人脸识别失败,面部生物特征不匹配";
            //给 EventHandler 对象发送人脸识别失败信息
            handler.sendEvent(EVENT_MESSAGE_FAIL);
        }
    }).start();
}
```

（10）创建 startFaceUnlock 方法，实例化 BiometricAuthentication 对象，检查设备是否有二维人脸识别功能，如果支持调用人脸识别方法，则进行人脸识别，参考代码如下：

```
//第 5 章\FaceRecognition\...\slice\MainAbilitySlice.java
private synchronized void startFaceUnlock() {
    try {
        //实例化 BiometricAuthentication 对象
        biometricAuthentication = BiometricAuthentication.getInstance(getAbility());
        //检查设备是否支持二维人脸识别
        int availability = biometricAuthentication.checkAuthenticationAvailability(
                BiometricAuthentication.AuthType.AUTH_TYPE_BIOMETRIC_FACE_ONLY,
                BiometricAuthentication.SecureLevel.SECURE_LEVEL_S2, true);
        if (availability == 0) {
            //设备支持二维人脸识别,开始人脸识别
            execAuthentication();
        } else if (availability == BA_CHECK_NOT_ENROLLED) {
            //设备未开启人脸识别功能
            result = "人脸识别功能未开启,请先开启人脸识别功能,并设置人脸图像信息";
        } else {
            //设备不支持二维人脸识别
            result = "此设备不支持二维人脸识别功能";
        }
```

```
    } catch (IllegalAccessException e) {
        result = "人脸识别错误";
    }
    //给 EventHandler 对象发送人脸识别失败信息
    handler.sendEvent(EVENT_MESSAGE_FAIL);
}
```

(11) 给人脸识别按钮创建单击监听器，并调用 startFaceUnlock 方法，进行人脸识别，参考代码如下：

```
findComponentById(ResourceTable.Id_btn_start).setClickedListener(component -> {
startFaceUnlock();
});
```

(12) 创建 cancelRecognition 方法实现取消认证功能，参考代码如下：

```
//第 5 章\FaceRecognition\...\slice\MainAbilitySlice.java
private void cancelRecognition() {
    if (biometricAuthentication != null) {
        //取消人脸识别
        int resultCode = biometricAuthentication.cancelAuthenticationAction();
        if (resultCode == 0) {
            //取消成功
            t_result.setText("取消成功");
        } else {
            //取消失败,返回 resultCode 值
            t_result.setText("取消失败,返回值 = " + resultCode);
        }
    }
}
```

(13) 在取消认证按钮的单击监听器中调用 cancelRecognition 方法，取消人脸识别认证，参考代码如下：

```
findComponentById(ResourceTable.Id_btn_cancel).setClickedListener(component -> {
cancelRecognition();
});
```

(14) 登录 AppGallery Connect 官网，并创建项目"人脸识别"项目，如图 5-2 所示。

(15) 添加应用，如图 5-3 所示。

(16) 设置自动签名，如图 5-4 所示。

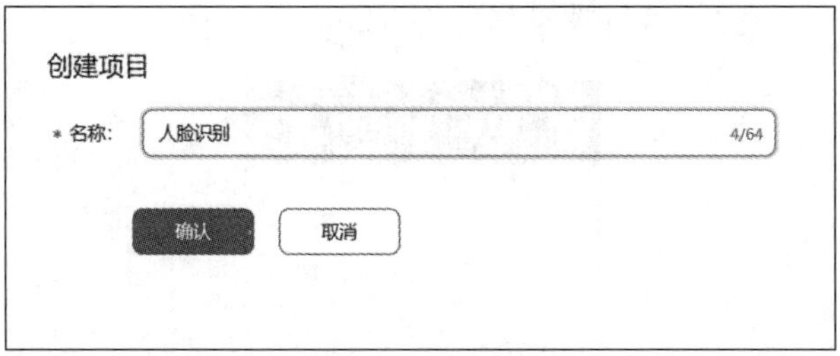

创建项目

* 名称：人脸识别 4/64

确认 取消

图 5-2 创建项目

添加应用

* 选择平台：Android iOS Web 快应用 App(HarmonyOS)

* 支持设备：手机 手表 大屏 路由器

* 应用名称：人脸识别

* 应用包名：com.geshuai.facerecognition 27/64

* 应用分类：应用

* 默认语言：简体中文

确认 取消

图 5-3 添加应用

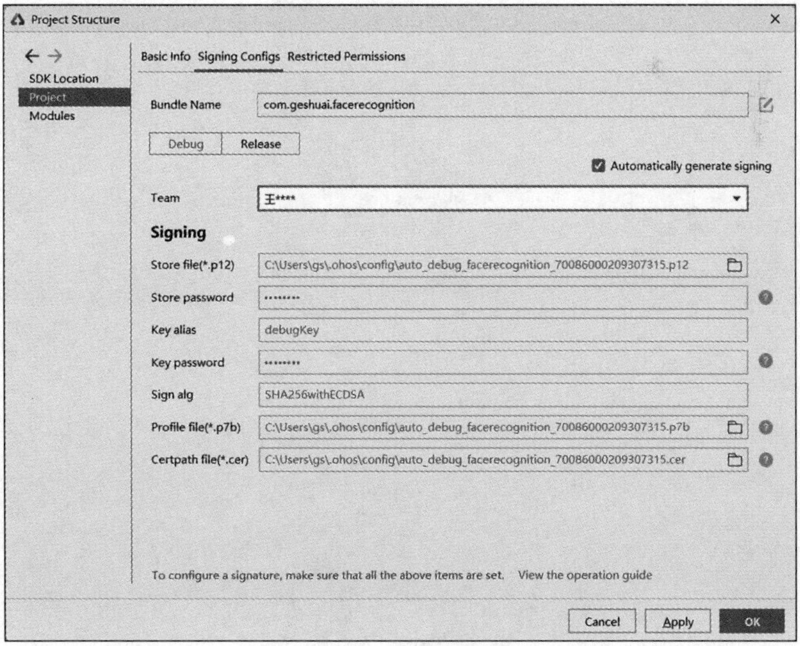

Project Structure

SDK Location
Project
Modules

Basic Info Signing Configs Restricted Permissions

Bundle Name com.geshuai.facerecognition

Debug Release

Automatically generate signing

Team 王****

Signing

Store file(*.p12) C:\Users\gs\.ohos\config\auto_debug_facerecognition_70086000209307315.p12

Store password ********

Key alias debugKey

Key password ********

Sign alg SHA256withECDSA

Profile file(*.p7b) C:\Users\gs\.ohos\config\auto_debug_facerecognition_70086000209307315.p7b

Certpath file(*.cer) C:\Users\gs\.ohos\config\auto_debug_facerecognition_70086000209307315.cer

To configure a signature, make sure that all the above items are set. View the operation guide

Cancel Apply OK

图 5-4 设置自动签名

(17) 将程序运行到真机,运行效果如图 5-5 所示。

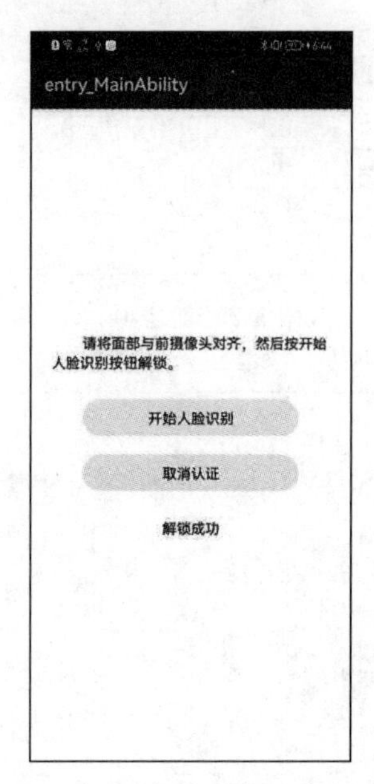

图 5-5 人脸识别运行效果

第6章 AI

本章通过4个案例讲解码生成、通用文字识别、语音播报、语音识别的基本开发方法和步骤，4个案例分别是：二维码生成器、文字识别、语音播报、语音助手。

6.1 码生成(案例25：二维码生成器)

本案例通过IBarcodeDetector实现二维码生成功能。本案例需要在真机上调试运行，真机调试操作详情可参考官方文档。首先，创建Java模板空工程CodeGenerate；接着，实现UI布局设计；然后，调用VisionManager.init方法初始化华为AI引擎服务；再然后，获取IBarcodeDetector对象并初始化；最后，通过IBarcodeDetector对象的方法实现二维码生成功能。

(1) 创建Java模板空工程CodeGenerate，SDK版本号应与手机匹配。

(2) 二维码生成器UI布局设计，参考布局如图6-1所示。

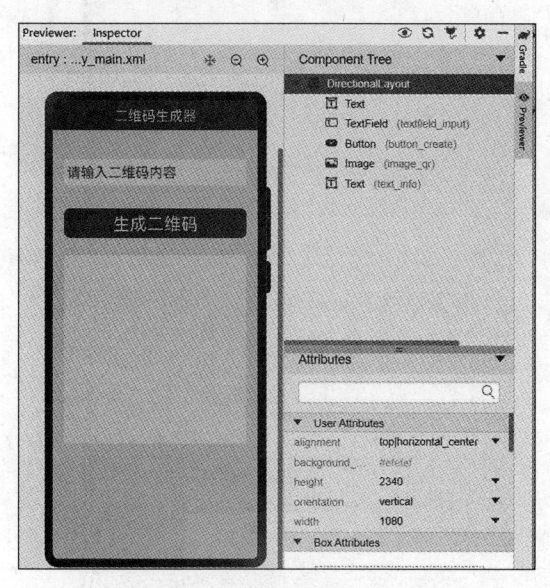

图6-1 二维码生成器UI布局

（3）参考代码如下：

```
//第 6 章\CodeGenerate\...\layout\ability_main.xml
<?xml version = "1.0" encoding = "UTF - 8"?>
< DirectionalLayout
    xmlns:ohos = "http://schemas.huawei.com/res/ohos"
    ohos:height = "match_parent"
    ohos:width = "match_parent"
    ohos:alignment = "horizontal_center"
    ohos:background_element = "#efefef"
    ohos:orientation = "vertical">

    < Text
        ohos:height = "50vp"
        ohos:width = "match_parent"
        ohos:background_element = "blue"
        ohos:bottom_margin = "30vp"
        ohos:text = "二维码生成器"
        ohos:text_alignment = "center"
        ohos:text_color = "white"
        ohos:text_size = "24fp"
        />

    < TextField
        ohos:id = " $ + id:textfield_input"
        ohos:height = "match_content"
        ohos:width = "match_parent"
        ohos:background_element = "white"
        ohos:hint = "请输入二维码内容"
        ohos:margin = "20vp"
        ohos:max_text_lines = "3"
        ohos:padding = "5vp"
        ohos:text_size = "24fp"
        />

    < Button
        ohos:id = " $ + id:button_create"
        ohos:height = "match_content"
        ohos:width = "match_parent"
        ohos:background_element = " $graphic:background_btn"
        ohos:layout_alignment = "horizontal_center"
        ohos:margin = "20vp"
        ohos:padding = "5vp"
        ohos:text = "生成二维码"
        ohos:text_color = "white"
        ohos:text_size = "30vp"
```

```
    />

    <Image
        ohos:id = "$ + id:image_qr"
        ohos:height = "320vp"
        ohos:width = "320vp"
        ohos:background_element = "white"
        ohos:margin = "10vp"
        />

    <Text
        ohos:id = "$ + id:text_info"
        ohos:height = "match_content"
        ohos:width = "match_parent"
        ohos:margin = "10vp"
        ohos:padding = "5vp"
        ohos:text_alignment = "center"
        ohos:text_color = "gray"
        ohos:text_size = "20fp"
        />
</DirectionalLayout>
```

(4) Button 组件背景样式 background_btn.xml,参考代码如下:

```
//第 6 章\CodeGenerate\...\graphic\background_btn.xml
<?xml version = "1.0" encoding = "UTF-8" ?>
<shape
    xmlns:ohos = "http://schemas.huawei.com/res/ohos"
    ohos:shape = "rectangle">

    <solid
        ohos:color = "#00F"/>

    <corners
        ohos:radius = "10vp"/>
</shape>
```

(5) UI 组件初始化,参考代码如下:

```
//第 6 章\CodeGenerate\...\slice\MainAbilitySlice.java
public class MainAbilitySlice extends AbilitySlice {
    Image qrimage;
    Text text_info;
    TextField textfield_input;
```

```
    @Override
    public void onStart(Intent intent) {
        super.onStart(intent);
        super.setUIContent(ResourceTable.Layout_ability_main);

        initComponent();
    }

    private void initComponent() {
        qrimage = (Image) findComponentById(ResourceTable.Id_image_qr);
        text_info = (Text) findComponentById(ResourceTable.Id_text_info);
        textfield_input = (TextField)findComponentById(ResourceTable.Id_textfield_input);

        findComponentById(ResourceTable.Id_button_create).setClickedListener(component ->
codeGenerate());
    }

    private void codeGenerate() {

    }
}
```

(6) 在 MainAbilitySlice 中声明二维码相关的类成员变量和类成员常量,参考代码如下:

```
IBarcodeDetector barcodeDetector;
final int LENGTH = 1024;
//创建存放二维码图片的字节流数组
Byte[] array = new Byte[LENGTH * LENGTH * 4];
public static final int QR_COLOR = 0xff009900;    //更改后的二维码颜色值
```

(7) 在 onStart 方法中初始化华为 AI 引擎,在 onServiceConnect 方法中实例化 IBarcodeDetector 对象,参考代码如下:

```
//第6章\CodeGenerate\...\slice\MainAbilitySlice.java
//初始化华为AI引擎,在onServiceConnect方法中实例化IBarcodeDetector对象
VisionManager.init(MainAbilitySlice.this, new ConnectionCallback() {
    @Override
    public void onServiceConnect() {
        //获取IBarcodeDetector对象
        barcodeDetector = VisionManager.getBarcodeDetector(MainAbilitySlice.this);
    }

    @Override
    public void onServiceDisconnect() {
        new ToastDialog(MainAbilitySlice.this).setText("连接失败").show();
    }
});
```

（8）在 codeGenerate 方法中调用 barcodeDetector 对象的 detect 方法实现二维码生成功能，参考代码如下：

```
//第 6 章\CodeGenerate\...\slice\MainAbilitySlice.java
private void codeGenerate() {
    if (barcodeDetector != null) {
        String content = textfield_input.getText();
        if (content.isEmpty())
            return;

        try {
            //解决中文不兼容问题
            String val = new String(content.getBytes("UTF-8"), "ISO8859-1");
            int detectresult = barcodeDetector.detect(val, array, LENGTH, LENGTH);
            if (detectresult == 0) {
                ImageSource imageSource = ImageSource.create(array,null);

                //将生成的二维码设置为可编辑,如果不设置,则后面更改二维码颜色会提示错误
                ImageSource.DecodingOptions options = new ImageSource.DecodingOptions();
                options.editable = true;

                //生成二维码图片
                PixelMap pixelMap = imageSource.createPixelmap(options);

                //生成不同颜色的二维码,默认颜色为黑色(0xFF000000)
                Size size = pixelMap.getImageInfo().size;
                int color;

                //生成二维码颜色为绿色(0xFF009900)
                for (int i = 0; i < size.width; i++) {
                    for (int j = 0; j < size.height; j++) {
                        color = pixelMap.readPixel(new Position(i,j));
                        if(color == 0xff000000){
                            pixelMap.writePixel(new Position(i,j),QR_COLOR);
                        }
                    }
                }

                qrimage.setPixelMap(pixelMap);   //设置 Image 控件数据并显示二维码
                text_info.setText("恭喜!生成二维码成功。");
            }else {
                text_info.setText("生成二维码失败");
            }
        }catch (Exception e){
            text_info.setText(e.getMessage());
        }

    }
}
```

(9) 将二维码中心图片 touxiang.png 添加到 media 目录下。

(10) 在 codeGenerate 中添加生成带 LOGO 二维码功能代码,参考代码如下:

```
//第 6 章\CodeGenerate\...\slice\MainAbilitySlice.java
private void codeGenerate() {
    if (barcodeDetector != null) {
        String content = textfield_input.getText();
        if (content.isEmpty())
            return;

        try {
            //解决中文不兼容问题
            String val = new String(content.getBytes("UTF-8"), "ISO8859-1");
            int detectresult = barcodeDetector.detect(content, array, LENGTH, LENGTH);
            if (detectresult == 0) {
                ImageSource imageSource = ImageSource.create(array,null);

                //将生成的二维码设置为可编辑,如果不设置,则后面更改二维码颜色会提示错误
                ImageSource.DecodingOptions options = new ImageSource.DecodingOptions();
                options.editable = true;

                //生成二维码图片
                PixelMap pixelMap = imageSource.createPixelmap(options);

                //生成不同颜色的二维码,默认颜色为黑色(0xFF000000)
                Size size = pixelMap.getImageInfo().size;
                int color;

                //生成二维码颜色为绿色(0xFF009900)
                for (int i = 0; i < size.width; i++) {
                    for (int j = 0; j < size.height; j++) {
                        color = pixelMap.readPixel(new Position(i,j));
                        if(color == 0xff000000){
                            pixelMap.writePixel(new Position(i,j),QR_COLOR);
                        }
                    }
                }

                //生成带 LOGO 二维码
                InputStream resource = getResourceManager().getResource(ResourceTable.Media_
touxiang);                              //获取 LOGO 数据
                ImageSource logoSource = ImageSource.create(resource, null);
                PixelMap logo = logoSource.createPixelmap(null);
                PixelMap.InitializationOptions opts = new PixelMap.InitializationOptions();
                opts.size = new Size((int) (size.width * 0.20), (int) (size.height * 0.20));
                                        //将 LOGO 大小缩小为二维码的 0.20 倍
                PixelMap logoMap = PixelMap.create(logo, opts);
```

```
            //在二维码上绘制 LOGO
            Canvas canvas = new Canvas(new Texture(pixelMap));
            int centerX = size.width / 2 - logoMap.getImageInfo().size.width / 2;
            int centreY = size.height / 2 - logoMap.getImageInfo().size.height / 2;
             canvas.drawPixelMapHolder(new PixelMapHolder(logoMap), centerX, centreY, new
Paint());

            qrimage.setPixelMap(pixelMap);   //设置 Image 控件数据并显示二维码
            text_info.setText("恭喜!生成二维码成功。");
        }else {
            text_info.setText("生成二维码失败");
        }
    }catch (Exception e){
        text_info.setText(e.getMessage());
    }

  }
}
```

(11) 登录 AppGallery Connect 官网,添加二维码生成器的项目和 HarmonyOS 应用。

(12) 设置自动签名,如图 6-2 所示。

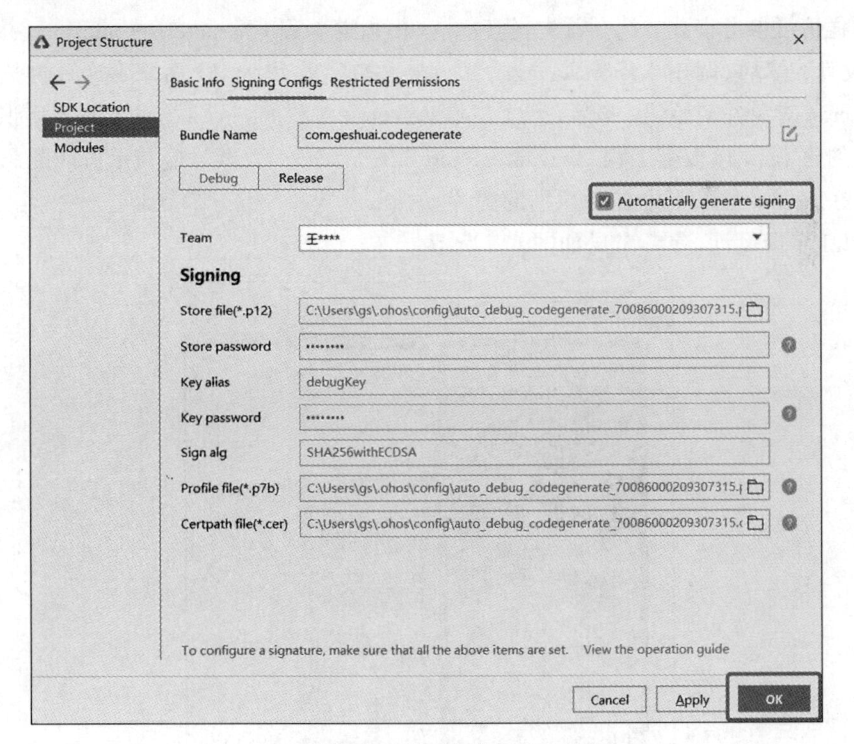

图 6-2 设置自动签名

(13) 将程序运行到真机，输入内容，单击生成二维码，运行效果如图 6-3 所示。

图 6-3　二维码生成器运行效果

7min

6.2 通用文字识别(案例 26：文字识别)

本案例通过 ITextDetector 实现 AI 文字识别功能。本案例需要在真机上调试运行，真机调试操作详情可参考官方文档。首先，创建 Java 模板空工程 CharacterRecognition；接着，实现 UI 布局设计；然后，调用 VisionManager. init 方法初始化华为 AI 引擎服务；再然后，获取 ITextDetector 对象并初始化；最后，通过 ITextDetector 对象的 detect 方法实现文字识别功能。

(1) 创建 Java 模板空工程 CharacterRecognition，SDK 版本号应与手机匹配。

(2) 在 media 目录下添加待识别的图片 ocr. jpg。

(3) UI 布局设计，参考布局如图 6-4 所示。

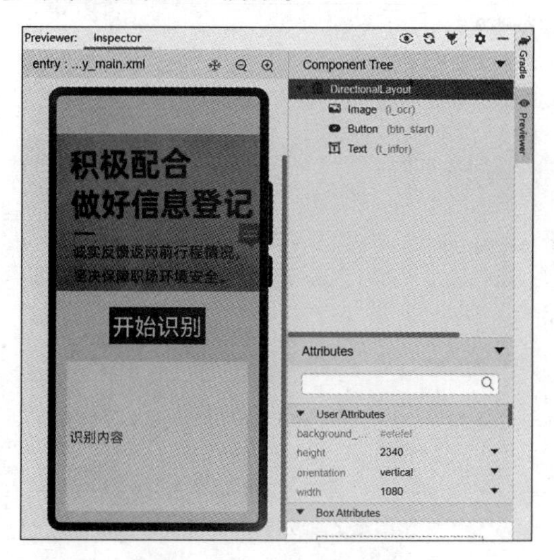

图 6-4　文字识别 UI 布局

（4）参考代码如下：

```
//第 6 章\CharacterRecognition\...\layout\ability_main.xml
<?xml version = "1.0" encoding = "UTF - 8"?>
< DirectionalLayout
    xmlns:ohos = "http://schemas.huawei.com/res/ohos"
    ohos:height = "match_parent"
    ohos:width = "match_parent"
    ohos:background_element = "#efefef"
    ohos:orientation = "vertical">

    < Image
        ohos:id = " $ + id:i_ocr"
        ohos:height = "400vp"
        ohos:width = "match_parent"
        ohos:image_src = " $media:ocr"
        ohos:scale_mode = "inside"
        />

    < Button
        ohos:id = " $ + id:btn_start"
        ohos:height = "match_content"
        ohos:width = "match_content"
        ohos:background_element = "blue"
        ohos:layout_alignment = "horizontal_center"
        ohos:margin = "10vp"
        ohos:padding = "5vp"
        ohos:text = "开始识别"
        ohos:text_color = "white"
        ohos:text_size = "40vp"
        />

    < Text
        ohos:id = " $ + id:t_infor"
        ohos:height = "match_parent"
        ohos:width = "match_parent"
        ohos:background_element = " $graphic:background_ability_main"
        ohos:hint = "识别内容"
        ohos:layout_alignment = "horizontal_center"
        ohos:margin = "20vp"
        ohos:multiple_lines = "true"
        ohos:padding = "5vp"
        ohos:scrollable = "true"
        ohos:text_size = "24vp"
```

```
        />

</DirectionalLayout>
```

(5) UI组件初始化并声明ITextDetector类型的变量textDetector，参考代码如下：

```
//第6章\CharacterRecognition\...\slice\MainAbilitySlice.java
public class MainAbilitySlice extends AbilitySlice {
    Image i_ocr;
    ITextDetector textDetector;
    ohos.agp.components.Text t_infor;
    int result;
    @Override
    public void onStart(Intent intent) {
        super.onStart(intent);
        super.setUIContent(ResourceTable.Layout_ability_main);

        i_ocr = findComponentById(ResourceTable.Id_i_ocr);
        t_infor = findComponentById(ResourceTable.Id_t_infor);

        findComponentById(ResourceTable.Id_btn_start).setClickedListener(component ->
characterRecognition());
    }

    private void characterRecognition() {

    }
}
```

(6) 在onStart方法中初始化华为AI引擎，在onServiceConnect方法中获取ITextDetector对象并初始化，参考代码如下：

```
//第6章\CharacterRecognition\...\slice\MainAbilitySlice.java
//初始化华为AI引擎,在onServiceConnect方法中获取ITextDetector对象并初始化
VisionManager.init(this, new ConnectionCallback() {
    @Override
    public void onServiceConnect() {
        //定义连接能力引擎成功后的操作
        textDetector = VisionManager.getTextDetector(getAbility());
        //通过TextConfiguration配置textDetector()方法的运行参数
        TextConfiguration.Builder builder = new TextConfiguration.Builder();
        builder.setProcessMode(VisionConfiguration.MODE_IN);
```

```
        builder.setDetectType(TextDetectType.TYPE_TEXT_DETECT_FOCUS_SHOOT);
        builder.setLanguage(TextConfiguration.AUTO);
        TextConfiguration config = builder.build();
        textDetector.setVisionConfiguration(config);
    }

    @Override
    public void onServiceDisconnect() {
        //定义连接能力引擎失败后的操作
    }
});
```

(7) 在 characterRecognition 方法中完成文字识别功能,参考代码如下:

```
//第 6 章\CharacterRecognition\...\slice\MainAbilitySlice.java
private void characterRecognition() {
    new Thread(() ->{
        if(textDetector == null)
            return;
        Text text = new Text();

        //实例化 VisionImage 对象 vimage,并传入待检测图片 pixelMap
        VisionImage vImage = VisionImage.fromPixelMap(i_ocr.getPixelMap());

        //文字识别,将结果保存到 text 对象中
        result = textDetector.detect(vImage, text, null); //同步

        //更新 UI
        getUITaskDispatcher().syncDispatch(new Runnable() {
            @Override
            public void run() {
                t_infor.setText(text.getValue());
            }
        });

    }).start();
}
```

(8) 登录 AppGallery Connect 官网,添加文字识别项目和 HarmonyOS 应用。

(9) 设置自动签名,如图 6-5 所示。

(10) 将程序运行到真机,单击"开始识别"按钮,运行效果如图 6-6 所示。

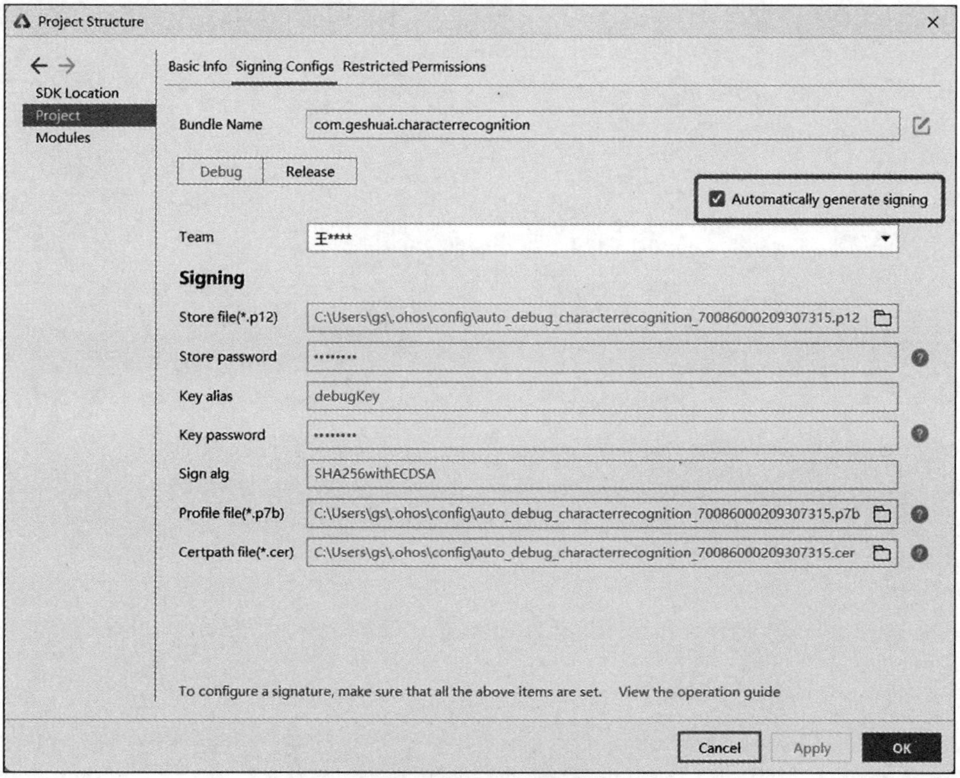

图 6-5 设置自动签名

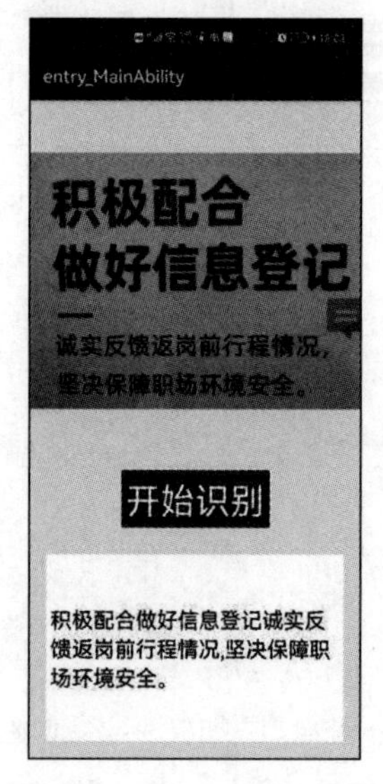

图 6-6 文字识别运行效果

6.3 语音播报(案例27：语音播报)

本案例通过 TtsClient 实现语音播报功能。首先,创建 Java 模板空工程 VoiceAnnouncements；接着,实现 UI 布局设计；然后,获取 TtsClient 对象并初始化；最后,调用 TtsClient 对象的 speakText 方法实现语音播报功能。

(1) 创建 Java 模板空工程 VoiceAnnouncements,SDK 版本号应与手机匹配。

8min

(2) UI 布局设计,参考布局如图 6-7 所示。

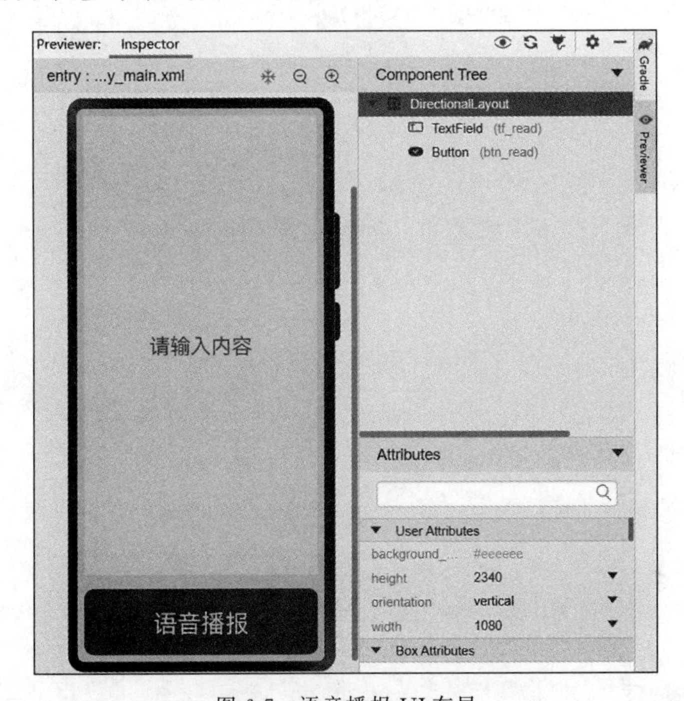

图 6-7 语音播报 UI 布局

(3) 参考代码如下：

```
//第 6 章\VoiceAnnouncements\...\layout\ability_main.xml
<?xml version = "1.0" encoding = "UTF - 8"?>
< DirectionalLayout
    xmlns:ohos = "http://schemas.huawei.com/res/ohos"
    ohos:height = "match_parent"
    ohos:width = "match_parent"
    ohos:background_element = "#eeeeee"
    ohos:orientation = "vertical">

    < TextField
       ohos:id = "$ + id:tf_read"
```

```
        ohos:height = "match_parent"
        ohos:width = "match_parent"
        ohos:text_size = "30fp"
        ohos:weight = "7"
        ohos:padding = "10vp"
        ohos:background_element = " $graphic:background_ability_main"
        ohos:multiple_lines = "true"
        ohos:text_alignment = "center"
        ohos:hint = "请输入内容"
        ohos:margin = "10vp"/>

    < Button
        ohos:id = " $ + id:btn_read"
        ohos:height = "match_parent"
        ohos:width = "match_parent"
        ohos:weight = "1"
        ohos:margin = "10vp"
        ohos:background_element = " $graphic:background_button"
        ohos:layout_alignment = "horizontal_center"
        ohos:text = "语音播报"
        ohos:text_size = "35vp"
        ohos:text_color = "white"
        />
</DirectionalLayout >
```

(4) 修改背景样式文件 background_ability_main.xml,参考代码如下:

```
//第 6 章\VoiceAnnouncements\...\graphic\background_ability_main.xml
<?xml version = "1.0" encoding = "UTF - 8" ?>
< shape xmlns:ohos = "http://schemas.huawei.com/res/ohos"
       ohos:shape = "rectangle">
    < solid
        ohos:color = " # FFFFFFFF"/>

    < stroke
        ohos:width = "1px"
        ohos:color = " # FFCBCBCB"/>
</shape >
```

(5) 添加背景样式文件 background_button.xml,参考代码如下:

```
//第 6 章\VoiceAnnouncements\...\graphic\background_button.xml
<?xml version = "1.0" encoding = "utf - 8"?>
< shape xmlns:ohos = "http://schemas.huawei.com/res/ohos"
       ohos:shape = "rectangle">
```

```
    <corners
        ohos:radius="40"/>
    <solid
        ohos:color="#FF0000FF"/>
</shape>
```

（6）创建自定义类 MyTtsListener，实现接口 TtsListener，参考代码如下：

```java
//第 6 章\VoiceAnnouncements\...\listener\MyTtsListener.java
package com.geshuai.voiceannouncements.listener;

import ohos.ai.tts.TtsListener;
import ohos.utils.PacMap;

public class MyTtsListener implements TtsListener {
    @Override
    public void onStart(String s) {

    }

    @Override
    public void onProgress(String s, Byte[] Bytes, int i) {

    }

    @Override
    public void onFinish(String s) {

    }

    @Override
    public void onError(String s, String s1) {

    }

    @Override
    public void onEvent(int i, PacMap pacMap) {

    }

    @Override
    public void onSpeechStart(String s) {

    }
```

```
    @Override
    public void onSpeechProgressChanged(String s, int i) {

    }

    @Override
    public void onSpeechFinish(String s) {

    }
}
```

（7）初始化 UI 组件并声明 TtsClient 变量，参考代码如下：

```
//第 6 章\VoiceAnnouncements\...\slice\MainAbilitySlice.java
public class MainAbilitySlice extends AbilitySlice {
    boolean initItsResult = false;
    TextField tf_read;
    TtsClient mTtsClient;

    @Override
    public void onStart(Intent intent) {
        super.onStart(intent);
        super.setUIContent(ResourceTable.Layout_ability_main);

        initComponent();
    }

    private void initComponent() {
        tf_read = (TextField) findComponentById(ResourceTable.Id_tf_read);

        findComponentById(ResourceTable.Id_btn_read).setClickedListener(component -> {

        });
    }
}
```

（8）在 onStart 方法中获取 TtsClient 对象并初始化，参考代码如下：

```
//第 6 章\VoiceAnnouncements\...\slice\MainAbilitySlice.java
//获取 TtsClient 对象，并初始化
mTtsClient = TtsClient.getInstance();
mTtsClient.create(this, new MyTtsListener() {
    @Override
    public void onEvent(int eventType, PacMap pacMap) {
        if (eventType == TtsEvent.CREATE_TTS_CLIENT_SUCCESS) {
```

```
            TtsParams ttsParams = new TtsParams();
            ttsParams.setDeviceId(UUID.randomUUID().toString());
            initItsResult = mTtsClient.init(ttsParams);
        }
    }
});
```

(9) 在 Button 组件单击监听器中实现语音播报功能，参考代码如下：

```
//第 6 章\VoiceAnnouncements\...\slice\MainAbilitySlice.java
findComponentById(ResourceTable.Id_btn_read).setClickedListener(component -> {
    //2 如果初始化成功,并且文本内容不为空,则进行语音播报
    if (initItsResult) {
        if (!"".equals(tf_read.getText()))
            mTtsClient.speakText(tf_read.getText(), null);
    } else {
        new ToastDialog(this).setText("initResult false").show();
    }
});
```

(10) 在 onStop 方法中释放资源，参考代码如下：

```
//第 6 章\VoiceAnnouncements\...\slice\MainAbilitySlice.java
@Override
protected void onStop() {
    super.onStop();

    //释放资源
    if (mTtsClient != null) {
        try{
            mTtsClient.stopSpeak();
            mTtsClient.destroy();
            mTtsClient = null;
        }catch (Exception e){

        }
    }
}
```

(11) 登录 AppGallery Connect 官网，添加语音播报项目和 HarmonyOS 应用。

(12) 设置自动签名。

(13) 将程序运行到真机，输入文本内容，单击“语音播报”按钮，运行效果如图 6-8 所示。

图 6-8　语音播报运行效果

6.4　语音识别(案例 28：语音助手)

17min

本案例通过 AsrClient 实现语音控制台灯亮灭功能。本案例需要在真机上调试运行，真机调试操作详情可参考官方文档。首先，创建 Java 模板空工程 VoiceAssistant；接着，实现 UI 布局设计；然后，获取 AsrClient 对象并初始化；最后，在 MyAsrListener 的 onIntermediateResults 方法中根据识别结果控制台灯亮灭。

(1) 创建 Java 模板空工程 VoiceAssistant，SDK 版本号应与手机匹配。

(2) UI 布局设计，参考布局如图 6-9 所示。

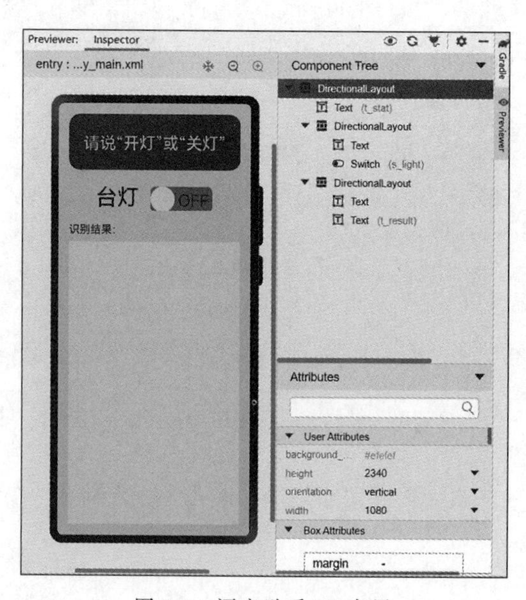

图 6-9　语音助手 UI 布局

(3) 参考代码如下：

```
//第 6 章\VoiceAssistant\...\layout\ability_main.xml
<?xml version = "1.0" encoding = "UTF - 8"?>
< DirectionalLayout
    xmlns:ohos = "http://schemas.huawei.com/res/ohos"
    ohos:height = "match_parent"
    ohos:width = "match_parent"
    ohos:background_element = " # efefef"
    ohos:orientation = "vertical">


    < Text
        ohos:height = "100vp"
        ohos:width = "320vp"
        ohos:background_element = " $graphic:background_stat"
        ohos:layout_alignment = "horizontal_center"
        ohos:margin = "20vp"
        ohos:text = "请说"开灯"或"关灯""
        ohos:text_alignment = "center"
        ohos:text_color = "white"
        ohos:multiple_lines = "true"
        ohos:text_size = "30vp"
        />

    < DirectionalLayout
        ohos:height = "match_content"
        ohos:width = "match_parent"
        ohos:orientation = "horizontal"
        ohos:alignment = "horizontal_center"
        >

        < Text
            ohos:height = "match_content"
            ohos:width = "match_content"
            ohos:text = "台灯"
            ohos:text_size = "40fp"/>

        < Switch
            ohos:id = " $ + id:s_light"
            ohos:height = "50vp"
            ohos:width = "120vp"
            ohos:padding = "2vp"
            ohos:left_margin = "20vp"
            ohos:text_state_off = "OFF"
            ohos:text_color_off = "blue"
```

```
            ohos:text_size = "30fp"
            ohos:text_state_on = "ON "
            ohos:text_color_on = "white"
            ohos:clickable = "false"
            />
    </DirectionalLayout >


    < DirectionalLayout
        ohos:height = "match_parent"
        ohos:width = "match_parent"
        ohos:orientation = "vertical"
        ohos:padding = "20vp">

        < Text
            ohos:height = "match_content"
            ohos:width = "match_parent"
            ohos:layout_alignment = "horizontal_center"
            ohos:text = "识别结果: "
            ohos:text_size = "20vp"
            />

        < Text
            ohos:id = " $ + id:t_result"
            ohos:height = "match_parent"
            ohos:width = "match_parent"
            ohos:background_element = " $graphic:background_ability_main"
            ohos:layout_alignment = "horizontal_center"
            ohos:padding = "5vp"
            ohos:text_size = "22vp"
            ohos:top_margin = "10vp"
            ohos:multiple_lines = "true"
            />
    </DirectionalLayout >
</DirectionalLayout >
```

（4）创建背景文件 background_stat. xml，设置背景样式，参考代码如下：

```
//第 6 章\VoiceAssistant\...\graphic\background_stat.xml
<?xml version = "1.0" encoding = "UTF - 8" ?>
< shape xmlns:ohos = "http://schemas.huawei.com/res/ohos"
         ohos:shape = "rectangle">
    < solid
        ohos:color = "blue"
        />
    < corners
        ohos:radius = "20vp"/>
</shape >
```

(5) 创建自定义类 MyAsrListener，实现接口 AsrListener，参考代码如下：

```
//第 6 章\VoiceAssistant\...\listener\MyAsrListener.java
package com.geshuai.aiasrdemo.listener;

import ohos.ai.asr.AsrListener;
import ohos.utils.PacMap;

public class MyAsrListener implements AsrListener {
    @Override
    public void onInit(PacMap pacMap) {

    }

    @Override
    public void onBeginningOfSpeech() {

    }

    @Override
    public void onRmsChanged(float v) {

    }

    @Override
    public void onBufferReceived(Byte[] Bytes) {

    }

    @Override
    public void onEndOfSpeech() {

    }

    @Override
    public void onError(int i) {

    }

    @Override
    public void onResults(PacMap pacMap) {

    }

    @Override
    public void onIntermediateResults(PacMap pacMap) {
```

```
    }

    @Override
    public void onEnd() {

    }

    @Override
    public void onEvent(int i, PacMap pacMap) {

    }

    @Override
    public void onAudioStart() {

    }

    @Override
    public void onAudioEnd() {

    }
}
```

(6) 创建自定义类 MyTtsListener,实现接口 TtsListener,在 onEvent 方法中创建并初始化 TtsClient 引擎,参考代码如下:

```
//第 6 章\VoiceAssistant\...\listener\MyTtsListener.java
package com.geshuai.voiceassistant.listener;

import ohos.ai.tts.TtsClient;
import ohos.ai.tts.TtsListener;
import ohos.ai.tts.TtsParams;
import ohos.ai.tts.constants.TtsEvent;
import ohos.utils.PacMap;

import Java.util.UUID;

public class MyTtsListener implements TtsListener {
    @Override
    public void onStart(String s) {

    }

    @Override
```

```
    public void onProgress(String s, Byte[] Bytes, int i) {

    }

    @Override
    public void onFinish(String s) {

    }

    @Override
    public void onError(String s, String s1) {

    }

    @Override
    public void onEvent(int eventType, PacMap pacMap) {
        if (eventType == TtsEvent.CREATE_TTS_CLIENT_SUCCESS) {
            //TtsClient 创建成功后初始化
            TtsParams ttsParams = new TtsParams();
            ttsParams.setDeviceId(UUID.randomUUID().toString());
            TtsClient.getInstance().init(ttsParams);
        }
    }

    @Override
    public void onSpeechStart(String s) {

    }

    @Override
    public void onSpeechProgressChanged(String s, int i) {

    }

    @Override
    public void onSpeechFinish(String s) {

    }
}
```

(7) 在 MainAbilitySlice 中初始化 UI 组件，并声明与语音识别相关的类成员变量和类成员常量，参考代码如下：

```
//第 6 章\VoiceAssistant\...\slice\MainAbilitySlice.java
public class MainAbilitySlice extends AbilitySlice {
```

```
    Text t_result;
    Switch s_light;

    private static AsrClient asrClient;

    private boolean isRecord = false;
    private ThreadPoolExecutor poolExecutor;
    private static final int POOL_SIZE = 3;
    private static final int ALIVE_TIME = 3;
    private static final int CAPACITY = 6;
    private static final int SAMPLE_RATE = 16000;      //采样率 16000Hz
    private static final int BYTES_LENGTH = 1280;
    private static final int VAD_END_WAIT_MS = 2000;  //将后置的端点检测(VAD)时间设置为 2s
    private static final int VAD_FRONT_WAIT_MS = 4800; //将前置的端点检测(VAD)时间设置为 4.8s
    private static final int TIMEOUT_DURATION = 20000;//将语音识别的超时时间设置为 20s
    private AudioCapturer audioCapturer;

    boolean isChecked = false; //表示当时台灯状态,true 为开,false 为关
    @Override
    public void onStart(Intent intent) {
        super.onStart(intent);
        super.setUIContent(ResourceTable.Layout_ability_main);

        t_result = (Text) findComponentById(ResourceTable.Id_t_result);
        s_light = (Switch) findComponentById(ResourceTable.Id_s_light);
    }
}
```

(8) 获取 AsrClient 对象并初始化,参考代码如下:

```
//第 6 章\VoiceAssistant\...\slice\MainAbilitySlice.java
private void initAsrClient() {
    //创建并初始化 ASR 引擎
    asrClient = AsrClient.createAsrClient(this).orElse(null);
    AsrIntent initIntent = new AsrIntent();
    initIntent.setAudioSourceType(AsrIntent.AsrAudioSrcType.ASR_SRC_TYPE_PCM);

    //初始化监听器
    initListener();
}

private void initListener() {
    AsrListener asrListener = new MyAsrListener() {
```

```
        @Override
        public void onInit(PacMap params) {
            super.onInit(params);
            openAudio();
        }

        //当识别出结果时回调该方法
        @Override
        public void onIntermediateResults(PacMap pacMap) {
            super.onIntermediateResults(pacMap);

            //解析、处理识别结果
            speechRecognition(pacMap);
        }


        @Override
        public void onEnd() {
            super.onEnd();

            //识别结束
            asrClient.stopListening();
            asrClient.startListening(setStartIntent());
        }
    };

    if (asrClient != null) {
        asrClient.init(setInitIntent(), asrListener);
    }

}

private AsrIntent setInitIntent() {
    return null;
}

private AsrIntent setStartIntent() {
    return null;
}

private void speechRecognition(PacMap pacMap) {

}

private void openAudio() {
}
```

(9) 在 onStart 方法中调用 initAsrClient 方法初始化 AsrClient。

(10) setInitIntent 方法生成 AsrIntent 对象及初始化此对象,参考代码如下:

```
//初始化 ASR 引擎参数
private AsrIntent setInitIntent() {
    AsrIntent initIntent = new AsrIntent();
    //将输入声频源类型设置为 pcm
    initIntent.setAudioSourceType(AsrIntent.AsrAudioSrcType.ASR_SRC_TYPE_PCM);
    //将引擎设置为本地引擎
    initIntent.setEngineType(AsrIntent.AsrEngineType.ASR_ENGINE_TYPE_LOCAL);
    return initIntent;
}
```

(11) setStartIntent 方法用于创建并初始化启动语音识别意图 AsrIntent,参考代码如下:

```
//第 6 章\VoiceAssistant\...\slice\MainAbilitySlice.java
//创建并初始化启动语音识别意图 AsrIntent
private AsrIntent setStartIntent() {
    AsrIntent asrIntent = new AsrIntent();
    //将后置的端点检测(VAD)时间设置为 2s
    asrIntent.setVadEndWaitMs(VAD_END_WAIT_MS);
    //将前置的端点检测(VAD)时间设置为 4.8s
    asrIntent.setVadFrontWaitMs(VAD_FRONT_WAIT_MS);
    //设置语音识别的超时时间设置为 20s
    asrIntent.setTimeoutThresholdMs(TIMEOUT_DURATION);
    return asrIntent;
}
```

(12) openAudio 实现开始听取和识别语音功能,参考代码如下:

```
//第 6 章\VoiceAssistant\...\slice\MainAbilitySlice.java
//开始听取和识别语音
private void openAudio() {

    if (!isRecord) {
        asrClient.startListening(setStartIntent());
        isRecord = true;
        poolExecutor.submit(() ->{
            Byte[] buffers = new Byte[BYTES_LENGTH];
            audioCapturer.start();

            //语音分段识别
```

```
            while (isRecord) {
                int ret = audioCapturer.read(buffers, 0, BYTES_LENGTH);
                if (ret > 0) {
                    asrClient.writePcm(buffers, BYTES_LENGTH);
                }
            }
        });

    }
}
```

(13) speechRecognition 实现解析识别结果、控制台灯亮灭、语音播报台灯状态和更新UI等功能，参考代码如下：

```
//第 6 章\VoiceAssistant\...\slice\MainAbilitySlice.java
//解析识别结果、控制台灯亮灭、语音播报台灯状态、更新 UI
private void speechRecognition(PacMap pacMap) {
    String result = pacMap.getString(AsrResultKey.RESULTS_INTERMEDIATE);

    JSONObject jsonObject = JSONObject.parseObject(result);
    JSONObject resultObject = new JSONObject();

    if (jsonObject.getJSONArray("result").get(0) instanceof JSONObject) {
        resultObject = (JSONObject) jsonObject.getJSONArray("result").get(0);
    }

    //解析获得语音识别文本
    String resultWord = resultObject.getString("word");

    getUITaskDispatcher().asyncDispatch(new Runnable() {
        @Override
        public void run() {
            t_result.setText(resultWord);

            if(!resultWord.contains("开灯")&&!resultWord.contains("关灯"))
                return ;

            int index = resultWord.lastIndexOf("开灯");
            int index2 = resultWord.lastIndexOf("关灯");

            if(index > index2  != isChecked) {
                isChecked = (index > index2);
                s_light.setChecked(isChecked);
                TtsClient.getInstance().speakText(isChecked ? "已开灯" : "已关灯", null);

            }
```

```
        }
    });
}
```

(14) 在 onStart 方法中获取 TtsClient 对象并初始化，参考代码如下：

```
//初始化 Tts 引擎
TtsClient.getInstance().create(this,new MyTtsListener());
```

(15) 创建 initAudioCapturer 方法实现初始化声频采集器，参考代码如下：

```
//第 6 章\VoiceAssistant\...\slice\MainAbilitySlice.java
//初始化声频采集器
private void initAudioCapturer() {
    poolExecutor =
            new ThreadPoolExecutor(
                    POOL_SIZE,
                    POOL_SIZE,
                    ALIVE_TIME,
                    TimeUnit.SECONDS,
                    new LinkedBlockingQueue<>(CAPACITY),
                    new ThreadPoolExecutor.DiscardOldestPolicy());

    AudioStreamInfo audioStreamInfo =
            new AudioStreamInfo.Builder()
                    .encodingFormat(AudioStreamInfo.EncodingFormat.ENCODING_PCM_16 位)
                    .channelMask(AudioStreamInfo.ChannelMask.CHANNEL_IN_MONO)
                    .sampleRate(SAMPLE_RATE)
                    .build();

    AudioCapturerInfo audioCapturerInfo = new AudioCapturerInfo.Builder().audioStreamInfo
(audioStreamInfo).build();

    audioCapturer = new AudioCapturer(audioCapturerInfo);
}
```

(16) 在 onStart 方法中调用 initAudioCapturer 方法。

(17) 重写 onStop 方法释放资源，参考代码如下：

```
//第 6 章\VoiceAssistant\...\slice\MainAbilitySlice.java
@Override
protected void onStop() {
    super.onStop();
```

```
        //释放资源
        if(asrClient!= null){
            try {
                asrClient.stopListening();
                asrClient.destroy();
                asrClient = null;
            }catch (Exception e){

            }
        }
    }
```

(18) 在 entry 模块的 build.gradle 中添加 Fastjson 的依赖,代码如下:

```
dependencies {
    implementation fileTree(dir: 'libs', include: ['*.jar', '*.har'])
    testImplementation 'junit:junit:4.13.1'
    ohosTestImplementation 'com.huawei.ohos.testkit:runner:2.0.0.200'
    compile 'com.alibaba:fastjson:1.2.73'
}
```

(19) 在 config.json 文件中申请话筒权限,参考代码如下:

```
"reqPermissions": [
  {
    "name": "ohos.permission.MICROPHONE"
  }
]
```

(20) 在 MainAbility 的 onStart 方法中向用户申请权限,参考代码如下:

```
@Override
public void onStart(Intent intent) {
    requestPermissionsFromUser(new String[]{  SystemPermission.MICROPHONE  },1);

    super.onStart(intent);
    super.setMainRoute(MainAbilitySlice.class.getName());
}
```

(21) 登录 AppGallery Connect 官网,添加语音助手项目和 HarmonyOS 应用。

(22) 设置自动签名。

(23) 将程序运行到真机，使用语音控制台灯的亮灭，运行效果如图 6-10 所示。

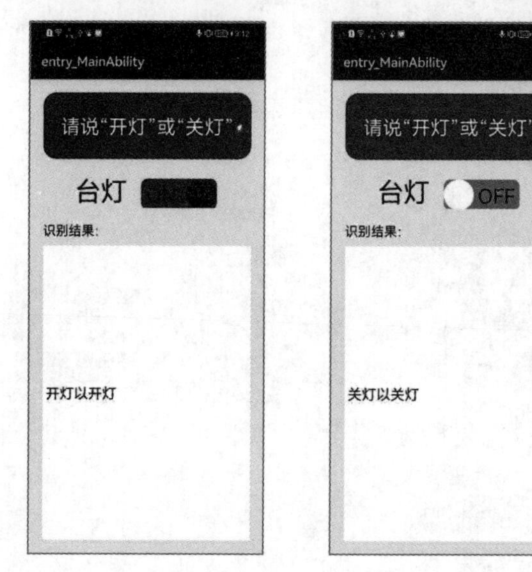

图 6-10　语音助手运行效果

第7章

设备管理

本章通过5个案例讲解设备管理的基本开发方法和步骤，这5个案例分别是指南针、振动器、系统设置、卓越定位、电池信息。

7.1 传感器（案例29：指南针）

本案例通过 CategoryOrientationAgent 实现指南针功能。首先，创建 Java 模板空工程 Compass；接着，实现 UI 布局设计；然后，获取 CategoryOrientationAgent 对象并初始化；最后，设置方向传感器的回调对象，实现指南针功能。

（1）创建 Java 模板空工程 Compass，SDK 版本号应与手机匹配。

（2）在 media 目录下添加指南针图片 compass.png。

（3）指南针 UI 布局设计，参考布局如图7-1所示。

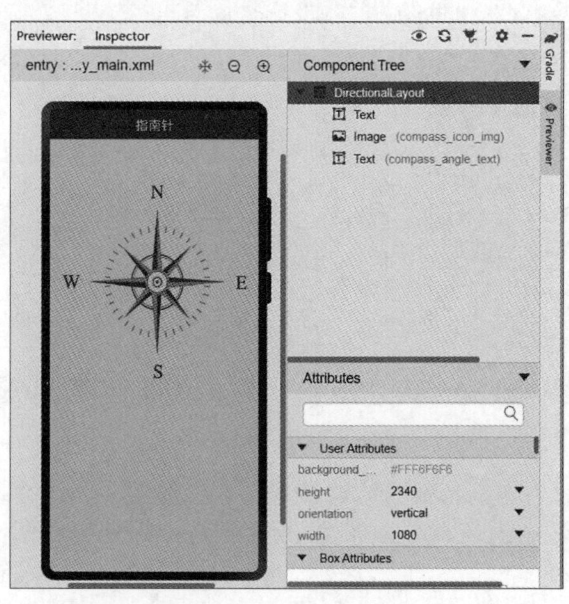

图7-1 指南针 UI 布局

（4）参考代码如下：

```
//第 7 章\Compass\...\layout\ability_main.xml
<DirectionalLayout
    xmlns:ohos = "http://schemas.huawei.com/res/ohos"
    ohos:height = "match_parent"
    ohos:width = "match_parent"
    ohos:background_element = "#FFF6F6F6"
    ohos:orientation = "vertical">

    <Text
        ohos:height = "match_content"
        ohos:width = "match_parent"
        ohos:background_element = "blue"
        ohos:padding = "10vp"
        ohos:text = "指南针"
        ohos:text_alignment = "center"
        ohos:text_color = "white"
        ohos:text_size = "22fp"/>

    <Image
        ohos:id = "$+id:compass_icon_img"
        ohos:height = "340vp"
        ohos:width = "340vp"
        ohos:image_src = "$media:compass"
        ohos:layout_alignment = "horizontal_center"
        ohos:scale_mode = "stretch"
        ohos:top_margin = "70vp"/>

    <Text
        ohos:id = "$+id:compass_angle_text"
        ohos:height = "match_content"
        ohos:width = "match_content"
        ohos:layout_alignment = "horizontal_center"
        ohos:text_size = "20fp"/>
</DirectionalLayout>
```

（5）创建自定义类 MyICategoryOrientationDataCallback，实现接口 ICategoryOrientationDataCallback，参考代码如下：

```
//第 7 章\Compass\...\listener\MyICategoryOrientationDataCallback.java
package com.geshuai.compass.listener;

import ohos.sensor.bean.CategoryOrientation;
```

```
import ohos.sensor.data.CategoryOrientationData;
import ohos.sensor.listener.ICategoryOrientationDataCallback;

public class MyICategoryOrientationDataCallback implements ICategoryOrientationDataCallback {
    @Override
    public void onSensorDataModified(CategoryOrientationData categoryOrientationData) {

    }

    @Override
    public void onAccuracyDataModified(CategoryOrientation categoryOrientation, int i) {

    }

    @Override
    public void onCommandCompleted(CategoryOrientation categoryOrientation) {

    }
}
```

（6）在 MainAbilitySlice 中初始化 UI 组件，并声明类成员变量与类成员常量，参考代码如下：

```
//第 7 章\Compass\...\slice\MainAbilitySlice.java
public class MainAbilitySlice extends AbilitySlice {
    private static final long SAMPLING_INTERVAL_NANOSECONDS = 500000000L;

    private static final String FORMAT_DEGREE = "%.2f";

    private static final float DEFLECTION_FLAG = -1.0f;

    private CategoryOrientationAgent categoryOrientationAgent;

    private Image compassImg;

    private Text compassAngleText;

    private float degree;

    private ICategoryOrientationDataCallback categoryOrientationDataCallback;

    @Override
    public void onStart(Intent intent) {
```

```
        super.onStart(intent);
        super.setUIContent(ResourceTable.Layout_ability_main);

        compassImg = (Image) findComponentById(ResourceTable.Id_compass_icon_img);
        compassAngleText = (Text) findComponentById(ResourceTable.Id_compass_angle_text);
    }
}
```

（7）实例化 CategoryOrientationAgent 对象，参考代码如下：

```
categoryOrientationAgent = new CategoryOrientationAgent();
```

（8）创建并实例化 CategoryOrientation 对象，参考代码如下：

```
CategoryOrientation categoryOrientation = categoryOrientationAgent.getSingleSensor(
        CategoryOrientation.SENSOR_TYPE_ORIENTATION);
```

（9）实例化回调对象，参考代码如下：

```
//第 7 章\Compass\...\slice\MainAbilitySlice.java
//实例化回调对象
categoryOrientationDataCallback = new MyICategoryOrientationDataCallback() {
    @Override
    public void onSensorDataModified(CategoryOrientationData categoryOrientationData) {
        //获取与正北的夹角
        degree = categoryOrientationData.getValues()[0];
        getUITaskDispatcher().asyncDispatch(new Runnable() {
            @Override
            public void run() {
                //旋转指南针图片
                compassImg.setRotation(DEFLECTION_FLAG * degree);
                compassAngleText.setText(getRotation(degree));
            }
        });
    }
};
```

（10）创建 getRotation 方法，根据角度返回方向，参考代码如下：

```
//第 7 章\Compass\...\slice\MainAbilitySlice.java
//根据角度返回方向
private String getRotation(float degree) {
```

```
    if (degree >= 0 && degree <= 22.5) {
        return String.format(Locale.ENGLISH, FORMAT_DEGREE, degree) + " N";
    } else if (degree > 22.5 && degree <= 67.5) {
        return String.format(Locale.ENGLISH, FORMAT_DEGREE, degree) + " NE";
    } else if (degree > 67.5 && degree <= 112.5) {
        return String.format(Locale.ENGLISH, FORMAT_DEGREE, degree) + " E";
    } else if (degree > 112.5 && degree <= 157.5) {
        return String.format(Locale.ENGLISH, FORMAT_DEGREE, degree) + " SE";
    } else if (degree > 157.5 && degree <= 202.5) {
        return String.format(Locale.ENGLISH, FORMAT_DEGREE, degree) + " S";
    } else if (degree > 202.5 && degree <= 247.5) {
        return String.format(Locale.ENGLISH, FORMAT_DEGREE, degree) + " SW";
    } else if (degree > 247.5 && degree <= 282.5) {
        return String.format(Locale.ENGLISH, FORMAT_DEGREE, degree) + " W";
    } else if (degree > 282.5 && degree <= 337.5) {
        return String.format(Locale.ENGLISH, FORMAT_DEGREE, degree) + " NW";
    } else if (degree > 337.5 && degree <= 360.0) {
        return String.format(Locale.ENGLISH, FORMAT_DEGREE, degree) + " N";
    } else {
        return "/";
    }
}
```

(11) 在 onStart 方法中设置方向传感器的回调对象，参考代码如下：

```
//设置方向传感器的回调对象
categoryOrientationAgent.setSensorDataCallback(categoryOrientationDataCallback, categoryOrientation,
        SAMPLING_INTERVAL_NANOSECONDS);
```

(12) 重写 onStop 方法，释放回调对象，参考代码如下：

```
@Override
protected void onStop() {
    super.onStop();

    //释放回调对象
categoryOrientationAgent.releaseSensorDataCallback(categoryOrientationDataCallback);
}
```

(13) 登录 AppGallery Connect 官网，添加指南针项目和 HarmonyOS 应用。

(14) 设置自动签名。

(15) 将程序运行到真机，运行效果如图 7-2 所示。

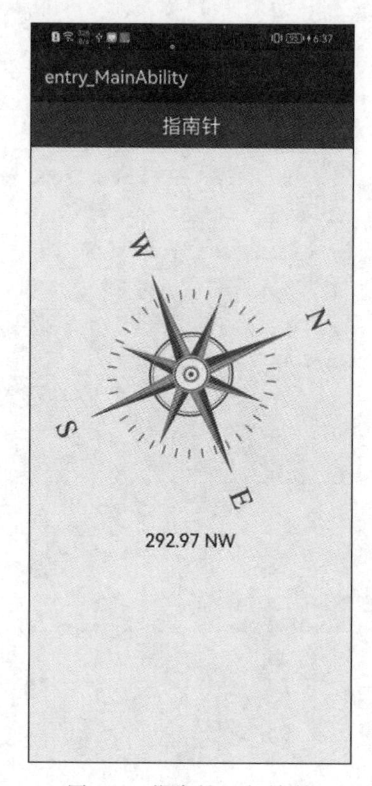

图 7-2　指南针运行效果

7.2　控制类小器件(案例 30：振动器)

本案例通过 VibratorAgent 控制发动机转动实现振动器功能。首先，创建 Java 模板空工程 Vibrator；接着，实现 UI 布局设计；然后，获取 VibratorAgent 对象并初始化；最后，实现不同效果的振动功能。

(1) 创建 Java 模板空工程 Vibrator，SDK 版本号应与手机匹配。

11min

(2) 在 config.json 文件中添加控制发动机权限，参考代码如下：

```
//第 7 章\Vibrator\...\main\config.json
    "reqPermissions": [
  {
    "name": "ohos.permission.VIBRATE"
  }
]
```

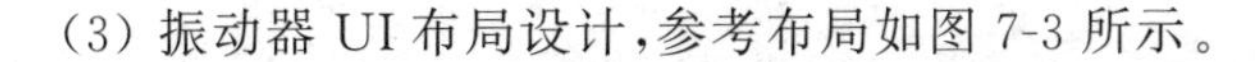

(3) 振动器 UI 布局设计，参考布局如图 7-3 所示。

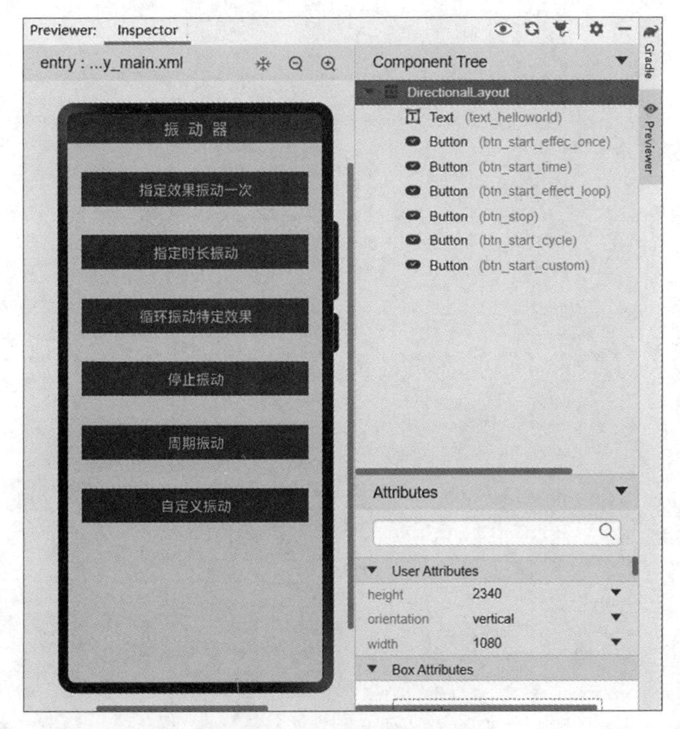

图 7-3　振动器 UI 布局

(4) 参考代码如下：

```
//第 7 章\Vibrator\...\layout\ability_main.xml
<?xml version = "1.0" encoding = "UTF - 8"?>
< DirectionalLayout
    xmlns:ohos = "http://schemas.huawei.com/res/ohos"
    ohos:height = "match_parent"
    ohos:width = "match_parent"
    ohos:orientation = "vertical"
    >

    < Text
        ohos:height = "40vp"
        ohos:width = "match_parent"
        ohos:layout_alignment = "horizontal_center"
        ohos:background_element = "blue"
        ohos:text = "振    动    器"
        ohos:text_color = "white"
        ohos:text_alignment = "center"
        ohos:text_size = "22vp"
```

```
        ohos:bottom_margin = "20vp"
        />

    <Button
        ohos:id = "$+id:btn_start_effec_once"
        ohos:height = "match_content"
        ohos:width = "match_parent"
        ohos:background_element = "blue"
        ohos:text = "指定效果振动一次"
        ohos:text_color = "white"
        ohos:text_alignment = "center"
        ohos:margin = "20vp"
        ohos:padding = "10vp"
        ohos:text_size = "20vp"
        />
    <Button
        ohos:id = "$+id:btn_start_time"
        ohos:height = "match_content"
        ohos:width = "match_parent"
        ohos:background_element = "blue"
        ohos:text = "指定时长振动"
        ohos:text_color = "white"
        ohos:text_alignment = "center"
        ohos:margin = "20vp"
        ohos:padding = "10vp"
        ohos:text_size = "20vp"
        />

    <Button
        ohos:id = "$+id:btn_start_effect_loop"
        ohos:height = "match_content"
        ohos:width = "match_parent"
        ohos:background_element = "blue"
        ohos:text = "循环振动特定效果"
        ohos:text_color = "white"
        ohos:text_alignment = "center"
        ohos:margin = "20vp"
        ohos:padding = "10vp"
        ohos:text_size = "20vp"
        />
    <Button
        ohos:id = "$+id:btn_stop"
        ohos:height = "match_content"
        ohos:width = "match_parent"
        ohos:background_element = "blue"
        ohos:text = "停止振动"
```

```
        ohos:text_color = "white"
        ohos:text_alignment = "center"
        ohos:margin = "20vp"
        ohos:padding = "10vp"
        ohos:text_size = "20vp"
        />
    <Button
        ohos:id = "$ + id:btn_start_cycle"
        ohos:height = "match_content"
        ohos:width = "match_parent"
        ohos:background_element = "blue"
        ohos:text = "周期振动"
        ohos:text_color = "white"
        ohos:text_alignment = "center"
        ohos:margin = "20vp"
        ohos:padding = "10vp"
        ohos:text_size = "20vp"
        />
    <Button
        ohos:id = "$ + id:btn_start_custom"
        ohos:height = "match_content"
        ohos:width = "match_parent"
        ohos:background_element = "blue"
        ohos:text = "自定义振动"
        ohos:text_color = "white"
        ohos:text_alignment = "center"
        ohos:margin = "20vp"
        ohos:padding = "10vp"
        ohos:text_size = "20vp"
        />
</DirectionalLayout>
```

（5）获取振动器列表中第1个可用振动器，参考代码如下：

```
//第 7 章\Vibrator\...\slice\MainAbilitySlice.java
public class MainAbilitySlice extends AbilitySlice {
    private VibratorAgent vibratorAgent = new VibratorAgent();

    int vibratorId;

    @Override
    public void onStart(Intent intent) {
        super.onStart(intent);
        super.setUIContent(ResourceTable.Layout_ability_main);
```

```
        //获取振动器列表
        List<Integer> vibratorList = vibratorAgent.getVibratorIdList();
        if (vibratorList.isEmpty()) {
            return;
        }
        //获取列表中第 1 个可用振动器的 id
        vibratorId = vibratorList.get(0);
    }
}
```

(6) 给“指定效果振动一次”按钮设置单击监听器，并在其中实现照相机单击振动效果，参考代码如下：

```
//第 7 章\Vibrator\...\slice\MainAbilitySlice.java
//实现照相机单击振动效果
findComponentById(ResourceTable.Id_btn_start_effec_once).setClickedListener(component -
> {
    //查询指定的振动器是否支持指定的振动效果
    boolean isSupport = vibratorAgent.isEffectSupport(vibratorId,
          VibrationPattern.VIBRATOR_TYPE_CAMERA_CLICK);

    //实现照相机单击振动效果
    if(isSupport){

        vibratorAgent.startOnce(vibratorId, VibrationPattern.VIBRATOR_TYPE_CAMERA_CLICK);
    }else {
        new ToastDialog(this).setText("不支持: VIBRATOR_TYPE_CAMERA_CLICK 效果").show();
    }
});
```

(7) 给“指定时长振动”按钮设置单击监听器，并在其中实现振动时长为 2s 的一次性振动效果，参考代码如下：

```
//第 7 章\Vibrator\...\slice\MainAbilitySlice.java
//实现振动时长为 2s 的一次性振动
findComponentById(ResourceTable.Id_btn_start_time).setClickedListener(component -> {
    //实现振动时长为 2s 的一次性振动
    int vibratorTiming = 2000;
    vibratorAgent.startOnce(vibratorId, vibratorTiming);
});
```

(8) 给“循环振动特定效果”按钮设置单击监听器，并在其中实现循环振动效果，参考代码如下：

```
    //第 7 章\Vibrator\...\slice\MainAbilitySlice.java
    //以振动器类型铃声反弹振动效果进行循环振动
findComponentById(ResourceTable.Id_btn_start_effect_loop).setClickedListener(component -
> {
    //以振动器类型铃声反弹振动效果进行循环振动
    vibratorAgent.start(VibrationPattern.VIBRATOR_TYPE_RINGTONE_BOUNCE, true);
});
```

(9) 给“停止振动”按钮设置单击监听器,并在其中实现停止振动功能,参考代码如下:

```
//第 7 章\Vibrator\...\slice\MainAbilitySlice.java
//控制振动器停止振动
findComponentById(ResourceTable.Id_btn_stop).setClickedListener(component -> {
    //控制振动器停止振动
    vibratorAgent.stop();
});
```

(10) 给“周期振动”按钮设置单击监听器,并在其中实现周期性波形振动功能,参考代码如下:

```
//第 7 章\Vibrator\...\slice\MainAbilitySlice.java
//实现自定义效果的周期性波形振动
findComponentById(ResourceTable.Id_btn_start_cycle).setClickedListener(component -> {
    //创建自定义效果的周期性波形振动
    int count = 5;
    int[] timing = {1000, 1000, 2000, 5000};
    int[] intensity = {50, 100, 200, 255};
     VibrationPattern vibrationPeriodEffect = VibrationPattern.createPeriod(timing,
intensity, count);
    vibratorAgent.start(vibratorId, vibrationPeriodEffect);
});
```

(11) 给“自定义振动”按钮设置单击监听器,并在其中实现自定义振动功能,参考代码如下:

```
//第 7 章\Vibrator\...\slice\MainAbilitySlice.java
//实现自定义效果的一次性振动
findComponentById(ResourceTable.Id_btn_start_custom).setClickedListener(component -> {
    //创建自定义效果的一次性振动
    VibrationPattern vibrationOnceEffect = VibrationPattern.createSingle(3000, 50);
    vibratorAgent.start(vibratorId, vibrationOnceEffect);
});
```

(12) 重写 onStop 方法,在其中实现停止振动功能,参考代码如下:

```
//第7章\Vibrator\...\slice\MainAbilitySlice.java
protected void onStop() {
super.onStop();

//关闭指定的振动器自定义模式的振动
vibratorAgent.stop(vibratorId,VibratorAgent.VIBRATOR_STOP_MODE_CUSTOMIZED);
}
```

(13) 登录 AppGallery Connect 官网,添加振动器项目和 HarmonyOS 应用。

(14) 设置自动签名。

(15) 将程序运行到真机,单击相关按钮,实现不同的振动效果,运行效果如图 7-4 所示。

图 7-4 振动器运行效果

7min

7.3 设置项(案例 31:系统设置)

本案例通过 SystemSettings 实现查看系统设置功能。首先,创建 Java 模板空工程 Setting;接着,实现 UI 布局设计;然后,获取 IDataAbilityObserver 对象并初始化;最后,实现订阅系统设置功能。

(1) 创建 Java 模板空工程 Setting,SDK 版本号应与手机匹配。

(2) UI 布局设计,参考布局如图 7-5 所示。

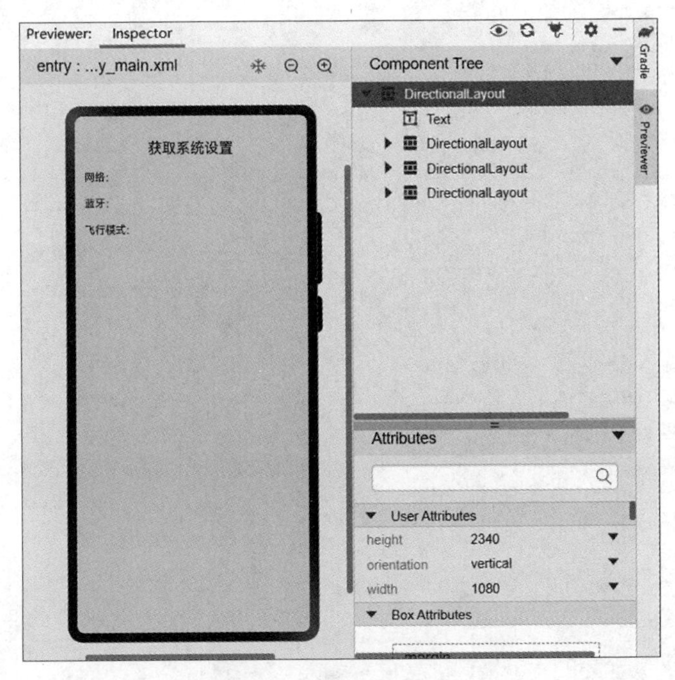

图 7-5 系统设置布局

(3) 参考代码如下:

```
//第 7 章\Setting\...\layout\ability_main.xml
<?xml version = "1.0" encoding = "UTF - 8"?>
< DirectionalLayout
    xmlns:ohos = "http://schemas.huawei.com/res/ohos"
    ohos:height = "match_parent"
    ohos:width = "match_parent"
    ohos:orientation = "vertical">

    < Text
        ohos:height = "35vp"
        ohos:width = "match_parent"
        ohos:text = "获取系统设置"
        ohos:text_alignment = "center"
        ohos:text_size = "22fp"
        ohos:top_margin = "30vp"/>

    < DirectionalLayout
        ohos:height = "40vp"
```

```
        ohos:width = "match_parent"
        ohos:orientation = "horizontal"
        ohos:top_margin = "15vp">

        <Text
            ohos:height = "match_content"
            ohos:width = "match_content"
            ohos:start_padding = "15vp"
            ohos:end_padding = "0vp"
            ohos:text = "网络："
            ohos:text_size = "16fp"/>

        <Text
            ohos:id = "$+id:WiFi_status"
            ohos:height = "match_content"
            ohos:width = "match_content"
            ohos:text_color = "#708095"
            ohos:text_size = "16fp"/>
    </DirectionalLayout>

    <DirectionalLayout
        ohos:height = "40vp"
        ohos:width = "match_parent"
        ohos:orientation = "horizontal">

        <Text
            ohos:height = "match_content"
            ohos:width = "match_content"
            ohos:start_padding = "15vp"
            ohos:end_padding = "0vp"
            ohos:text = "蓝牙："
            ohos:text_size = "16fp"/>

        <Text
            ohos:id = "$+id:bluetooth_status"
            ohos:height = "match_content"
            ohos:width = "match_content"
            ohos:text_color = "#708095"
            ohos:text_size = "16fp"/>
    </DirectionalLayout>

    <DirectionalLayout
        ohos:height = "40vp"
        ohos:width = "match_parent"
        ohos:orientation = "horizontal">
```

```
        <Text
            ohos:height = "match_content"
            ohos:width = "match_content"
            ohos:start_padding = "15vp"
            ohos:end_padding = "0vp"
            ohos:text = "飞行模式: "
            ohos:text_size = "16fp"/>

        <Text
            ohos:id = "$+id:airplane_mode_status"
            ohos:height = "match_content"
            ohos:width = "match_content"
            ohos:text_color = "#708095"
            ohos:text_size = "16fp"/>
    </DirectionalLayout>

</DirectionalLayout>
```

(4) 在MainAbilitySlice中的UI组件初始化,并添加与Setting项目有关的类成员变量与常量,参考代码如下:

```
//第7章\Setting\...\slice\MainAbilitySlice.java
public class MainAbilitySlice extends AbilitySlice {
    private Text WiFiStatusText;

    private Text bluetoothText;

    private Text airplaneModeStatusText;

    private DataAbilityHelper dataAbilityHelper;

    private final IDataAbilityObserver dataAbilityObserver = new IDataAbilityObserver() {
        //当系统设置发生变化时回调该方法
        @Override
        public void onChange() {

        }
    };
        @Override

    public void onStart(Intent intent) {
        super.onStart(intent);
        super.setUIContent(ResourceTable.Layout_ability_main);

        initComponents();
```

```
    }

    private void initComponents() {
        WiFiStatusText = (Text) findComponentById(ResourceTable.Id_WiFi_status);
        bluetoothText = (Text) findComponentById(ResourceTable.Id_bluetooth_status);
        airplaneModeStatusText = (Text) findComponentById(ResourceTable.Id_airplane_mode_
status);

        //设置当前状态
        setStatus(WiFiStatusText, SystemSettings.getValue(dataAbilityHelper, SystemSettings.
Wireless.WiFi_STATUS));
        setStatus(bluetoothText, SystemSettings.getValue(dataAbilityHelper, SystemSettings.
Wireless.BLUETOOTH_STATUS));
        setStatus(airplaneModeStatusText, SystemSettings.getValue(dataAbilityHelper, SystemSettings.
General.AIRPLANE_MODE_STATUS));
    }

    private void setStatus(Text text, String Status) {

    }
}
```

（5）在 setStatus 方法中设置状态，参考代码如下：

```
//第 7 章\Setting\...\slice\MainAbilitySlice.java
private void setStatus(Text text, String status) {
    if ("1".equals(status)) {
        text.setText("开启");
    } else {
        text.setText("关闭");
    }
}
```

（6）创建 initDataAbilityHelper 方法，在其中创建 DataAbilityHelper 对象，并注册回调，参考代码如下：

```
//第 7 章\Setting\...\slice\MainAbilitySlice.java
private void initDataAbilityHelper() {
    //创建 DataAbilityHelper 对象
    dataAbilityHelper = DataAbilityHelper.creator(this);

    //注册回调
    dataAbilityHelper.registerObserver(SystemSettings.getUri(SystemSettings.Wireless.WiFi_STATUS),
          dataAbilityObserver);
```

```
        dataAbilityHelper. registerObserver ( SystemSettings. getUri ( SystemSettings. General.
    AIRPLANE_MODE_STATUS),
                dataAbilityObserver);
        dataAbilityHelper. registerObserver ( SystemSettings. getUri ( SystemSettings. Wireless.
    BLUETOOTH_STATUS),
                dataAbilityObserver);
    }
```

(7) 在 onStart 方法中调用 initDataAbilityHelper 方法。

(8) 在 IDataAbilityObserver 对象的 onChange 回调方法中获取当前系统设置,并更新 UI,参考代码如下:

```
//第 7 章\Setting\...\slice\MainAbilitySlice.java
private final IDataAbilityObserver dataAbilityObserver = new IDataAbilityObserver() {
    //当系统设置发生变化时回调该方法
    @Override
    public void onChange() {
        //获取系统设置
        String WiFiFormat = SystemSettings.getValue(dataAbilityHelper,
                SystemSettings.Wireless.WiFi_STATUS);

        String airplaneModeStatus = SystemSettings.getValue(dataAbilityHelper,
                SystemSettings.General.AIRPLANE_MODE_STATUS);

        String bluetoothFormat = SystemSettings.getValue(dataAbilityHelper,
                SystemSettings.Wireless.BLUETOOTH_STATUS);

        //设置当前状态
        setStatus(WiFiStatusText, WiFiFormat);
        setStatus(airplaneModeStatusText, airplaneModeStatus);
        setStatus(bluetoothText, bluetoothFormat);
    }
};
```

(9) 重写 onStop 方法,在其中解除回调注册,参考代码如下:

```
//第 7 章\Setting\...\slice\MainAbilitySlice.java
@Override
protected void onStop() {
    super.onStop();

    //解除回调注册
     dataAbilityHelper. unregisterObserver ( SystemSettings. getUri ( SystemSettings. Wireless.
WiFi_STATUS),
            dataAbilityObserver);
```

```
        dataAbilityHelper.unregisterObserver(SystemSettings.getUri(SystemSettings.General.
AIRPLANE_MODE_STATUS),
                dataAbilityObserver);
        dataAbilityHelper.unregisterObserver(SystemSettings.getUri(SystemSettings.Wireless.
BLUETOOTH_STATUS),
                dataAbilityObserver);
}
```

(10) 登录 AppGallery Connect 官网,添加系统设置项目和 HarmonyOS 应用。

(11) 设置自动签名。

(12) 将程序运行到真机,运行效果如图 7-6 所示。

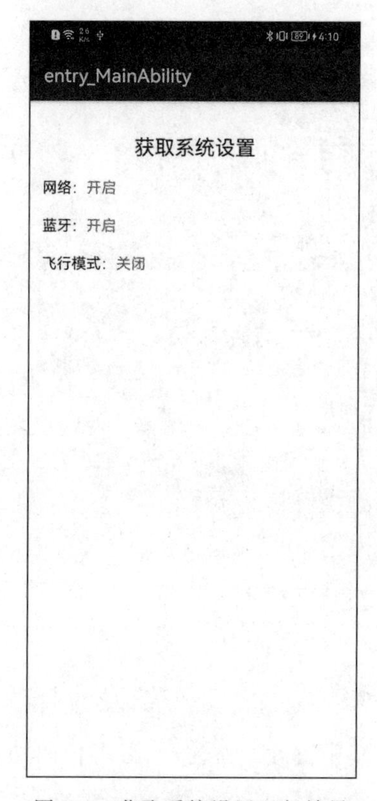

图 7-6　获取系统设置运行效果

7.4　位置(案例 32：卓越定位)

10min

本案例通过 Locator 实现定位功能。首先,创建 Java 模板空工程 ExcellentPositioning;接着,实现 UI 布局设计;然后,获取 Locator 对象并初始化;最后,实现定位功能。

(1) 创建 Java 模板空工程 ExcellentPositioning,SDK 版本号应与手机匹配。

(2) 在 config.json 文件中添加 Location 权限，参考代码如下：

```
//第 7 章\ExcellentPositioning\...\main\config.json
"reqPermissions": [
  {
    "name": "ohos.permission.LOCATION"
  }
]
```

(3) UI 布局设计，参考布局如图 7-7 所示。

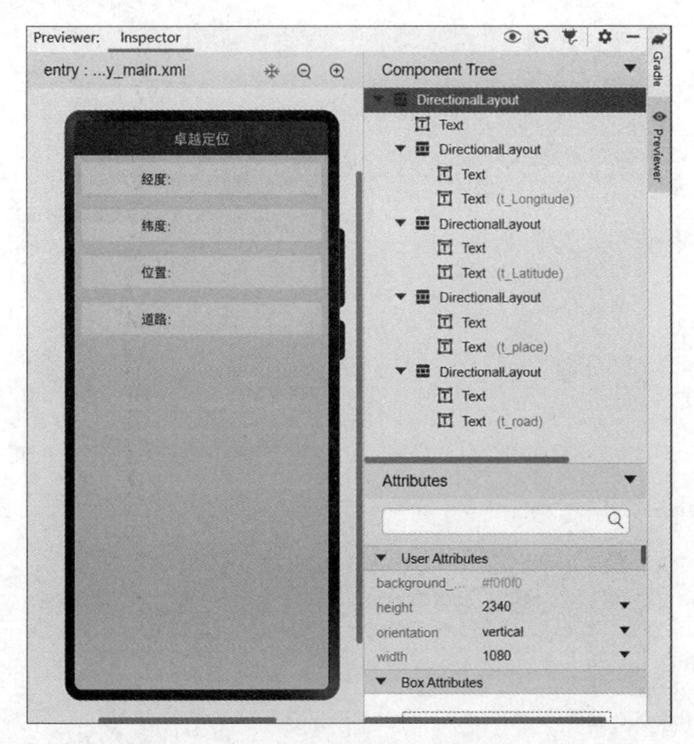

图 7-7　卓越定位 UI 布局

(4) 参考代码如下：

```
//第 7 章\ExcellentPositioning\...\layout\ability_main.xml
<?xml version = "1.0" encoding = "UTF-8"?>
<DirectionalLayout
    xmlns:ohos = "http://schemas.huawei.com/res/ohos"
    ohos:height = "match_parent"
    ohos:width = "match_parent"
    ohos:background_element = "#f0f0f0"
    ohos:orientation = "vertical">
    <Text
```

```
        ohos:height = "match_content"
        ohos:width = "match_parent"
        ohos:text = "卓越定位"
        ohos:text_size = "20fp"
        ohos:text_color = "white"
        ohos:background_element = "blue"
        ohos:padding = "10vp"
        ohos:text_alignment = "center"/>


    <DirectionalLayout
        ohos:height = "match_content"
        ohos:width = "match_parent"
        ohos:orientation = "horizontal"
        ohos:background_element = "white"
        ohos:padding = "10vp"
        ohos:margin = "10vp">
        <Text
            ohos:height = "match_content"
            ohos:width = "match_parent"
            ohos:weight = "2"
            ohos:text_alignment = "right|vertical_center"
            ohos:text_size = "18fp"
            ohos:text = "经度: "
            />
        <Text
            ohos:id = "$+id:t_Longitude"
            ohos:height = "match_content"
            ohos:width = "match_parent"
            ohos:weight = "3"
            ohos:text_alignment = "left|vertical_center"
            ohos:text_size = "18fp"
            />
    </DirectionalLayout>
    <DirectionalLayout
        ohos:height = "match_content"
        ohos:width = "match_parent"
        ohos:orientation = "horizontal"
        ohos:background_element = "white"
        ohos:padding = "10vp"
        ohos:margin = "10vp">
        <Text
            ohos:height = "match_content"
            ohos:width = "match_parent"
            ohos:weight = "2"
            ohos:text_alignment = "right|vertical_center"
            ohos:text_size = "18fp"
            ohos:text = "纬度: "
            />
```

```
        <Text
            ohos:id = "$+id:t_Latitude"
            ohos:height = "match_content"
            ohos:width = "match_parent"
            ohos:weight = "3"
            ohos:text_alignment = "left|vertical_center"
            ohos:text_size = "18fp"
            />
    </DirectionalLayout>

    <DirectionalLayout
        ohos:height = "match_content"
        ohos:width = "match_parent"
        ohos:orientation = "horizontal"
        ohos:background_element = "white"
        ohos:padding = "10vp"
        ohos:margin = "10vp">
        <Text
            ohos:height = "match_content"
            ohos:width = "match_parent"
            ohos:weight = "2"
            ohos:text_alignment = "right|vertical_center"
            ohos:text_size = "18fp"
            ohos:text = "位置: "
            />
        <Text
            ohos:id = "$+id:t_place"
            ohos:height = "match_content"
            ohos:width = "match_parent"
            ohos:weight = "3"
            ohos:truncation_mode = "auto_scrolling"
            ohos:text_alignment = "left|vertical_center"
            ohos:text_size = "18fp"
            />
    </DirectionalLayout>
    <DirectionalLayout
        ohos:height = "match_content"
        ohos:width = "match_parent"
        ohos:orientation = "horizontal"
        ohos:background_element = "white"
        ohos:padding = "10vp"
        ohos:margin = "10vp">
        <Text
            ohos:height = "match_content"
            ohos:width = "match_parent"
            ohos:weight = "2"
            ohos:text_alignment = "right|vertical_center"
            ohos:text_size = "18fp"
            ohos:text = "道路: "
```

```
        />
    <Text
        ohos:id = "$+id:t_road"
        ohos:height = "match_content"
        ohos:width = "match_parent"
        ohos:multiple_lines = "true"
        ohos:weight = "3"
        ohos:text_alignment = "left|vertical_center"
        ohos:text_size = "18fp"
        />
    </DirectionalLayout>

</DirectionalLayout>
```

（5）删除 MainAbilitySlice，在 MainAbility 的 onStart 方法中加载 UI 布局，并初始化 UI 组件，参考代码如下：

```
//第 7 章\ExcellentPositioning\...\MainAbility.java
public class MainAbility extends Ability {

    Text t_Longitude;
    Text t_Latitude;
    Text t_place;
    Text t_road;
    @Override
    public void onStart(Intent intent) {
        super.onStart(intent);
        setUIContent(ResourceTable.Layout_ability_main);

        t_Longitude = (Text) findComponentById(ResourceTable.Id_t_Longitude);
        t_Latitude = (Text) findComponentById(ResourceTable.Id_t_Latitude);
        t_place = (Text) findComponentById(ResourceTable.Id_t_place);
        t_road = (Text) findComponentById(ResourceTable.Id_t_road);
    }
}
```

（6）在 MainAbility 中创建类 MyLocatorCallback，实现接口 LocatorCallback，参考代码如下：

```
//第 7 章\ExcellentPositioning\...\MainAbility.java
//创建 MyLocatorCallback 类实现 LocatorCallback 接口,用于执行定位过程的回调方法
public class MyLocatorCallback implements LocatorCallback {

    @Override           //获取定位结果
    public void onLocationReport(Location location) {


    }
```

```
    @Override                    //获取定位过程中的状态信息
    public void onStatusChanged(int type) {

    }

    @Override                    //获取定位过程中的错误信息
    public void onErrorReport(int type) {

    }
}
```

（7）在 MainAbility 中创建与定位有关的类成员变量与类成员常量，参考代码如下：

```
Locator locator;
MyLocatorCallback locatorCallback;
RequestParam requestParam;
final  int REQUEST_LOCATION_CODE = 12;  //定义一个常量，用来表示请求码
```

（8）在 onStart 方法中创建 Locator 对象，参考代码如下：

```
locator = new Locator(this);           //创建 Locator 对象
```

（9）初始化 RequestParam 对象与 MyLocatorCallback 对象，参考代码如下：

```
//实例化 RequestParam 对象，用于告知系统该向应用提供何种类型的位置服务
requestParam = new RequestParam(RequestParam.SCENE_CAR_HAILING);
//实现 LocatorCallback 对象
locatorCallback = new MyLocatorCallback();
```

（10）验证 Location 权限是否已被授权，参考代码如下：

```
//第 7 章\ExcellentPositioning\...\MainAbility.java
//判断权限 Location 是否已被授权
if (verifySelfPermission("ohos.permission.LOCATION") != IBundleManager.PERMISSION_GRANTED) {
    //应用未被授予权限
    if (canRequestPermission("ohos.permission.LOCATION")) {  //判断是否可以请求 Location 权限
        //是否可以申请弹框授权（首次申请或者用户未选择禁止且不再提示）
        requestPermissionsFromUser(                          //请求权限
                new String[] { "ohos.permission.LOCATION" } , REQUEST_LOCATION_CODE);
    }
} else {
    //权限已被授予，直接启动服务
    locator.startLocating(requestParam, locatorCallback);
}
```

(11) 重写 onRequestPermissionsFromUserResult 方法,授权后再次验证是否已被授权,参考代码如下:

```
//第 7 章\ExcellentPositioning\...\MainAbility.java
@Override                                          //授权操作后回调该方法
public void onRequestPermissionsFromUserResult(int requestCode, String[] permissions, int[]
grantResults) {
    super.onRequestPermissionsFromUserResult(requestCode, permissions, grantResults);
    switch (requestCode) {
        case REQUEST_LOCATION_CODE:        //请求码
            //匹配 requestPermissions 的 requestCode
            if (grantResults.length > 0
                    && grantResults[0] == IBundleManager.PERMISSION_GRANTED) {
                //权限被授予,直接启动服务
                locator.startLocating(requestParam, locatorCallback);
            }
            return;

    }
}
```

(12) 在 onLocationReport 回调方法中更新 UI,参考代码如下:

```
//第 7 章\ExcellentPositioning\...\MainAbility.java
@Override  //获取定位结果
public void onLocationReport(Location location) {
    getUITaskDispatcher().asyncDispatch(() -> {
        //判断 Location 对象是否为空
        if (location != null) {
            t_Longitude.setText(location.getLongitude() + "");
            t_Latitude.setText(location.getLatitude() + "");


            //(逆)地理编码转化
            GeoConvert geoConvert = new GeoConvert();
            try {

                List<GeoAddress> list = geoConvert.getAddressFromLocation(location.getLatitude(),
location.getLongitude(), 1);
                GeoAddress geoAddress = list.get(0);       //第 1 个是接近
                if (geoAddress == null)                    //判断 是否有数据
                    return;

                //通过经纬度获取地理信息
```

```
                t_place.setText(geoAddress.getAdministrativeArea() + geoAddress.getLocality() +
geoAddress.getSubLocality() + geoAddress.getPlaceName());
                t_road.setText(geoAddress.getRoadName());

                t_place.startAutoScrolling();
            } catch (IOException e) {
                e.printStackTrace();
            }
        }
    });
}
```

(13) 重写 onStop 方法，程序结束时停止服务，参考代码如下：

```
@Override
protected void onStop() {
    super.onStop();
    locator.stopLocating(locatorCallback); //程序结束时停步服务
}
```

(14) 登录 AppGallery Connect 官网，添加卓越定位项目和 HarmonyOS 应用。

(15) 设置自动签名。

(16) 将程序运行到真机，获取授权权限，运行效果如图 7-8 所示。

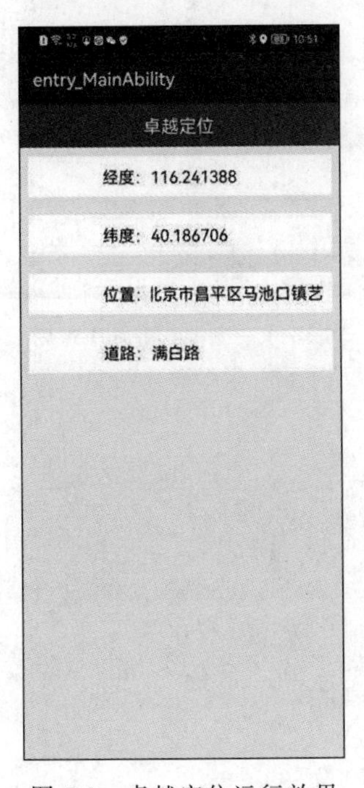

图 7-8 卓越定位运行效果

7.5 电池(案例33: 电池信息)

本案例通过BatteryInfo实现查看电池信息功能。首先,创建Java模板空工程BatteryInformation;接着,实现UI布局设计;然后,获取BatteryInfo对象并初始化;再然后,实现查看电池信息功能;最后,实现订阅电池信息功能。

9min

(1) 创建Java模板空工程BatteryInformation,SDK版本号应与手机匹配。

(2) UI布局设计,参考布局如图7-9所示。

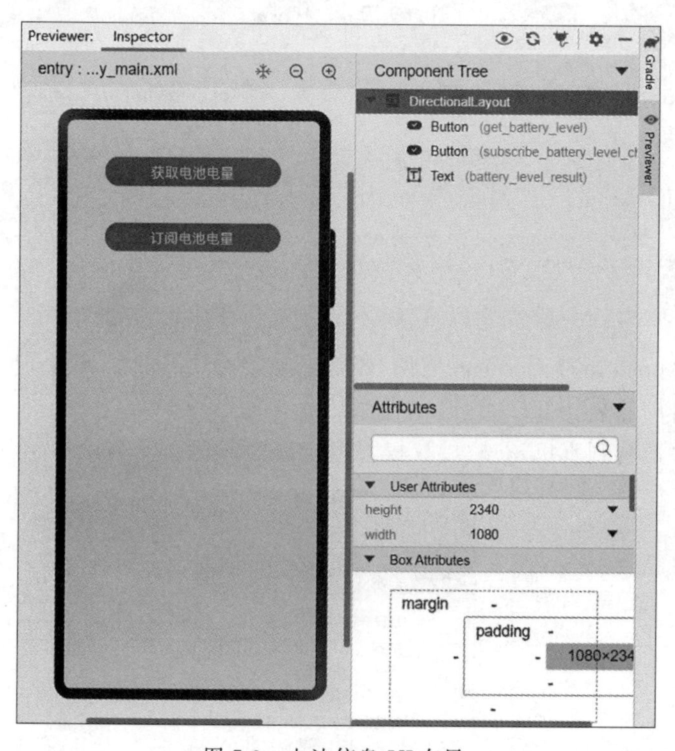

图7-9 电池信息UI布局

(3) 参考代码如下:

```
//第7章\BatteryInformation\...\layout\ability_main.xml
<?xml version = "1.0" encoding = "UTF - 8"?>
< DirectionalLayout
    xmlns:ohos = "http://schemas.huawei.com/res/ohos"
    ohos:width = "match_parent"
    ohos:height = "match_parent">

    < Button
        ohos:id = " $ + id:get_battery_level"
```

```
        ohos:width = "250vp"
        ohos:height = "40vp"
        ohos:top_margin = "50vp"
        ohos:layout_alignment = "horizontal_center"
        ohos:text = "获取电池信息"
        ohos:text_size = "20vp"
        ohos:text_color = "#ffffffff"
        ohos:background_element = "$graphic:background_ability_main"/>

    <Button
        ohos:id = "$+id:subscribe_battery_level_change"
        ohos:width = "250vp"
        ohos:height = "40vp"
        ohos:top_margin = "50vp"
        ohos:layout_alignment = "horizontal_center"
        ohos:text = "订阅电池信息"
        ohos:text_size = "20vp"
        ohos:text_color = "#ffffffff"
        ohos:background_element = "$graphic:background_ability_main"/>

    <Text
        ohos:id = "$+id:battery_level_result"
        ohos:width = "match_parent"
        ohos:height = "match_content"
        ohos:top_margin = "50vp"
        ohos:start_margin = "10vp"
        ohos:end_margin = "10vp"
        ohos:multiple_lines = "true"
        ohos:text_size = "18fp"
        ohos:text_color = "#FF000000"
        ohos:text_alignment = "horizontal_center"/>
</DirectionalLayout>
```

(4) 修改背景样式文件 background_ability_main.xml，参考代码如下：

```
//第7章\BatteryInformation\...\graphic\background_ability_main.xml
<?xml version = "1.0" encoding = "UTF-8"?>
<shape
    xmlns:ohos = "http://schemas.huawei.com/res/ohos"
    ohos:shape = "rectangle">
    <corners
        ohos:radius = "90"/>
    <solid
        ohos:color = "#ff007dff"/>
</shape>
```

(5) 在 MainAbilitySlice 中初始化 UI 组件，并创建与电池信息有关的类成员变量和类成员常量，参考代码如下：

```
//第 7 章\BatteryInformation\...\slice\MainAbilitySlice.java
public class MainAbilitySlice extends AbilitySlice {
    private static final String TEMPLATE = "电池电量：%d%%" + System.lineSeparator() +
"是否正在充电：%s"
        + System.lineSeparator() + "安全状况：%s" + System.lineSeparator() + "插入接口
类型：%s"
        + System.lineSeparator() + "电压：%dmV" + System.lineSeparator() + "电池温度：%f℃"
        + System.lineSeparator() + "电池类型：%s";

    private Text batteryInfoText;

    private CommonEventSubscriber commonEventSubscriber;

    private boolean isSubscribedBatteryChange;

    @Override
    public void onStart(Intent intent) {
        super.onStart(intent);
        super.setUIContent(ResourceTable.Layout_ability_main);

        initComponents();
    }

    private void initComponents() {
        batteryInfoText = (Text) findComponentById(ResourceTable.Id_battery_level_result);

        findComponentById(ResourceTable.Id_get_battery_level)
            .setClickedListener(listener -> batteryInfoText.setText(getBatteryInfo()));

        Button subscribeBatteryChange = (Button) findComponentById(ResourceTable.Id_
subscribe_battery_level_change);
        subscribeBatteryChange.setClickedListener(listener -> {
            if (!isSubscribedBatteryChange) {
                subscribeBatteryChange();
                isSubscribedBatteryChange = true;
            }
        });
    }

    //获取电池信息
    private String getBatteryInfo() {
        return null;
    }

    //订阅电池信息
    private void subscribeBatteryChange() {

    }
}
```

(6) 在 getBatteryInfo 方法中实例化 BatteryInfo 对象获取电池信息，并返回格式化后的电池信息，参考代码如下：

```
//第 7 章\BatteryInformation\...\slice\MainAbilitySlice.java
//获取电池信息
private String getBatteryInfo() {
    BatteryInfo batteryInfo = new BatteryInfo();

    int batteryCapacity = batteryInfo.getCapacity();
    int batteryVoltage = batteryInfo.getVoltage();
    float batteryTemperature = batteryInfo.getBatteryTemperature()/10;

    String batteryTechnology = batteryInfo.getTechnology();

    BatteryInfo.BatteryHealthState healthState = batteryInfo.getHealthStatus();
    BatteryInfo.BatteryPluggedType pluggedType = batteryInfo.getPluggedType();
    BatteryInfo.BatteryChargeState chargeState = batteryInfo.getChargingStatus();

    boolean isCharging = chargeState == BatteryInfo.BatteryChargeState.ENABLE
            || chargeState == BatteryInfo.BatteryChargeState.FULL;

    //返回格式化后的字符串
    return String.format(Locale.CHINESE, TEMPLATE, batteryCapacity
            , isCharging == true ? "是" : "否", healthState, pluggedType
            ,batteryVoltage,batteryTemperature,batteryTechnology);
}
```

(7) 在 subscribeBatteryChange 方法中订阅电池信息，当接收到事件后获取电池信息并显示，参考代码如下：

```
//第 7 章\BatteryInformation\...\slice\MainAbilitySlice.java
//订阅电池信息
private void subscribeBatteryChange() {
    MatchingSkills matchingSkills = new MatchingSkills();
    matchingSkills.addEvent(CommonEventSupport.COMMON_EVENT_BATTERY_CHANGED);
    CommonEventSubscribeInfo subscribeInfo = new CommonEventSubscribeInfo(matchingSkills);

    commonEventSubscriber = new CommonEventSubscriber(subscribeInfo) {
        @Override
        public void onReceiveEvent(CommonEventData commonEventData) {
            //当接收到事件后获取电池信息并显示
            batteryInfoText.setText(getBatteryInfo());
        }
    };
    try {
        //订阅事件
        CommonEventManager.subscribeCommonEvent(commonEventSubscriber);
    } catch (RemoteException exception) {
```

```
    }
}
```

(8) 重写 onStop 方法,在其中取消订阅电池信息,参考代码如下:

```
//第 7 章\BatteryInformation\...\slice\MainAbilitySlice.java
@Override
protected void onStop() {
    super.onStop();

    try {
        //取消电池信息订阅
        CommonEventManager.unsubscribeCommonEvent(commonEventSubscriber);
    } catch (RemoteException exception) {

    }
}
```

(9) 登录 AppGallery Connect 官网,添加电池信息项目和 HarmonyOS 应用。

(10) 设置自动签名。

(11) 将程序运行到真机,运行效果如图 7-10 所示。

图 7-10　电池信息运行效果

第8章

数　据　库

本章通过两个案例讲解轻量级数据库和对象关系映射数据库的开发方法和步骤，这两个案例分别是：自动登录和日记。

8.1　轻量级数据库(案例34：自动登录)

本案例通过轻量级数据库实现自动登录功能。首先，创建Java模板空工程AutomaticLogin；接着，实现UI布局设计；然后，获取Preferences对象并初始化；最后，实现自动登录功能。

(1) 创建Java模板空工程AutomaticLogin。

(2) 主UI布局设计，参考布局如图8-1所示。

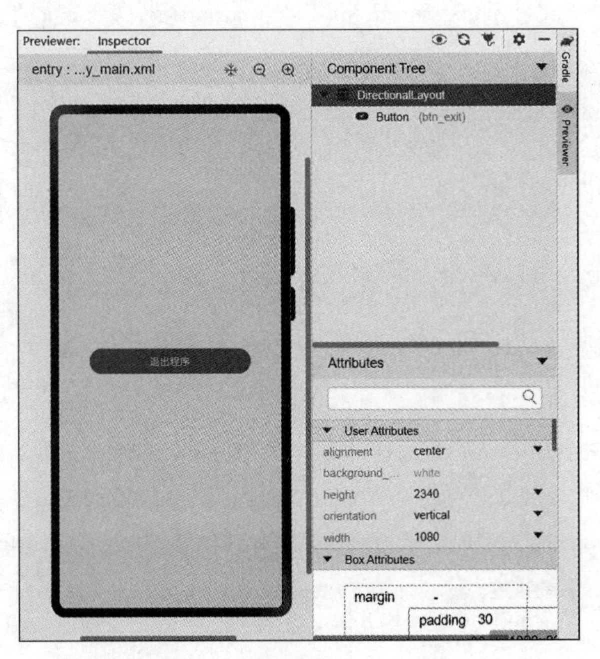

图8-1　自动登录主UI布局

(3) 参考代码如下:

```
//第 8 章\AutomaticLogin\...\layout\ability_main.xml
<?xml version = "1.0" encoding = "UTF - 8"?>
< DirectionalLayout
    xmlns:ohos = "http://schemas.huawei.com/res/ohos"
    ohos:height = "match_parent"
    ohos:width = "match_parent"
    ohos:alignment = "center"
    ohos:background_element = "white"
    ohos:padding = "10vp"
    ohos:orientation = "vertical">
    < Button
        ohos:id = " $ + id:btn_exit"
        ohos:height = "40vp"
        ohos:width = "match_parent"
        ohos:background_element = " $graphic:background_ability_main"
        ohos:margin = "40vp"
        ohos:text = "退出程序"
        ohos:text_alignment = "center"
        ohos:text_color = " # F2FFFFFF"
        ohos:text_size = "16fp"
        ohos:top_margin = "20vp"/>
</DirectionalLayout >
```

(4) 修改背景样式文件 background_ability_main.xml,参考代码如下:

```
//第 8 章\AutomaticLogin\...\graphic\background_ability_main.xml
<?xml version = "1.0" encoding = "UTF - 8"?>
< shape
    xmlns:ohos = "http://schemas.huawei.com/res/ohos"
    ohos:shape = "rectangle">
    < corners
        ohos:radius = "90"/>
    < solid
        ohos:color = " # ff007dff"/>
</shape >
```

(5) 在 MainAbilitySlice 的 onStart 方法中为 Button 组件设置单击事件,在其中实现退出功能,参考代码如下:

```
//退出程序
findComponentById(ResourceTable.Id_btn_exit).setClickedListener(
        component -> terminateAbility());
```

(6) 创建名为 LoginAbility 的 Page Ability。

(7) 登录界面 UI 设计，参考布局如图 8-2 所示。

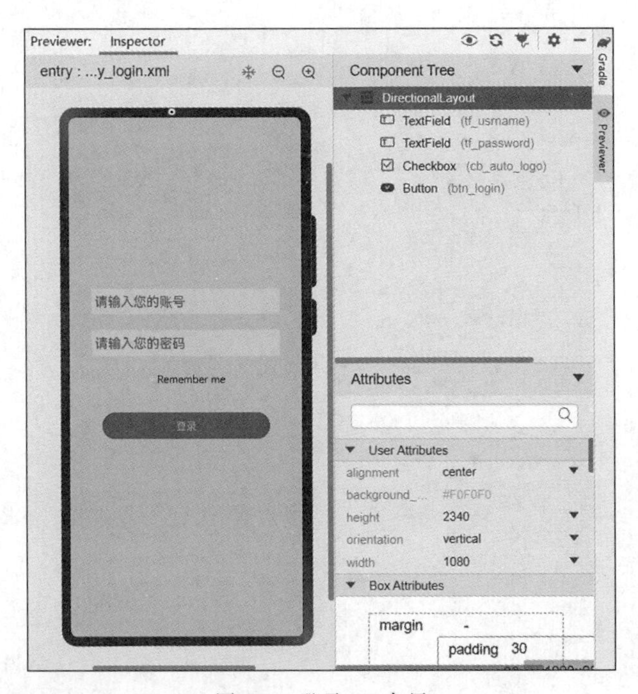

图 8-2 登录 UI 布局

(8) 参考代码如下：

```
//第 8 章\AutomaticLogin\...\layout\ability_login.xml
<?xml version = "1.0" encoding = "UTF - 8"?>
< DirectionalLayout
    xmlns:ohos = "http://schemas.huawei.com/res/ohos"
    ohos:height = "match_parent"
    ohos:width = "match_parent"
    ohos:alignment = "center"
    ohos:background_element = " # F0F0F0"
    ohos:padding = "10vp"
    ohos:orientation = "vertical">

    < TextField
        ohos:id = " $ + id:tf_usrname"
        ohos:height = "match_content"
        ohos:width = "match_parent"
```

```
        ohos:end_margin = "24vp"
        ohos:start_margin = "24vp"
        ohos:background_element = "white"
        ohos:padding = "5vp"
        ohos:hint = "请输入您的账号"
        ohos:multiple_lines = "false"
        ohos:text_input_type = "pattern_text"
        ohos:text_size = "20fp"
        />
    <TextField
        ohos:id = " $ + id:tf_password"
        ohos:height = "match_content"
        ohos:width = "match_parent"
        ohos:margin = "24vp"
        ohos:background_element = "white"
        ohos:padding = "5vp"
        ohos:hint = "请输入您的密码"
        ohos:multiple_lines = "false"
        ohos:text_input_type = "pattern_password"
        ohos:text_size = "20fp"
        />
    <Checkbox
        ohos:id = " $ + id:cb_auto_logo"
        ohos:height = "match_content"
        ohos:width = "match_content"
        ohos:text = "Remember me"

        ohos:text_size = "16fp"/>

    <Button
        ohos:id = " $ + id:btn_login"
        ohos:height = "40vp"
        ohos:width = "match_parent"
        ohos:background_element = " $graphic:background_ability_main"
        ohos:margin = "40vp"
        ohos:text = "登录"
        ohos:text_alignment = "center"
        ohos:text_color = " # F2FFFFFF"
        ohos:text_size = "16fp"
        ohos:top_margin = "20vp"/>
</DirectionalLayout>
```

(9) 在 LoginAbilitySlice 中初始化 UI 组件,并声明与自动登录有关的类成员变量与类成员常量,参考代码如下:

```
//第 8 章\AutomaticLogin\...\slice\LoginAbilitySlice.java
public class LoginAbilitySlice extends AbilitySlice {
    final private String USERNAME = "username";
    final private String PASSWORD = "password";
    final private String CBAUTOLOGO = "cbautologo";

    private Preferences preferences = null;
    private DatabaseHelper databaseHelper;



    TextField tf_usrname;
    TextField tf_password;
    Checkbox cb_auto_logo;
    Button btn_login;

    @Override
    public void onStart(Intent intent) {
        super.onStart(intent);
        super.setUIContent(ResourceTable.Layout_ability_login);

        initComponent();
    }

    private void initComponent() {
        tf_usrname = findComponentById(ResourceTable.Id_tf_usrname);
        tf_password = findComponentById(ResourceTable.Id_tf_password);
        cb_auto_logo = findComponentById(ResourceTable.Id_cb_auto_logo);
        btn_login = findComponentById(ResourceTable.Id_btn_login);

        tf_usrname.setText(preferences.getString(USERNAME, ""));
        tf_password.setText(preferences.getString(PASSWORD, ""));
        cb_auto_logo.setChecked(preferences.getBoolean(CBAUTOLOGO, false));

        btn_login.setClickedListener(component -> login());
    }

    private void login() {

    }
}
```

(10) 在 onStart 方法中创建并初始化 Preferences 对象,参考代码如下:

```
//创建 DatabaseHelper 对象
tabaseHelper = new DatabaseHelper(this);

//创建 Preferences 对象
preferences = databaseHelper.getPreferences("user.db");
```

(11) 在 login 方法中获取用户输入的账号与密码,参考代码如下:

```
String userNameStr = tf_usrname.getText().trim();
String passwordStr = tf_password.getText().trim();
```

(12) 判断账号和密码是否为空,参考代码如下:

```
//第 8 章\AutomaticLogin\...\slice\LoginAbilitySlice.java
//判断账号和密码是否为空
if (userNameStr == null || userNameStr.length() == 0 || passwordStr == null || passwordStr.
length() == 0) {
    new ToastDialog(this).setText("账号和密码不能为空").show();
    return;
}
```

(13) 保存数据,并跳转到 MainAbilitySlice 中,参考代码如下:

```
//第 8 章\AutomaticLogin\...\slice\LoginAbilitySlice.java
//判断 Checkbox 组件是否为选中状态
if (cb_auto_logo.isChecked()) {
    //保存用户信息到数据库中.
    preferences.putString(USERNAME, userNameStr);
    preferences.putString(PASSWORD, passwordStr);
    preferences.putBoolean(CBAUTOLOGO, true);
} else {
    //清空数据
    preferences.putString(USERNAME, "");
    preferences.putString(PASSWORD, "");
    preferences.putBoolean(CBAUTOLOGO, false);
}

//跳转到 MainAbilitySlice
Intent intent = new Intent();
Operation operation = new Intent.OperationBuilder()
        .withBundleName(getBundleName())
        .withAbilityName(MainAbility.class)
        .build();
intent.setOperation(operation);
startAbility(intent);
```

```
//结束 Ability
terminate();
```

(14) 在 initComponent 方法中实现自动登录功能,参考代码如下:

```
if (cb_auto_logo.isChecked()) {
login();
}
```

(15) 在配置文件 config.json 中将第 1 个启动 Ability 设置为 LoginAbility,设置方法为把 skills 属性剪切到表示 LoginAbility 的属性中,参考代码如下:

```
//第 8 章\AutomaticLogin\...\main\config.json
"abilities": [
  {

    "orientation": "unspecified",
    "visible": true,
    "name": "com.geshuai.automaticlogin.MainAbility",
    "icon": "$media:icon",
    "description": "$string:mainability_description",
    "label": "$string:entry_MainAbility",
    "type": "page",
    "launchType": "standard"
  },
  {
    "skills": [
       {
       "entities": [
         "entity.system.home"
       ],
       "actions": [
         "action.system.home"
       ]
       }
    ],
    "orientation": "unspecified",
    "name": "com.geshuai.automaticlogin.LoginAbility",
    "icon": "$media:icon",
    "description": "$string:loginability_description",
    "label": "$string:entry_LoginAbility",
    "type": "page",
    "launchType": "standard"
  }
]
```

(16) 将程序运行到本地模拟器，运行效果如图 8-3 所示。

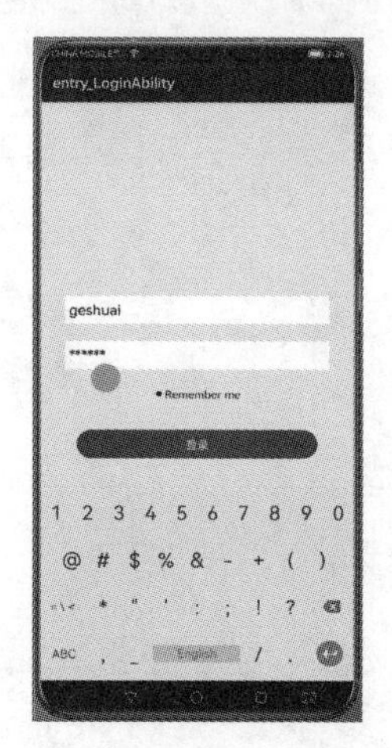

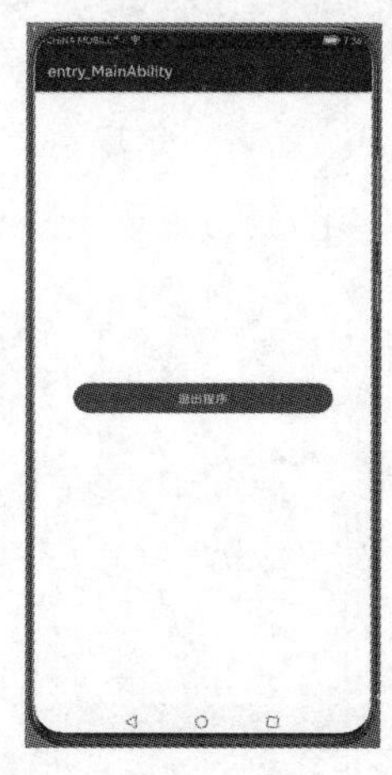

图 8-3　自动登录运行效果

28min

8.2　对象关系映射数据库(案例 35：日记)

本案例通过对象关系映射数据库实现日记的增、删、改、查功能。首先，创建 Java 模板空工程 NoteSystem；接着，创建对象关系映射数据库；然后，创建数据库操作工具类；最后，实现日记的增、删、改、查功能。

(1) 创建 Java 模板空工程 NoteSystem。

(2) 主 UI 布局设计，参考布局如图 8-4 所示。

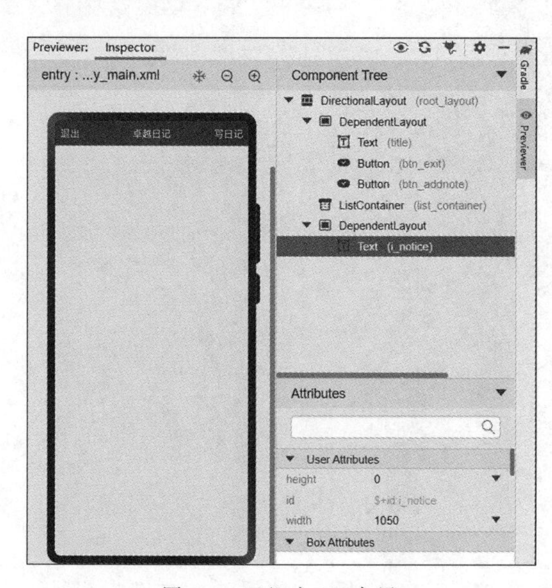

图 8-4　日记主 UI 布局

（3）参考代码如下：

```
//第 8 章\NoteSystem\...\layout\ability_main.xml
<?xml version = "1.0" encoding = "UTF - 8"?>
<DirectionalLayout
    xmlns:ohos = "http://schemas.huawei.com/res/ohos"
    ohos:id = "$ + id:root_layout"
    ohos:height = "match_parent"
    ohos:width = "match_parent"
    ohos:background_element = "#efefef"
    ohos:orientation = "vertical">

    <DependentLayout
        ohos:height = "match_content"
        ohos:width = "match_parent"
        ohos:background_element = "blue"
        ohos:padding = "5vp">

        <Text
            ohos:id = "$ + id:title"
            ohos:height = "match_content"
            ohos:width = "match_parent"
            ohos:align_parent_top = "true"
            ohos:padding = "5vp"
            ohos:text = "卓越日记"
            ohos:text_alignment = "center"
            ohos:text_color = "white"
            ohos:text_size = "18fp"/>

        <Button
            ohos:id = "$ + id:btn_exit"
            ohos:height = "match_content"
            ohos:width = "match_content"
            ohos:align_parent_left = "true"
            ohos:align_parent_top = "true"
            ohos:background_element = "blue"
            ohos:padding = "5vp"
            ohos:text = "退出"
            ohos:text_alignment = "center"
            ohos:text_color = "white"
            ohos:text_size = "18fp"/>

        <Button
            ohos:id = "$ + id:btn_addnote"
```

```
            ohos:height = "match_content"
            ohos:width = "match_content"
            ohos:align_parent_right = "true"
            ohos:align_parent_top = "true"
            ohos:background_element = "blue"
            ohos:padding = "5vp"
            ohos:text = "写日记"
            ohos:text_alignment = "center"
            ohos:text_color = "white"
            ohos:text_size = "18fp"/>


    </DependentLayout>

    <ListContainer
        ohos:id = "$ + id:list_container"
        ohos:height = "match_parent"
        ohos:width = "match_parent"
        ohos:margin = "5vp">

    </ListContainer>

    <DependentLayout
        ohos:height = "match_parent"
        ohos:width = "match_parent"
        ohos:background_element = "white"
        ohos:margin = "5vp">

        <Text
            ohos:id = "$ + id:i_notice"
            ohos:height = "match_parent"
            ohos:width = "match_parent"
            ohos:center_in_parent = "true"
            ohos:text = "还没有日记哦!赶快添加吧"
            ohos:text_alignment = "center"
            ohos:text_color = "#e0e0e0"
            ohos:text_size = "20fp"/>
    </DependentLayout>
</DirectionalLayout>
```

(4) 创建名为 ability_main_item 的布局文件。

(5) Item UI 布局设计,参考布局如图 8-5 所示。

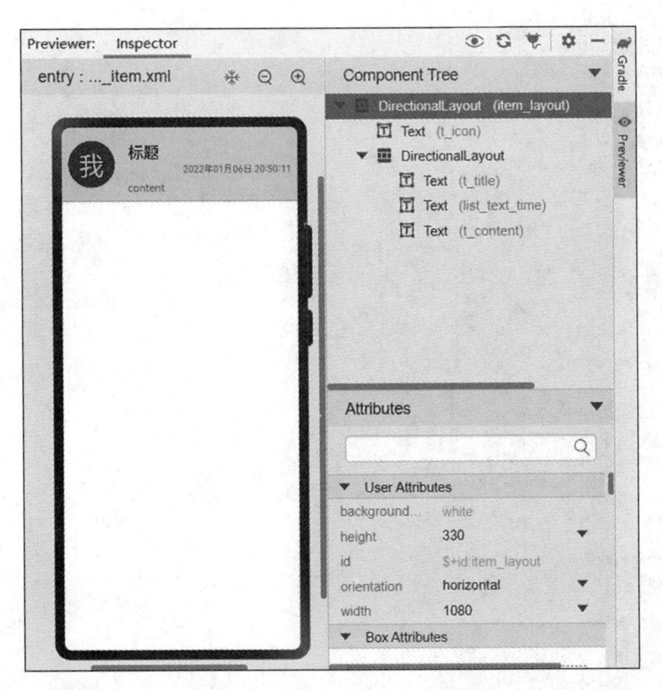

图 8-5 日记 Item UI 布局

(6) 参考代码如下：

```
//第 8 章\NoteSystem\...\layout\ability_main_item.xml
<?xml version = "1.0" encoding = "UTF - 8"?>
< DirectionalLayout
    xmlns:ohos = "http://schemas.huawei.com/res/ohos"
    ohos:id = " $ + id:item_layout"
    ohos:height = "match_content"
    ohos:width = "match_parent"
    ohos:background_element = "white"
    ohos:margin = "5vp"
    ohos:orientation = "horizontal"
    ohos:padding = "10vp">

    < Text
        ohos:id = " $ + id:t_icon"
        ohos:height = "70vp"
        ohos:width = "70vp"
        ohos:background_element = " $graphic:icon_element"
        ohos:layout_alignment = "vertical_center"
        ohos:max_text_lines = "1"
        ohos:multiple_lines = "false"
        ohos:padding = "8vp"
```

```
        ohos:text = "我"
        ohos:text_alignment = "center"
        ohos:text_color = "white"
        ohos:text_font = "medium"
        ohos:text_size = "40fp"/>

    <DirectionalLayout
        ohos:height = "90vp"
        ohos:width = "match_parent"
        ohos:left_margin = "20vp"
        ohos:orientation = "vertical">

        <Text
            ohos:id = "$+id:t_title"
            ohos:height = "match_content"
            ohos:width = "match_parent"
            ohos:max_text_lines = "1"
            ohos:multiple_lines = "false"
            ohos:text = "标题"
            ohos:text_alignment = "bottom"
            ohos:text_color = "black"
            ohos:text_font = "medium"
            ohos:text_size = "24fp"
            ohos:top_margin = "10vp"
            />

        <Text
            ohos:id = "$+id:list_text_time"
            ohos:height = "match_content"
            ohos:width = "match_parent"
            ohos:max_text_lines = "1"
            ohos:multiple_lines = "false"
            ohos:text = "2022 年 01 月 06 日 20:50:11"
            ohos:text_alignment = "right"
            ohos:text_color = "gray"
            ohos:text_size = "14fp"/>

        <Text
            ohos:id = "$+id:t_content"
            ohos:height = "match_content"
            ohos:width = "match_parent"
            ohos:max_text_lines = "1"
            ohos:multiple_lines = "false"
            ohos:text = "content"
            ohos:text_alignment = "bottom"
            ohos:text_color = "gray"
```

```
            ohos:text_font = "medium"
            ohos:text_size = "16fp"
            ohos:top_margin = "10vp"/>
    </DirectionalLayout>
</DirectionalLayout>
```

(7) 创建名为 icon_element.xml 的背景文件，参考代码如下：

```
//第 8 章\NoteSystem\...\graphic\icon_element.xml
<?xml version = "1.0" encoding = "UTF - 8"?>
< shape
    xmlns:ohos = "http://schemas.huawei.com/res/ohos"
    ohos:shape = "oval">

    < solid
        ohos:color = "blue"/>
</shape>
```

(8) 创建日记实体类 Note 并继承 OrmObject、实现接口 Serializable，参考代码如下：

```
//第 8 章\NoteSystem\...\db\Note.java
package com.geshuai.notesystem.db;

import ohos.data.orm.OrmObject;

import Java.io.Serializable;
import Java.text.SimpleDateFormat;
import Java.util.Date;

//表示此类为实体类，表名为 note
@Entity(tableName = "note")
public class Note extends OrmObject implements Serializable {
    @PrimaryKey(autoGenerate = true)
    @Column(name = "id")
    private Integer id;

    @Column(name = "title")
    private String title;
    @Column(name = "date")
    private Date data;
    @Column(name = "content")
    private String content;
```

```
    public String getTitle() {
        return title;
    }

    public void setTitle(String title) {
        this.title = title;
    }

    public Date getData() {
        return data;
    }

    public String getDateStr () {
        //格式化日期
        SimpleDateFormat sdf = new SimpleDateFormat("yyyy-MM-dd HH:mm:ss");
        return sdf.format(data);
    }

    public void setData(Date data) {
        this.data = data;
    }

    public String getContent() {
        return content;
    }

    public void setContent(String content) {
        this.content = content;
    }

    public Integer getId() {
        return id;
    }

    public void setId(Integer id) {
        this.id = id;
    }

    public Note() {
    }

    public Note(int id) {
        this.id = id;
    }

    public Note(String title, String content, int id) {
```

```
        this.data = new Date();
        this.title = title;
        this.content = content;
        this.id = id;
    }
    public Note(String title, String content) {
        this.data = new Date();
        this.title = title;
        this.content = content;

    }

    @Override
    public String toString() {
        return "Note{" +
                "title='" + title + '\'' +
                ", data=" + data +
                ", content='" + content + '\'' +
                ", id=" + id +
                '}';
    }
}
```

(9) 创建自定义类 NoteStore，继承 OrmDatabase，参考代码如下：

```
//第 8 章\NoteSystem\...\db\NoteStore.java
package com.geshuai.notesystem.db;

import ohos.data.orm.OrmDatabase;

//表示数据库中有一张名为 note 的表
@Database(entities = {Note.class},version = 1)
public abstract class NoteStore extends OrmDatabase {

}
```

(10) 创建数据库操作工具类 DataUtil，参考代码如下：

```
//第 8 章\NoteSystem\...\utils\DataUtil.java
package com.geshuai.notesystem.utils;


import com.geshuai.notesystem.db.Note;
import com.geshuai.notesystem.db.NoteStore;
import ohos.app.Context;
```

```
import ohos.data.DatabaseHelper;
import ohos.data.orm.OrmContext;
import ohos.data.orm.OrmPredicates;

import Java.util.ArrayList;
import Java.util.Date;
import Java.util.List;

public class DataUtil {
    private static OrmContext context;

    public static void onInitialize(Context ct) {

        //数据库初始化
        DatabaseHelper helper = new DatabaseHelper(ct);
        context = helper.getOrmContext("NoteStore", "NoteStore.db", NoteStore.class);

    }

    //在数据库中插入数据
    public static boolean addNote(Note note) {
        note.setData(new Date());

        boolean flag = context.insert(note);

        if (flag) {
            flag = context.flush();
        }

        return flag;
    }

    //从数据库中通过 id 找到数据
    public static Note findNote(Integer id) {
        Note note = null;

        OrmPredicates predicates = context.where(Note.class);
        predicates.equalTo("id", id);
        List<Note> notes = context.query(predicates);
        if (notes == null || notes.isEmpty())
            return null;
        note = notes.get(0);

        return note;
    }
```

```
//通过 id 删除数据
public static boolean deleteNote(Integer id) {
    Note note = null;

    OrmPredicates predicates = context.where(Note.class);
    predicates.equalTo("id", id);
    List<Note> notes = context.query(predicates);
    note = notes.get(0);

    return deleteNote(note);
}

//通过 Note 对象删除数据
public static boolean deleteNote(Note note) {
    boolean flag = context.delete(note);
    if (flag) {
        flag = context.flush();
    }
    return flag;
}

//获取数据库中所有的数据
public static List<Note> getAll() {
    OrmPredicates query = context.where(Note.class).orderByDesc("id");
    List<Note> notes = context.query(query);
    if (notes == null) {
        return new ArrayList<>();
    }
    return notes;
}

//更新数据
public static boolean updateNote(Note note) {

    Note note2 = null;

    OrmPredicates predicates = context.where(Note.class);
    predicates.equalTo("id", note.getId());
    List<Note> notes = context.query(predicates);

    note2 = notes.get(0);
    note2.setTitle(note.getTitle());
    note2.setContent(note.getContent());
    note2.setData(new Date());

    boolean flag = context.update(note2);
```

```
        if (flag) {
            flag = context.flush();
        }
        return flag;

    }
}
```

（11）在 MyApplication 的 onInitialize 方法中初始化数据库，参考代码如下：

```
@Override
public void onInitialize() {
    super.onInitialize();
    DataUtil.onInitialize(this);
}
```

（12）创建 Item 解析类 MyProvider，参考代码如下：

```
//第 8 章\NoteSystem\...\provider\MyProvider.java
package com.geshuai.notesystem.provider;


import com.geshuai.notesystem.ResourceTable;
import com.geshuai.notesystem.db.Note;
import ohos.aafwk.ability.AbilitySlice;
import ohos.agp.components.*;

import Java.util.List;

public class MyProvider extends BaseItemProvider {
    private List<Note> mListInfo;
    private AbilitySlice mSlice;
    private LayoutScatter mLayoutScatter;

    public MyProvider(List<Note> mListInfo, AbilitySlice slice) {
        this.mListInfo = mListInfo;
        this.mSlice = slice;
        this.mLayoutScatter = LayoutScatter.getInstance(mSlice);
    }
    @Override
    public int getCount() {
        return mListInfo.size();
    }

    public Note getItem(int position) {
```

```
        return mListInfo.get(position);
    }

    @Override
    public long getItemId(int position) {
        return position;
    }

    @Override
    public Component getComponent(int position, Component component, ComponentContainer componentContainer) {
        //获取 Note 对象
        Note info = (Note) getItem(position);

        if (component != null) {
            return component;
        }

        Component newComponent = mLayoutScatter.parse(ResourceTable.Layout_ability_main_item, null, false);
        Text titleText = (Text) newComponent.findComponentById(ResourceTable.Id_t_title);
        Text contentText = (Text) newComponent.findComponentById(ResourceTable.Id_t_content);
        Text timeText = (Text) newComponent.findComponentById(ResourceTable.Id_list_text_time);
        Text iconText = (Text) newComponent.findComponentById(ResourceTable.Id_t_icon);
        String title = info.getTitle();
        titleText.setText(title);
        timeText.setText(info.getDateStr());
        iconText.setText(title.length()> 0?title.substring(0,1):"空");

        contentText.setText(info.getContent());
        return newComponent;
    }

    public void setmListInfo(List<Note> mListInfo) {
        this.mListInfo = mListInfo;
    }
}
```

(13) 在 MainAbilitySlice 中初始化 UI 组件，为 Button 组件设置单击监听器，并创建与日记有关的类成员变量，参考代码如下：

```
//第 8 章\NoteSystem\...\slice\MainAbilitySlice.java
public class MainAbilitySlice extends AbilitySlice {
    private ListContainer mListContainer;
    MyProvider myProvider;
```

```
    private List<Note> mListInfo = new ArrayList<>();
    Button btnAddnote;
    Button btnExite;

    @Override
    public void onStart(Intent intent) {
        super.onStart(intent);
        super.setUIContent(ResourceTable.Layout_ability_main);

        initComponent();
    }

    private void initComponent() {
        mListContainer = (ListContainer) findComponentById(ResourceTable.Id_list_container);
        btnAddnote = (Button) findComponentById(ResourceTable.Id_btn_addnote);
        btnExite = (Button) findComponentById(ResourceTable.Id_btn_exit);

        btnExite.setClickedListener(listener -> terminateAbility());

    }
}
```

(14) 在 onStart 方法中设置 Provider，参考代码如下：

```
//设置 Provider
myProvider = new MyProvider(mListInfo, this);
mListContainer.setItemProvider(myProvider);
```

(15) 重写 onActive 方法，在其中获取所有日记，参考代码如下：

```
//第 8 章\NoteSystem\...\slice\MainAbilitySlice.java
@Override
protected void onActive() {
    super.onActive();

    //获取所有日记
    mListInfo = DataUtil.getAll();
    myProvider.setmListInfo(mListInfo);
    myProvider.notifyDataChanged();

    if (mListInfo == null || mListInfo.size() == 0) {
        mListContainer.setVisibility(Component.HIDE);
    } else {
        mListContainer.setVisibility(Component.VISIBLE);
    }
}
```

(16) 重写 onForeground 方法，清空日记，参考代码如下：

```
//第 8 章\NoteSystem\...\slice\MainAbilitySlice.java
@Override
protected void onForeground(Intent intent) {
    super.onForeground(intent);

    //清空日记
    mListInfo.clear();
    myProvider.setmListInfo(mListInfo);
    mListContainer.setItemProvider(myProvider);
    myProvider.notifyDataChanged();
}
```

(17) 创建名为 AddNoteAbility 的 Page Ability。

(18) AddNoteAbility 的 UI 布局设计，参考布局如图 8-6 所示。

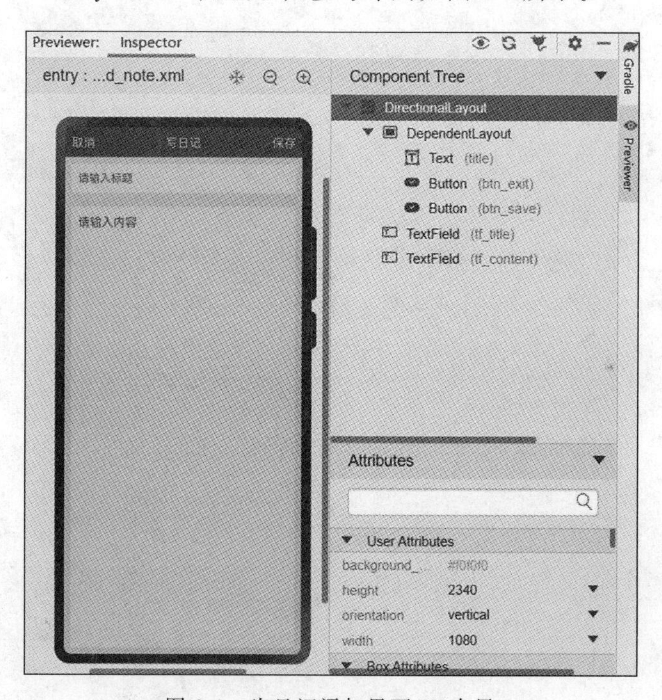

图 8-6　为日记添加界面 UI 布局

(19) AddNoteAbility UI 布局的参考代码如下：

```
//第 8 章\NoteSystem\...\layout\ability_add_note.xml
<?xml version = "1.0" encoding = "utf - 8"?>
< DirectionalLayout
    xmlns:ohos = "http://schemas.huawei.com/res/ohos"
```

```
ohos:height = "match_parent"
ohos:width = "match_parent"
ohos:background_element = "#f0f0f0"
ohos:orientation = "vertical">

<DependentLayout
    ohos:height = "match_content"
    ohos:width = "match_parent"
    ohos:background_element = "blue"
    ohos:padding = "5vp"
    >

    <Text
        ohos:id = "$+id:title"
        ohos:height = "match_content"
        ohos:width = "match_parent"
        ohos:align_parent_top = "true"
        ohos:padding = "5vp"
        ohos:text = "写日记"
        ohos:text_alignment = "center"
        ohos:text_color = "white"
        ohos:text_size = "18fp"/>

    <Button
        ohos:id = "$+id:btn_exit"
        ohos:height = "match_content"
        ohos:width = "match_content"
        ohos:align_parent_left = "true"
        ohos:align_parent_top = "true"
        ohos:background_element = "blue"
        ohos:padding = "5vp"
        ohos:text = "取消"
        ohos:text_alignment = "center"
        ohos:text_color = "white"
        ohos:text_size = "18fp"/>

    <Button
        ohos:id = "$+id:btn_save"
        ohos:height = "match_content"
        ohos:width = "match_content"
        ohos:align_parent_right = "true"
        ohos:align_parent_top = "true"
        ohos:background_element = "blue"
        ohos:padding = "5vp"
        ohos:text = "保存"
        ohos:text_alignment = "center"
```

```
            ohos:text_color = "white"
            ohos:text_size = "18fp"/>

    </DependentLayout >

    < TextField
        ohos:id = " $ + id:tf_title"
        ohos:height = "match_content"
        ohos:width = "match_parent"
        ohos:background_element = "white"
        ohos:hint = "请输入标题"
        ohos:margin = "10vp"
        ohos:padding = "10vp"
        ohos:text_alignment = "left"
        ohos:text_color = "black"
        ohos:text_size = "50"/>

    < TextField
        ohos:id = " $ + id:tf_content"
        ohos:height = "match_parent"
        ohos:width = "match_parent"
        ohos:background_element = "white"
        ohos:hint = "请输入内容"
        ohos:margin = "10vp"
        ohos:max_text_lines = "4"
        ohos:multiple_lines = "true"
        ohos:padding = "10vp"
        ohos:text_alignment = "left"
        ohos:text_color = "black"
        ohos:text_size = "18fp"/>

</DirectionalLayout >
```

（20）在 MainAbilitySlice 中给“写日记”按钮添加单击事件，并实现跳转到 AddNoteAbility 功能，参考代码如下：

```
//第 8 章\NoteSystem\...\slice\MainAbilitySlice.java
btnAddnote.setClickedListener(component  -> {
    //跳转到 AddNoteAbility
    Operation operation  =  new Intent.OperationBuilder()
          .withBundleName(getBundleName())
          .withAbilityName(AddNoteAbility.class)
          .build();
    Intent intent1  =  new Intent();
    intent1.setOperation(operation);
```

```
    startAbility(intent1);    //开始跳转
});
```

(21) 在 AddNoteAbilitySlice 中初始化 UI 组件，并创建与日记有关的类成员变量，参考代码如下：

```
//第 8 章\NoteSystem\...\slice\AddNoteAbilitySlice.java
public class AddNoteAbilitySlice extends AbilitySlice {
    TextField tf_title;
    TextField tf_content;
    Button btn_save;
    Button btn_exit;

    Note note = null;

    @Override
    public void onStart(Intent intent) {
        super.onStart(intent);
        super.setUIContent(ResourceTable.Layout_ability_add_note);

        initComponent();
    }

    private void initComponent() {
        tf_title = (TextField) findComponentById(ResourceTable.Id_tf_title);
        tf_content = (TextField) findComponentById(ResourceTable.Id_tf_content);
        btn_save = (Button) findComponentById(ResourceTable.Id_btn_save);
        btn_exit = (Button) findComponentById(ResourceTable.Id_btn_exit);
    }
}
```

(22) 在 initComponent 方法中给“保存”按钮设置单击监听器，并实现日记的添加功能，参考代码如下：

```
//第 8 章\NoteSystem\...\slice\AddNoteAbilitySlice.java
btn_save.setClickedListener(component -> {
    String title = tf_title.getText().trim();
    if (title == null || title.length() == 0) {
        new ToastDialog(AddNoteAbilitySlice.this).setText("标题不能为空").show();
        return;
    }

    new Thread(new Runnable() {
        @Override
        public void run() {
```

```
            //添加日记
            Note note = new Note(title, tf_content.getText());
            DataUtil.addNote(note);

            //结束 Ability
            getAbility().terminateAbility();
        }
    }).start();
});
```

(23) 给“取消”按钮设置单击监听器，参考代码如下：

```
    btn_exit.setClickedListener(listener -> terminate());
```

(24) 创建名为 NoteDetailsAbility 的 Page Ability。

(25) 日记详情 UI 布局设计，参考布局如图 8-7 所示。

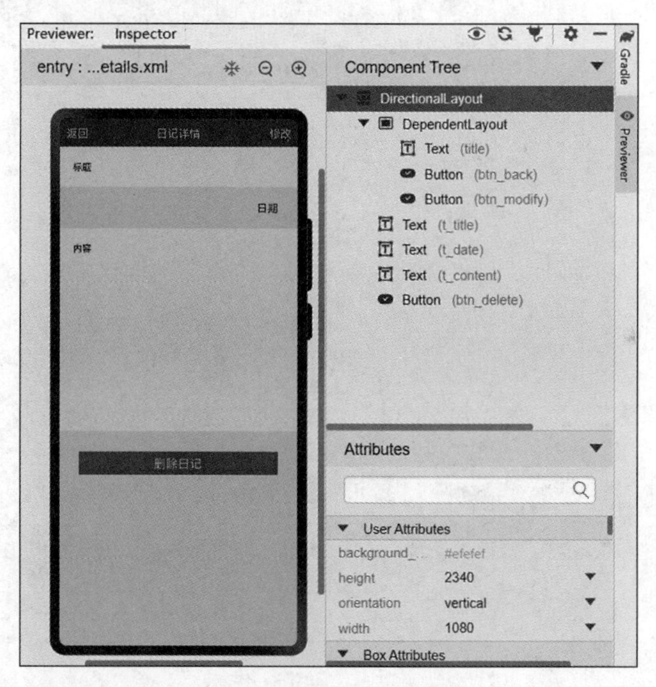

图 8-7　日记详情 UI 布局

(26) 参考代码如下：

```
//第 8 章\NoteSystem\...\layout\ability_note_details.xml
<?xml version = "1.0" encoding = "UTF - 8"?>
< DirectionalLayout
    xmlns:ohos = "http://schemas.huawei.com/res/ohos"
```

```
    ohos:height = "match_parent"
    ohos:width = "match_parent"
    ohos:background_element = "#efefef"
    ohos:margin = "0vp"
    ohos:orientation = "vertical"
    ohos:padding = "0vp">

    <DependentLayout
        ohos:height = "match_content"
        ohos:width = "match_parent"
        ohos:background_element = "blue"
        ohos:margin = "0vp"
        ohos:padding = "5vp"
        >

        <Text
            ohos:id = "$+id:title"
            ohos:height = "match_content"
            ohos:width = "match_parent"
            ohos:align_parent_top = "true"
            ohos:padding = "5vp"
            ohos:text = "日记详情"
            ohos:text_alignment = "center"
            ohos:text_color = "white"
            ohos:text_size = "50"/>

        <Button
            ohos:id = "$+id:btn_back"
            ohos:height = "match_content"
            ohos:width = "match_content"
            ohos:align_parent_left = "true"
            ohos:align_parent_top = "true"
            ohos:background_element = "blue"
            ohos:padding = "5vp"
            ohos:text = "返回"
            ohos:text_alignment = "center"
            ohos:text_color = "white"
            ohos:text_size = "50"/>

        <Button
            ohos:id = "$+id:btn_modify"
            ohos:height = "match_content"
            ohos:width = "match_content"
            ohos:align_parent_right = "true"
            ohos:align_parent_top = "true"
            ohos:background_element = "blue"
```

```
            ohos:padding = "5vp"
            ohos:text = "修改"
            ohos:text_alignment = "center"
            ohos:text_color = "white"
            ohos:text_size = "50"/>


    </DependentLayout>

    <Text
        ohos:id = "$+id:t_title"
        ohos:height = "match_content"
        ohos:width = "match_parent"
        ohos:background_element = "white"
        ohos:multiple_lines = "true"
        ohos:padding = "20vp"
        ohos:text = "标题"
        ohos:text_alignment = "left"
        ohos:text_color = "black"
        ohos:text_size = "14fp"/>

    <Text
        ohos:id = "$+id:t_date"
        ohos:height = "match_content"
        ohos:width = "match_parent"
        ohos:bottom_margin = "20vp"
        ohos:right_padding = "30vp"
        ohos:text = "日期"
        ohos:text_alignment = "right"
        ohos:text_color = "black"
        ohos:text_size = "16fp"
        ohos:top_margin = "20vp"/>


    <Text
        ohos:id = "$+id:t_content"
        ohos:height = "300vp"
        ohos:width = "match_parent"
        ohos:background_element = "white"
        ohos:multiple_lines = "true"
        ohos:padding = "20vp"
        ohos:text = "内容"
        ohos:text_alignment = "left"
        ohos:text_color = "black"
        ohos:text_size = "14fp"/>
```

```
    <Button
        ohos:id = "$+id:btn_delete"
        ohos:height = "match_content"
        ohos:width = "match_parent"
        ohos:background_element = "red"
        ohos:margin = "30vp"
        ohos:padding = "5vp"
        ohos:text = "删除日记"
        ohos:text_alignment = "center"
        ohos:text_color = "white"
        ohos:text_size = "18fp"/>
</DirectionalLayout>
```

(27) 在 MainAbilitySlice 中为 ListContainer 组件设置 Item 单击监听器，实现跳转到 NoteDetailsAbility 功能，并传单击的 Item 的 Id，参考代码如下：

```
//第 8 章\NoteSystem\...\slice\MainAbilitySlice.java
mListContainer.setItemClickedListener(new ListContainer.ItemClickedListener() {
    @Override
    public void onItemClicked(ListContainer listContainer, Component component, int i, long l) {
        //跳转到 NoteInfoAbility
        Operation operation = new Intent.OperationBuilder()
                .withBundleName(getBundleName())
                .withAbilityName(NoteDetailsAbility.class)
                .build();
        Intent intent1 = new Intent();
        intent1.setOperation(operation);

        //设置参数
        intent1.setParam("id", mListInfo.get(i).getId());
        startAbility(intent1);
    }
});
```

(28) 在 NoteDetailsAbilitySlice 中初始化 UI 组件，创建与日记有关的类成员变量，并获取 Note 对象，参考代码如下：

```
//第 8 章\NoteSystem\...\slice\NoteDetailsAbilitySlice.java
public class NoteDetailsAbilitySlice extends AbilitySlice {
    Note note;

    Text t_title;
    Text t_date;
    Text t_content;
```

```
    Button btn_back;
    Button btn_modify;

    @Override
    public void onStart(Intent intent) {
        super.onStart(intent);
        super.setUIContent(ResourceTable.Layout_ability_note_details);

        //获取 Id
        int id = intent.getIntParam("id", -1);

        //获取 Note 对象
        note = DataUtil.findNote(id);
        if(note == null){
            terminateAbility();
            return;
        }

        t_title = (Text) findComponentById(ResourceTable.Id_t_title);
        t_date = (Text) findComponentById(ResourceTable.Id_t_date);
        t_content = (Text) findComponentById(ResourceTable.Id_t_content);


        btn_back = (Button) findComponentById(ResourceTable.Id_btn_back);
        btn_modify = (Button) findComponentById(ResourceTable.Id_btn_modify);
        btn_back.setClickedListener(listener -> getAbility().terminateAbility());

        t_title.setText(note.getTitle());
        t_content.setText(note.getContent());
        t_date.setText(note.getDateStr());
    }
}
```

(29) 给“删除”按钮设置单击监听器,实现删除功能,参考代码如下:

```
//第 8 章\NoteSystem\...\slice\NoteDetailsAbilitySlice.java
findComponentById(ResourceTable.Id_btn_delete).setClickedListener(listener -> {
    new Thread(new Runnable() {
        @Override
        public void run() {
            //删除日记
            DataUtil.deleteNote(id);

            getAbility().terminateAbility();
        }
```

```
    }).start();
});
```

(30) 给“修改”按钮设置单击监听器，实现跳转到 AddNoteAbility 功能，并传当前日记的 Id，参考代码如下：

```
//第 8 章\NoteSystem\...\slice\NoteDetailsAbilitySlice.java
btn_modify.setClickedListener(component -> {
    //跳转到 AddNoteAbility
    Operation operation = new Intent.OperationBuilder()
            .withBundleName(getBundleName())
            .withAbilityName(AddNoteAbility.class)
            .build();
    intent.setOperation(operation);
    startAbility(intent);
    //设置参数
    intent.setParam("id", note.getId());
    terminateAbility();
});
```

(31) 在 AddNoteAbilitySlice 的 onStart 方法中获取 Note 对象，参考代码如下：

```
//第 8 章\NoteSystem\...\slice\AddNoteAbilitySlice.java
//获取 Note 对象
note = DataUtil.findNote(intent.getIntParam("id", -1));
if (note == null)
    return;
tf_title.setText(note.getTitle());
tf_content.setText(note.getContent());
```

(32) 修改“保存”按钮的单击监听器，参考代码如下：

```
//第 8 章\NoteSystem\...\slice\AddNoteAbilitySlice.java
btn_save.setClickedListener(component -> {
    String title = tf_title.getText().trim();
    if (title == null || title.length() == 0) {
        new ToastDialog(AddNoteAbilitySlice.this).setText("标题不能为空").show();
        return;
    }

    new Thread(new Runnable() {
        @Override
        public void run() {
            if (note == null) {
                //添加日记
```

```
            Note note = new Note(title, tf_content.getText());
            DataUtil.addNote(note);
        } else {
            note.setTitle(title);
            note.setContent(tf_content.getText());
            //更新日记
            DataUtil.updateNote(note);
        }
        getAbility().terminateAbility();
    }
}).start();
});
```

(33) 在 build.gradle 文件的 ohos 元素中添加 compileOptions 元素，并在其中允许使用注解，参考代码如下：

```
//第 8 章\NoteSystem\...\entry\build.gradle
ohos {
    compileSdkVersion 7
    defaultConfig {
        compatibleSdkVersion 6
    }
    compileOptions{
        annotationEnabled true
    }
    buildTypes {
        release {
            proguardOpt {
                proguardEnabled false
                rulesFiles 'proguard-rules.pro'
            }
        }
    }
}
```

(34) 在 config.json 文件中设置全屏显示，参考代码如下：

```
//第 8 章\NoteSystem\...\main\config.json
"metaData": {
  "customizeData": [
    {
      "name": "hwc-theme",
      "value": "androidhwext:style/Theme.Emui.NoActionBar",
      "extra": ""
    }
  ]
}
```

（35）将程序运行到远程模拟器，运行效果如图 8-8 所示。

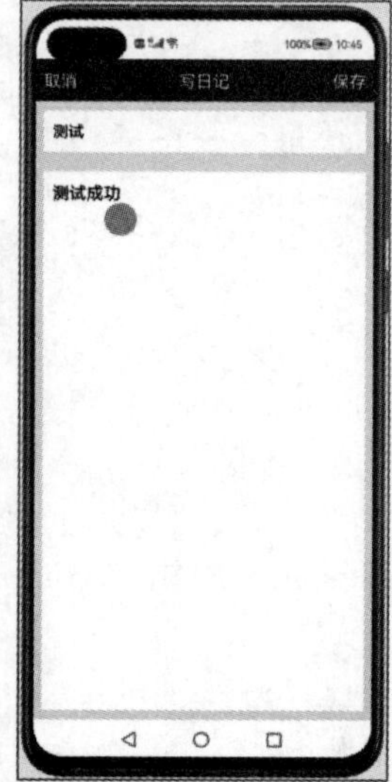

图 8-8　日记运行效果

第9章

分 布 式

本章通过4个案例讲解分布式任务调试、迁移、回迁、分布式数据服务、分布式文件服务的开发方法和步骤，这4个案例分别是：分布式计票器、分布式编辑器、分布式数据库、分布式文件浏览器。

9.1 调度迁移（案例36：分布式计票器）

7min

本案例通过分布式任务调度实现分布式计票器功能。首先，创建Java模板空工程DistributedTicketCounter；接着，实现UI布局设计；然后，获取设备列表及列表中的第1个设备；最后，实现分布式计票器功能。

（1）创建Java模板空工程DistributedTicketCounter，SDK版本号应与手机匹配。

（2）UI布局设计，参考布局如图9-1所示。

图9-1 分布式计票器UI布局

（3）参考代码如下：

```
//第 9 章\DistributedTicketCounter\...\layout\ability_main.xml
<?xml version = "1.0" encoding = "UTF - 8"?>
< DirectionalLayout
    xmlns:ohos = "http://schemas.huawei.com/res/ohos"
    ohos:height = "match_parent"
    ohos:width = "match_parent"
    ohos:orientation = "vertical">
    < Text
        ohos:height = "match_content"
        ohos:width = "match_parent"
        ohos:text = "计票器"
        ohos:text_alignment = "horizontal_center"
        ohos:text_size = "30fp"
        ohos:background_element = "blue"
        ohos:text_color = "white"
        ohos:padding = "10vp"/>
    < DirectionalLayout
        ohos:height = "match_content"
        ohos:width = "match_parent"
        ohos:top_margin = "200vp"
        ohos:alignment = "center"
        ohos:orientation = "horizontal">
        < Text
            ohos:height = "match_content"
            ohos:width = "match_content"
            ohos:text = "当前票数："
            ohos:text_color = "gray"
            ohos:text_size = "35fp"/>
        < Text
            ohos:id = " $ + id:t_count"
            ohos:height = "match_content"
            ohos:width = "match_content"
            ohos:text = "0"
            ohos:text_size = "35fp"
            ohos:text_color = "red"/>

    </DirectionalLayout >


    < Button
        ohos:id = " $ + id:btn"
        ohos:height = "match_content"
        ohos:width = "match_content"
        ohos:top_margin = "80vp"
        ohos:background_element = " $graphic:background_button"
        ohos:layout_alignment = "horizontal_center"
        ohos:text = " 投   票 "
```

```
        ohos:text_size = "35fp"
        ohos:padding = "18vp"
        ohos:text_color = "white"
        />

</DirectionalLayout>
```

(4) 创建背景文件 background_button.xml，设计背景样式，参考代码如下：

```
//第 9 章\DistributedTicketCounter\...\graphic\background_button.xml
<?xml version = "1.0" encoding = "UTF - 8" ?>
< shape xmlns:ohos = "http://schemas.huawei.com/res/ohos"
       ohos:shape = "rectangle">
    < solid
        ohos:color = "blue"/>
    < corners
        ohos:radius = "20vp"/>
</shape>
```

(5) 删除 MainAbilitySlice，在 MainAbility 的 onStart 方法中加载 UI 布局。

(6) 在 MainAbility 中初始化 UI 组件，并创建与分布式计票器有关的类成员变量，参考代码如下：

```
//第 9 章\DistributedTicketCounter\...\MainAbility.java
public class MainAbility extends Ability {
    int times = 0;

    Button btn;
    Text t_count;

    DeviceInfo deviceInfo;

    List < DeviceInfo > deviceList;

    @Override
    public void onStart(Intent intent) {
        super.onStart(intent);
        setUIContent(ResourceTable.Layout_ability_main);

        t_count = (Text) findComponentById(ResourceTable.Id_t_count);
        btn = (Button) findComponentById(ResourceTable.Id_btn);
    }
}
```

(7) 在 onStart 方法中获取设备列表，并获取列表中的第 1 个设备，参考代码如下：

```
//第 9 章\DistributedTicketCounter\...\MainAbility.java
//获取设备列表
```

```
deviceList = DeviceManager.getDeviceList(DeviceInfo.FLAG_GET_ONLINE_DEVICE);
if (deviceList != null || deviceList.size() != 0) {
    deviceInfo = deviceList.get(0);         //获取第 1 个设备
}
```

(8) 给 Button 组件设置单击监听器,实现跨端拉起 FA 功能,参考代码如下:

```
//第 9 章\DistributedTicketCounter\...\MainAbility.java
btn.setClickedListener(lis -> {
    Operation operation = new Intent.OperationBuilder()
            .withDeviceId(deviceInfo.getDeviceId())              //设置设备 ID
            .withBundleName(getBundleName())                     //设置包名
            .withAbilityName(MainAbility.class)                  //设置跳转到的 Ability
            .withFlags(Intent.FLAG_ABILITYSLICE_MULTI_DEVICE)   //将 flag 设置为多设备
            .build();
    intent.setParam("times", ++times);
    t_count.setText(times + "");
    intent.setOperation(operation);
    startAbility(intent);
});
```

(9) 重写 onNewIntent 方法,在其中更新 UI,参考代码如下:

```
@Override
otected void onNewIntent(Intent intent) {
    super.onNewIntent(intent);
    times = intent.getIntParam("times", 0);
    t_count.setText(times + "");
}
```

(10) 在配置文件 config.json 中添加与分布式有关的权限,参考代码如下:

```
//第 9 章\DistributedTicketCounter\...\main\config.json
"reqPermissions": [
  {
    "name": "ohos.permission.DISTRIBUTED_DEVICE_STATE_CHANGE"
  },
  {
    "name": "ohos.permission.GET_DISTRIBUTED_DEVICE_INFO"
  },
  {
    "name": "ohos.permission.GET_BUNDLE_INFO"
  },
  {
    "name": "ohos.permission.DISTRIBUTED_DATASYNC"
  }
]
```

(11) 在 MainAbility 的 onStart 方法中向用户申请权限，参考代码如下：

```
requestPermissionsFromUser(new String[]{"ohos.permission.DISTRIBUTED_DATASYNC"}, 0);
```

(12) 在配置文件 config.json 的 ability 元素中把 MainAbility 的 launchType 属性值设为 singleton 单实例，参考代码如下：

```
//第 9 章\DistributedTicketCounter\...\main\config.json
"abilities": [
  {
    "skills": [
      {
      "entities": [
        "entity.system.home"
      ],
      "actions": [
        "action.system.home"
      ]
      }
    ],
    "orientation": "unspecified",
    "visible": true,
    "name": "com.geshuai.distributedticketcounter.MainAbility",
    "icon": "$media:icon",
    "description": "$string:mainability_description",
    "label": "$string:entry_MainAbility",
    "type": "page",
    "launchType": "singleton"
  }
]
```

(13) 将程序运行到分布式模拟器，运行效果如图 9-2 所示。

图 9-2　分布式投票器运行效果

9.2 迁移回迁(案例37:分布式编辑器)

本案例通过IAbilityContinuation接口实现分布式编辑器功能。首先,创建Java模板空工程DistributedEditor;接着,实现UI布局设计;然后,实现IAbilityContinuation接口;最后,实现分布式编辑器功能。

10min

(1) 创建Java模板空工程DistributedEditor,SDK版本号应与手机匹配。

(2) UI布局设计,参考布局如图9-3所示。

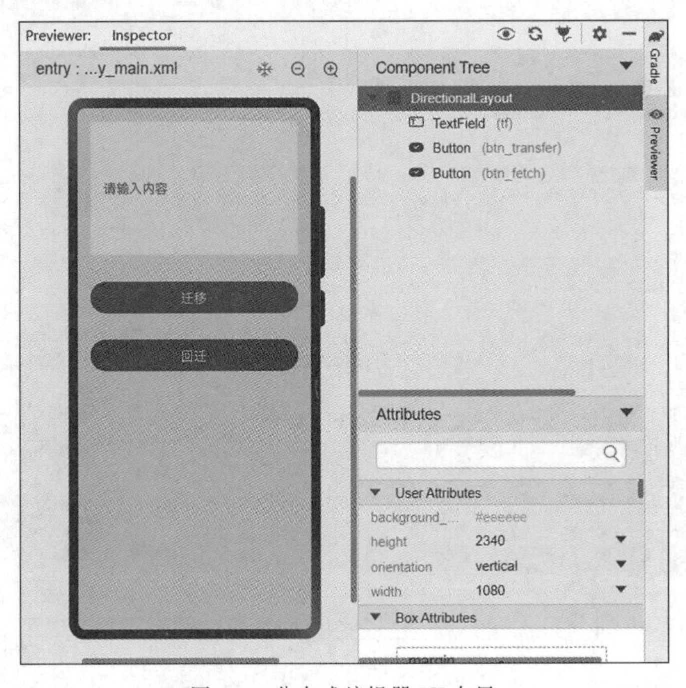

图9-3 分布式编辑器UI布局

(3) 参考代码如下:

```
//第9章\DistributedEditor\...\layout\ability_main.xml
<?xml version = "1.0" encoding = "UTF - 8"?>
<DirectionalLayout
    xmlns:ohos = "http://schemas.huawei.com/res/ohos"
    ohos:height = "match_parent"
    ohos:width = "match_parent"
    ohos:background_element = "#eeeeee"
    ohos:orientation = "vertical">
    <TextField
        ohos:id = "$ + id:tf"
        ohos:height = "200vp"
```

```
        ohos:width = "match_parent"
        ohos:text_size = "20fp"
        ohos:hint = "请输入内容"
        ohos:padding = "20vp"
        ohos:background_element = "white"
        ohos:margin = "20vp"
        />

    <Button
        ohos:id = "$+id:btn_transfer"
        ohos:height = "match_content"
        ohos:width = "match_parent"
        ohos:text_size = "20fp"
        ohos:top_margin = "30vp"
        ohos:margin = "20vp"
        ohos:padding = "10vp"
        ohos:text_color = "white"
        ohos:background_element = "$graphic:background_button"
        ohos:text = "迁移"
        />
    <Button
        ohos:id = "$+id:btn_fetch"
        ohos:height = "match_content"
        ohos:width = "match_parent"
        ohos:text_size = "20fp"
        ohos:top_margin = "30vp"
        ohos:margin = "20vp"
        ohos:padding = "10vp"
        ohos:text_color = "white"
        ohos:background_element = "$graphic:background_button"
        ohos:text = "回迁"
        />

</DirectionalLayout>
```

(4) 创建背景文件 background_button.xml，进行背景样式设计，参考代码如下：

```
//第 9 章\DistributedEditor\...\graphic\background_button.xml
<?xml version = "1.0" encoding = "UTF-8"?>
<shape
    xmlns:ohos = "http://schemas.huawei.com/res/ohos"
    ohos:shape = "rectangle">
    <solid
        ohos:color = "blue"/>
    <corners
        ohos:radius = "25vp"/>
</shape>
```

(5) 删除 MainAbilitySlice，在 MainAbility 的 onStart 方法中加载 UI 布局。

(6) 初始化 UI 组件，并声明与分布式编辑器有关的类成员变量，参考代码如下：

```
//第 9 章\DistributedEditor\...\MainAbility.java
public class MainAbility extends Ability {
    TextField tf;
    String content = null;
    @Override
    public void onStart(Intent intent) {
        super.onStart(intent);
        setUIContent(ResourceTable.Layout_ability_main);

        tf = (TextField) findComponentById(ResourceTable.Id_tf);
    }
}
```

(7) 给“迁移”按钮设置单击监听器，实现迁移功能，参考代码如下：

```
//第 9 章\DistributedEditor\...\MainAbility.java
findComponentById(ResourceTable.Id_btn_transfer).setClickedListener(list -> {
    try {
        //开始迁移
        continueAbilityReversibly();
    } catch (Exception e) {

    }
});
```

(8) 给“回迁”按钮设置单击监听器，实现回迁功能，参考代码如下：

```
//第 9 章\DistributedEditor\...\MainAbility.java
findComponentById(ResourceTable.Id_btn_fetch).setClickedListener(list -> {
    try {
        //开始回迁
        reverseContinueAbility();
    } catch (Exception e) {

    }
});
```

(9) 让 MainAbility 实现 IAbilityContinuation 接口，参考代码如下：

```
//第 9 章\DistributedEditor\...\MainAbility.java
public class MainAbility extends Ability implements IAbilityContinuation {
    TextField tf;
```

```
String content = null;
@Override
public void onStart(Intent intent) {
    super.onStart(intent);
    setUIContent(ResourceTable.Layout_ability_main);

    tf = (TextField) findComponentById(ResourceTable.Id_tf);

    findComponentById(ResourceTable.Id_btn_transfer).setClickedListener(list -> {
        try {
            //开始迁移
            continueAbilityReversibly();
        } catch (Exception e) {

        }
    });

    findComponentById(ResourceTable.Id_btn_fetch).setClickedListener(list -> {
        try {
            //开始回迁
            reverseContinueAbility();
        } catch (Exception e) {

        }
    });
}
/**
 * 当程序发起迁移时回调该方法
 *
 * @return 表示当前是否可以迁移
 */
@Override
public boolean onStartContinuation() {
    return false;
}

/**
 * 当程序开始迁移前回调该方法
 *
 * @param intentParams 用来保存用户数据
 * @return 表示数据是否保存成功
 */

@Override
public boolean onSaveData(IntentParams intentParams) {
    return false;
```

```
    }

    /**
     * 当迁移到远程设备或回迁后回调该方法,恢复用户数据
     *
     * @param intentParams 用来恢复用户数据
     * @return 表示是否恢复成功
     */

    @Override
    public boolean onRestoreData(IntentParams intentParams) {
        return false;
    }

    /**
     * 当迁移成功后回调该方法
     *
     * @param i 表示迁移是否成功,成功为 0,失败为 -1
     */
    @Override
    public void onCompleteContinuation(int i) {

    }
}
```

（10）重写 onStartContinuation 方法，将更改返回值为 true，参考代码如下：

```
//第 9 章\DistributedEditor\...\MainAbility.java
 /**
  * 当程序发起迁移时回调该方法
  *
  * @return 表示当前是否可以迁移
  */
@Override
public boolean onStartContinuation() {
    return true;
}
```

（11）重写 onSaveData 方法，在其中保存数据，参考代码如下：

```
//第 9 章\DistributedEditor\...\MainAbility.java
 /**
  *当程序开始迁移前回调该方法
  *
  * @param intentParams 用来保存用户数据
```

```
 * @return 表示数据是否保存成功
 */

@Override
public boolean onSaveData(IntentParams intentParams) {
    intentParams.setParam("tf", tf.getText());
    return true;
}
```

(12) 重写 onRestoreData 方法,在其中更新 UI,参考代码如下:

```
//第 9 章\DistributedEditor\...\MainAbility.java
/**
 * 当迁移到远程设备或回迁后回调该方法,恢复数据
 *
 * @param intentParams 用来恢复用户数据
 * @return 表示是否恢复成功
 */

@Override
public boolean onRestoreData(IntentParams intentParams) {
    try {
        //获取数据
        content = (String) intentParams.getParam("tf");
    } catch (Exception e) {

    }
    //更新 UI
    getUITaskDispatcher().asyncDispatch(new Runnable() {
        @Override
        public void run() {
            if (tf != null)
                tf.setText(content);
        }
    });
    return true;
}
```

(13) 在配置文件 config.json 中添加与分布式和用户数据读写相关的权限,参考代码如下:

```
//第 9 章\DistributedEditor\...\main\config.json
"reqPermissions": [
  {
```

```
      "name": "ohos.permission.GET_DISTRIBUTED_DEVICE_INFO"
    },
    {
      "name": "ohos.permission.DISTRIBUTED_DATASYNC"
    },
    {
      "name": "ohos.permission.DISTRIBUTED_DEVICE_STATE_CHANGE"
    },
    {
      "name": "ohos.permission.READ_USER_STORAGE"
    },
    {
      "name": "ohos.permission.WRITE_USER_STORAGE"
    },
    {
      "name": "ohos.permission.GET_BUNDLE_INFO"
    }
  ]
```

(14) 在 MainAbility 中创建权限数组并向用户请求权限，参考代码如下：

```
//第 9 章\DistributedEditor\...\MainAbility.java
String[] permissions = {
        "ohos.permission.READ_USER_STORAGE",
        "ohos.permission.WRITE_USER_STORAGE",
        "ohos.permission.DISTRIBUTED_DATASYNC"
};
requestPermissionsFromUser(permissions, 0);
```

(15) 在配置文件 config.json 的 ability 元素中把 MainAbility 的 launchType 属性值设为 singleton 单实例，参考代码如下：

```
//第 9 章\DistributedEditor\...\main\config.json
"abilities": [
  {
    "skills": [
        {
        "entities": [
          "entity.system.home"
        ],
        "actions": [
```

```
            "action.system.home"
          ]
        }
      ],
      "orientation": "unspecified",
      "visible": true,
      "name": "com.geshuai.distributededitor.MainAbility",
      "icon": "$media:icon",
      "description": "$string:mainability_description",
      "label": "$string:entry_MainAbility",
      "type": "page",
      "launchType": "singleton"
    }
  ]
```

（16）将程序运行到分布式模拟器，运行效果如图 9-4 所示。

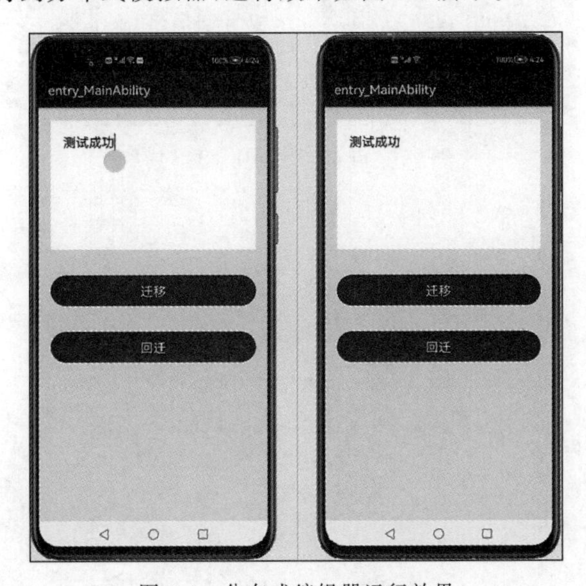

图 9-4 分布式编辑器运行效果

9.3 分布式数据库（案例 38：分布式数据库）

本案例通过分布式数据服务实现分布式数据库功能。首先，创建 Java 模板空工程 DistributedDataBase；接着，实现 UI 布局设计；然后，初始化 SingleKvStore 对象；最后，实现分布式数据库增、删、改、查功能。

（1）创建 Java 模板空工程 DistributedDataBase，SDK 版本号应与手机匹配。

(2) UI 布局设计,参考布局如图 9-5 所示。

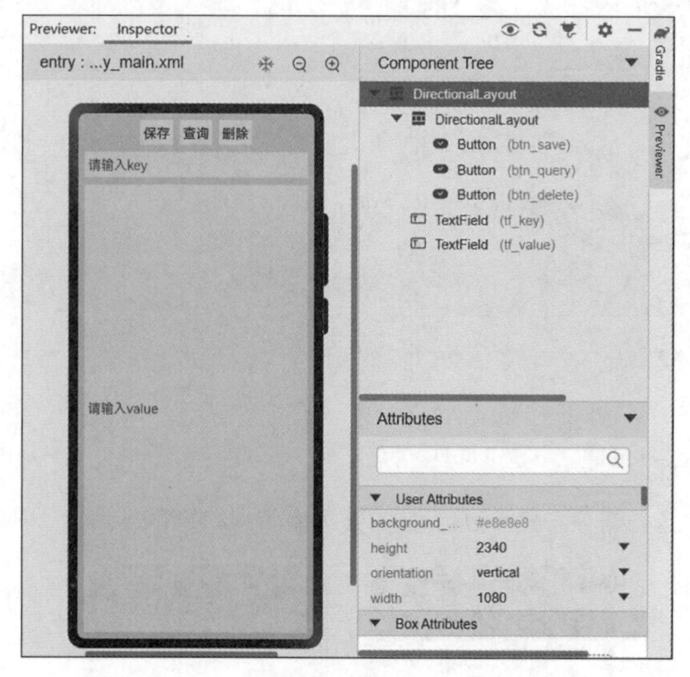

图 9-5 分布式数据库 UI 布局

(3) 参考代码如下:

```
//第 9 章\DistributedDataBase\...\layout\ability_main.xml
<?xml version = "1.0" encoding = "UTF - 8"?>
<DirectionalLayout
    xmlns:ohos = "http://schemas.huawei.com/res/ohos"
    ohos:height = "match_parent"
    ohos:width = "match_parent"
    ohos:background_element = "#e8e8e8"
    ohos:padding = "5vp"
    ohos:orientation = "vertical">

    <DirectionalLayout
        ohos:height = "match_content"
        ohos:width = "match_parent"
        ohos:alignment = "center"
        ohos:background_element = "#e8e8e8"
        ohos:orientation = "horizontal">

        <Button
            ohos:id = "$ + id:btn_save"
            ohos:height = "match_content"
```

```
        ohos:width = "match_content"
        ohos:padding = "5vp"
        ohos:margin = "5vp"
        ohos:background_element = " $graphic:background_ability_main"
        ohos:layout_alignment = "horizontal_center"
        ohos:text = "保存"
        ohos:text_size = "20fp"
        />

    < Button
        ohos:id = " $ + id:btn_query"
        ohos:height = "match_content"
        ohos:padding = "5vp"
        ohos:margin = "5vp"
        ohos:width = "match_content"
        ohos:background_element = " $graphic:background_ability_main"
        ohos:layout_alignment = "horizontal_center"
        ohos:text = "查询"
        ohos:text_size = "20fp"
        />
    < Button
        ohos:id = " $ + id:btn_delete"
        ohos:height = "match_content"
        ohos:width = "match_content"
        ohos:padding = "5vp"
        ohos:margin = "5vp"
        ohos:background_element = " $graphic:background_ability_main"
        ohos:layout_alignment = "horizontal_center"
        ohos:text = "删除"
        ohos:text_size = "20fp"
        />
</DirectionalLayout >
< TextField
    ohos:id = " $ + id:tf_key"
    ohos:height = "match_content"
    ohos:width = "match_parent"
    ohos:hint = "请输入 key"
    ohos:background_element = "white"
    ohos:multiple_lines = "false"
    ohos:padding = "5vp"
    ohos:text_size = "20fp"
    ohos:margin = "5vp"
    />
< TextField
    ohos:id = " $ + id:tf_value"
    ohos:height = "match_parent"
```

```
        ohos:width = "match_parent"
        ohos:hint = "请输入 value"
        ohos:background_element = "white"
        ohos:multiple_lines = "true"
        ohos:padding = "5vp"
        ohos:text_size = "20fp"
        ohos:margin = "5vp"
        />
</DirectionalLayout>
```

（4）在 MainAbilitySlice 中初始化 UI 组件，并创建与分布式数据库有关的类成员变量与类成员常量，参考代码如下：

```
//第 9 章\DistributedDataBase\...\slice\MainAbilitySlice.java
public class MainAbilitySlice extends AbilitySlice {
    TextField tf_key;
    TextField tf_value;

    SingleKvStore singleKvStore;

    final KvStoreObserver kvStoreObserver = new KvStoreObserver() {
        @Override
        public void onChange(ChangeNotification changeNotification) {
            KvStoreObserver.super.onChange(changeNotification);
        }
    };

    @Override
    public void onStart(Intent intent) {
        super.onStart(intent);
        super.setUIContent(ResourceTable.Layout_ability_main);

        tf_key = (TextField) findComponentById(ResourceTable.Id_tf_key);
        tf_value = (TextField) findComponentById(ResourceTable.Id_tf_value);

        findComponentById(ResourceTable.Id_btn_save).setClickedListener(component -> save());
        findComponentById(ResourceTable.Id_btn_query).setClickedListener(component -> query());
        findComponentById(ResourceTable.Id_btn_delete).setClickedListener(component -> delete());
    }

    private void delete() {

    }

    private void query() {
```

```
    }

    private void save() {

    }
}
```

(5) 在 onStart 方法中根据配置构造分布式数据库管理类实例，参考代码如下：

```
//第 9 章\DistributedDataBase\...\slice\MainAbilitySlice.java
try {
    //根据配置构造分布式数据库管理类实例
    KvManagerConfig config = new KvManagerConfig(this);
    KvManager kvManager = KvManagerFactory.getInstance().createKvManager(config);
}catch (Exception e){

}
```

(6) 在 try/catch 中获取/创建单版本分布式数据库，参考代码如下：

```
//第 9 章\DistributedDataBase\...\slice\MainAbilitySlice.Java
//获取/创建单版本分布式数据库
Options options = new Options();
options.setCreateIfMissing(true).setEncrypt(false).setKvStoreType(KvStoreType.SINGLE_
VERSION);
String storeId = "test";
singleKvStore = kvManager.getKvStore(options, storeId);
```

(7) 创建 showToast 方法，实现弹窗显示功能，参考代码如下：

```
private void showToast(String content) {
    getUITaskDispatcher().syncDispatch(() ->
            new ToastDialog(MainAbilitySlice.this).setText(content).show());
}
```

(8) 在 save 方法中实现数据库的添加功能，参考代码如下：

```
//第 9 章\DistributedDataBase\...\slice\MainAbilitySlice.java
//保存数据
private void save() {
    new Thread(() -> {
        try {
            //在数据库中插入一条数据，键为 tf_key.getText()，值为 tf_value.getText()
            singleKvStore.putString(tf_key.getText(), tf_value.getText());
```

```
            showToast("保存数据成功");

        } catch (KvStoreException e) {
            e.printStackTrace();
            showToast("保存数据失败");
        }
    }).start();
}
```

（9）在 delete 方法中实现数据库的删除功能，参考代码如下：

```
//第 9 章\DistributedDataBase\...\slice\MainAbilitySlice.java
//删除数据
private void delete() {
    new Thread(() -> {
        try {
            //删除键为 tf_key.getText()的数据
            singleKvStore.delete(tf_key.getText());
            getUITaskDispatcher().syncDispatch(() -> {
                tf_value.setText("");
                new ToastDialog(MainAbilitySlice.this).setText("删除数据" + tf_key.getText()
 + "成功").show();
            });

        } catch (KvStoreException e) {
            e.printStackTrace();
            showToast("删除数据" + tf_key.getText() + "失败");

        }
    }).start();
}
```

（10）在 query 方法中实现数据库的查询功能，参考代码如下：

```
//第 9 章\DistributedDataBase\...\slice\MainAbilitySlice.java
//查询数据
private void query() {
    new Thread(() -> {
        try {
            //返回键为 tf_key.getText()的数据的值
            String content = singleKvStore.getString(tf_key.getText());
            getUITaskDispatcher().syncDispatch(() -> {
                tf_value.setText(content);
                new ToastDialog(MainAbilitySlice.this).setText("获取数据" + tf_key.getText()
 + "成功").show();
```

```
            });

        } catch (KvStoreException e) {
            e.printStackTrace();
            showToast("获取数据" + tf_key.getText() + "失败");
        }
    }).start();
}
```

(11) 重写 KvStoreObserver 对象的 onChange 回调方法，在其中显示弹窗，参考代码如下：

```
//第 9 章\DistributedDataBase\...\slice\MainAbilitySlice.java
final KvStoreObserver kvStoreObserver = new KvStoreObserver() {
    @Override
    public void onChange(ChangeNotification changeNotification) {
        List<Entry> insertEntries = changeNotification.getInsertEntries();
        List<Entry> updateEntries = changeNotification.getUpdateEntries();
        List<Entry> deleteEntries = changeNotification.getDeleteEntries();

        showToast("数据发生变化: " + insertEntries + "\n" + updateEntries + "\n" +
deleteEntries);
    }
};
```

(12) 在 onStart 方法中订阅数据库数据变化，参考代码如下：

```
//第 9 章\DistributedDataBase\...\slice\MainAbilitySlice.java
try {
    //根据配置构造分布式数据库管理类实例
    KvManagerConfig config = new KvManagerConfig(this);
    KvManager kvManager = KvManagerFactory.getInstance().createKvManager(config);

    //获取/创建单版本分布式数据库
    Options options = new Options();
    options.setCreateIfMissing(true).setEncrypt(false).setKvStoreType(KvStoreType.SINGLE_
VERSION);
    String storeId = "test";
    singleKvStore = kvManager.getKvStore(options, storeId);

    //订阅数据库数据变化
    new Thread(() -> {
        singleKvStore.subscribe(SubscribeType.SUBSCRIBE_TYPE_ALL, kvStoreObserver);
    }).start();
} catch (Exception e) {
```

```
}
```

(13) 重写 onStop 方法，在其中解除数据库数据订阅，参考代码如下：

```
//第 9 章\DistributedDataBase\...\slice\MainAbilitySlice.java
@Override
protected void onStop() {
    super.onStop();

    //解除订阅
    singleKvStore.unSubscribe(kvStoreObserver);
}
```

(14) 在配置文件 config.json 中添加与分布式有关的权限，参考代码如下：

```
//第 9 章\DistributedDataBase\...\main\config.json
"reqPermissions": [
  {
    "name": "ohos.permission.DISTRIBUTED_DATASYNC"
  },
  {
    "name": "ohos.permission.GET_DISTRIBUTED_DEVICE_INFO"
  }
]
```

(15) 在 MainAbility 的 onStart 方法中向用户申请权限，参考代码如下：

```
    requestPermissionsFromUser(new String[]{SystemPermission.DISTRIBUTED_DATASYNC}, 0);
```

(16) 重写 onRequestPermissionsFromUserResult 方法，判断用户是否已授权，参考代码如下：

```
//第 9 章\DistributedDataBase\...\MainAbility.java
@Override
public void onRequestPermissionsFromUserResult(int requestCode, String[] permissions, int[]
grantResults) {
    super.onRequestPermissionsFromUserResult(requestCode, permissions, grantResults);
    //判断请求码是否匹配
    if (requestCode != 0){
        boolean can = canRequestPermission(SystemPermission.DISTRIBUTED_DATASYNC);
        if(can){
            requestPermissionsFromUser(new String[]{SystemPermission.DISTRIBUTED_DATASYNC}, 0);
        }
    }
}
```

(17) 将程序运行到分布式模拟器，运行效果如图 9-6 所示。

图 9-6　分布式数据库运行效果

9.4　分布式文件(案例 39：分布式文件浏览器)

本案例通过分布式文件服务实现分布式文件浏览器功能。首先，创建一个 Java 模板空工程 DistributedFileBrower；接着，依次完成主 UI 布局、Item UI 布局设计；然后，创建 Provider 类 FileProvider；再然后，在 MainAbilitySlice 中获取分布式文件目录，实现创建文件、展示文件、返回上级目录等功能；最后，申请权限。

(1) 创建 Java 模板工程，工程名为 DistributedFileBrower，SDK 版本号应与手机匹配。

(2) 在 media 目录下添加文件夹和文件图片。

(3) 主 UI 布局设计，参考布局如图 9-7 所示。

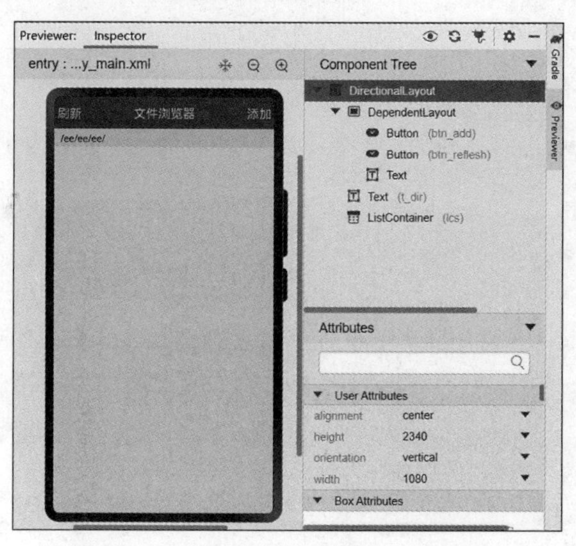

图 9-7　分布式文件浏览器主 UI 布局

（4）参考代码如下：

```
//第 9 章\DistributedFileBrower\...\layout\ability_main.xml
<?xml version = "1.0" encoding = "UTF - 8"?>
< DirectionalLayout
    xmlns:ohos = "http://schemas.huawei.com/res/ohos"
    ohos:height = "match_parent"
    ohos:width = "match_parent"
    ohos:alignment = "center"
    ohos:orientation = "vertical">

    < DependentLayout
        ohos:height = "50vp"
        ohos:width = "match_parent"
        ohos:background_element = "blue">

        < Button
            ohos:id = " $ + id:btn_add"
            ohos:height = "match_parent"
            ohos:width = "match_content"
            ohos:align_parent_right = "true"
            ohos:margin = "5vp"
            ohos:text = "添加"
            ohos:text_alignment = "center"
            ohos:text_color = "white"
            ohos:text_size = "20fp"
            />

        < Button
            ohos:id = " $ + id:btn_reflesh"
            ohos:height = "match_parent"
            ohos:width = "match_content"
            ohos:align_parent_left = "true"
            ohos:margin = "5vp"
            ohos:text = "刷新"
            ohos:text_alignment = "center"
            ohos:text_color = "white"
            ohos:text_size = "20fp"
            />

        < Text
            ohos:height = "match_parent"
            ohos:width = "match_parent"
            ohos:text = "文件浏览器"
            ohos:text_alignment = "center"
            ohos:text_color = "white"
```

```
            ohos:text_size = "20fp"
            />
    </DependentLayout>

    <Text
        ohos:id = "$+id:t_dir"
        ohos:height = "30vp"
        ohos:width = "match_parent"
        ohos:background_element = "#f0f0f0"
        ohos:left_padding = "10vp"
        ohos:text = "/ee/ee/ee/"
        ohos:text_size = "16fp"
        ohos:truncation_mode = "ellipsis_at_start"
        />

    <ListContainer
        ohos:id = "$+id:lcs"
        ohos:height = "match_parent"
        ohos:width = "match_parent"/>
</DirectionalLayout>
```

(5) Item UI 布局设计,参考布局如图 9-8 所示。

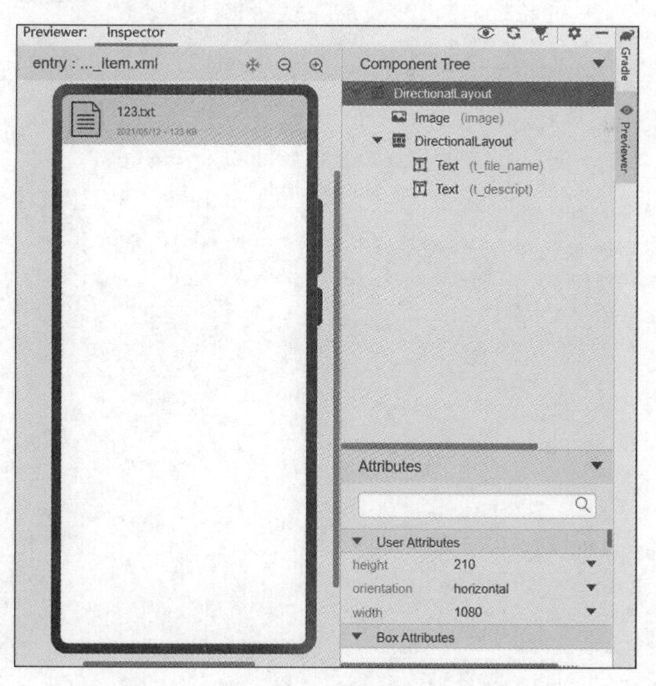

图 9-8　分布式文件浏览器 Item UI 布局

（6）参考代码如下：

```
//第 9 章\DistributedFileBrower\...\layout\ability_main_item.xml
<?xml version = "1.0" encoding = "UTF - 8"?>
<DirectionalLayout
    xmlns:ohos = "http://schemas.huawei.com/res/ohos"
    ohos:height = "70vp"
    ohos:width = "match_parent"
    ohos:orientation = "horizontal"
    ohos:padding = "10vp">

    <Image
        ohos:id = "$ + id:image"
        ohos:height = "50vp"
        ohos:width = "50vp"
        ohos:image_src = "$media:file"
        ohos:scale_mode = "zoom_center"
        />

    <DirectionalLayout
        ohos:height = "match_parent"
        ohos:width = "match_parent"
        ohos:left_margin = "20vp"
        ohos:orientation = "vertical">

        <Text
            ohos:id = "$ + id:t_file_name"
            ohos:height = "match_parent"
            ohos:width = "match_parent"
            ohos:text = "123.txt"
            ohos:text_alignment = "bottom"
            ohos:text_size = "18fp"
            ohos:weight = "1"
            />

        <Text
            ohos:id = "$ + id:t_descript"
            ohos:height = "match_parent"
            ohos:width = "match_parent"
            ohos:orientation = "horizontal"
            ohos:text = "2021/05/12 - 123 KB"
            ohos:text_alignment = "bottom"
            ohos:text_color = "#FFABA8A8"
            ohos:text_size = "12fp"
            ohos:weight = "1"/>
```

```
    </DirectionalLayout>
</DirectionalLayout>
```

(7) 创建 Provider 类 FileProvider，继承 BaseItemProvider，参考代码如下：

```
//第 9 章\DistributedFileBrower\...\provider\FileProvider.java
package com.geshuai.distributedfilebrower.provider;

import com.geshuai.distributedfilebrower.ResourceTable;
import ohos.aafwk.ability.AbilitySlice;
import ohos.agp.components.*;

import Java.io.File;
import Java.text.SimpleDateFormat;
import Java.util.Date;
import Java.util.List;

public class FileProvider extends BaseItemProvider {
    AbilitySlice abilitySlice;
    List<File> list;

    public FileProvider(AbilitySlice abilitySlice, List<File> list) {
        this.abilitySlice = abilitySlice;
        this.list = list;
    }

    @Override
    public int getCount() {
        return list == null ? 0 : list.size();
    }

    @Override
    public File getItem(int i) {
        return list == null ? null : list.get(i);
    }
    @Override
    public long getItemId(int i) {

        return i;
    }

    @Override
    public Component getComponent(int i, Component component,
ComponentContainer componentContainer) {
```

```
//解析布局 ability_main_item
component = LayoutScatter.getInstance(abilitySlice).parse(ResourceTable.Layout_ability_
main_item, null, false);

        //获取文件
        File file = getItem(i);

        Image image = component.findComponentById(ResourceTable.Id_image);
        Text t_file_name = component.findComponentById(ResourceTable.Id_t_file_name);
        Text t_descript = component.findComponentById(ResourceTable.Id_t_descript);

        if (file.isDirectory()) {
            image.setPixelMap(ResourceTable.Media_folder);
        } else {
            image.setPixelMap(ResourceTable.Media_file);
        }

        t_file_name.setText(file.getName());
        t_descript.setText(getDescriptString(file));

        return component;
    }

    String getDescriptString(File file) {
        //格式化日期
        SimpleDateFormat simple = new SimpleDateFormat("yyyy/MM/dd");
        String res = simple.format(new Date(file.lastModified()));
        //在日期后拼接文件大小
        res = res + "   - " + getSizeString(file);
        return res;
    }

    String getSizeString(File file) {
        long l = file.length();
        if (l < 1024) {
            return l + " B";
        } else if ((l /= 1024) < 1024) {
            return l + " KB";
        } else if ((l /= 1024) < 1024) {
            return l + " MB ";
        } else {
            return l / 1024 + " GB ";
        }
    }

    public void setList(List<File> list) {
```

```
        this.list = list;
        notifyDataChanged();
    }
}
```

(8) 在 MainAbilitySlice 中初始化 UI 组件,并创建与文件有关的类成员变量,参考代码如下:

```
//第 9 章\DistributedFileBrower\...\slice\MainAbilitySlice.java
public class MainAbilitySlice extends AbilitySlice {
    File distDir;

    List<File> list;

    FileProvider fileProvider = null;
    ListContainer lc;
    Button btn_add;
    Text t_dir;

    @Override
    public void onStart(Intent intent) {
        super.onStart(intent);
        super.setUIContent(ResourceTable.Layout_ability_main);

        lc = findComponentById(ResourceTable.Id_lcs);
        btn_add = findComponentById(ResourceTable.Id_btn_add);
        t_dir = findComponentById(ResourceTable.Id_t_dir);
    }
}
```

(9) 在 onStart 方法中初始化 File 对象,并展示分布式文件服务根目录下的文件,参考代码如下:

```
//第 9 章\DistributedFileBrower\...\slice\MainAbilitySlice.java
//获取分布式文件服务根目录
distDir = this.getDistributedDir();

//显示当前路径
t_dir.setText(distDir.getAbsolutePath());

//获取当前目录下的文件列表
list = Arrays.asList(distDir.listFiles());

//展示当前目录下的文件
fileProvider = new FileProvider(this,list);
lc.setItemProvider(fileProvider);
```

(10) 给"添加"按钮设置单击监听器,并实现创建文件夹功能,参考代码如下:

```
//第 9 章\DistributedFileBrower\...\slice\MainAbilitySlice.java
btn_add.setClickedListener(component -> {
    //创建文件夹
    File file = new File(distDir + File.separator + "folder(" + (list.size() + 1) + ")");
    file.mkdir();

    //获取当前文件夹下的文件,并显示
    list = Arrays.asList(distDir.listFiles());
    fileProvider.setList(list);
});
```

(11) 给"添加"按钮设置长按按钮监听器,并实现创建文本文件功能,参考代码如下:

```
//第 9 章\DistributedFileBrower\...\slice\MainAbilitySlice.java
//长按按钮创建文本文件
btn_add.setLongClickedListener(new Component.LongClickedListener() {
    @Override
    public void onLongClicked(Component component) {
        //获取文件路径
        String filePath = distDir + File.separator + "hello(" + (list.size() + 1) + ").txt";
        File file = new File(filePath);
        try {
            //创建文件
            file.createNewFile();
        } catch (IOException e) {
            e.printStackTrace();
        }
        //获取当前文件夹下的文件,并显示
        list = Arrays.asList(distDir.listFiles());
        fileProvider.setList(list);
    }
});
```

(12) 给 ListContainer 设置 Item 单击监听器,并实现进入文件夹功能,参考代码如下:

```
//第 9 章\DistributedFileBrower\...\slice\MainAbilitySlice.java
lc.setItemClickedListener(new ListContainer.ItemClickedListener() {
    @Override
    public void onItemClicked(ListContainer listContainer, Component component, int i, long l) {
        //进入文件夹
        File file = list.get(i);
        if (file.isDirectory()){
            //获取当前路径
            distDir = file.getAbsoluteFile();
```

```
            //获取当前文件夹下的文件,并显示
            list =  Arrays.asList(distDir.listFiles());
            fileProvider.setList(list);

            //更新当前路径
            t_dir.setText(distDir.getAbsolutePath());
        }
    }
});
```

(13) 给 Text 组件设置单击监听器,并实现返回上级目录功能,参考代码如下:

```
//第 9 章\DistributedFileBrower\...\slice\MainAbilitySlice.java
//返回上级目录,并显示文件
t_dir.setClickedListener(component -> {
    //获取上级目录
    distDir = distDir.getParentFile();

    //获取文件并显示
    list = Arrays.asList(distDir.listFiles());
    fileProvider.setList(list);

    //更新当前路径
    t_dir.setText(distDir.getAbsolutePath());
});
```

(14) 给"刷新"按钮设置单击监听器,并实现刷新功能,参考代码如下:

```
//第 9 章\DistributedFileBrower\...\slice\MainAbilitySlice.java
//刷新
findComponentById(ResourceTable.Id_btn_reflesh).setClickedListener(component -> {
    //获取文件并显示
    list = Arrays.asList(distDir.listFiles());
    fileProvider.setList(list);
    new ToastDialog(this).setText("已刷新!").show();
});
```

(15) 在配置文件 config.json 中添加与分布式和用户数据读写相关的权限,参考代码如下:

```
//第 9 章\DistributedFileBrower\...\main\config.json
"reqPermissions": [
  {
    "name": "ohos.permission.DISTRIBUTED_DATASYNC"
  },
```

```
  {
    "name": "ohos.permission.GET_DISTRIBUTED_DEVICE_INFO"
  },
  {
    "name": "ohos.permission.DISTRIBUTED_DEVICE_STATE_CHANGE"
  },
  {
    "name": "ohos.permission.READ_MEDIA"
  },
  {
    "name": "ohos.permission.WRITE_MEDIA"
  },
  {
    "name": "ohos.permission.GET_BUNDLE_INFO"
  }
]
```

(16) 在 MainAbility 的 onStart 方法中向用户请求分布式数据交换、读写用户空间权限,参考代码如下:

```java
//第 9 章\DistributedFileBrower\...\MainAbility.java
requestPermissionsFromUser(new String[]{SystemPermission.DISTRIBUTED_DATASYNC,
        SystemPermission.WRITE_MEDIA,
        SystemPermission.READ_MEDIA
}, 1000);
```

(17) 将程序运行到分布式模拟器,运行效果如图 9-9 所示。

图 9-9 分布式文件浏览器运行效果

第 10 章 综合案例（案例：分布式云笔记）

本章内容包含案例介绍、Web 服务器端 API 开发部署、HarmonyOS 手机端各功能模块的实现。详细讲解分布式云笔记开发的方法与步骤，通过本案例的学习可提升读者的综合项目开发能力。

10.1 案例介绍

此案例实现笔记在云服务器上的增、删、改、查及多设备间迁移功能。

15min

1. 案例演示

案例运行效果如图 10-1 所示。

图 10-1 分布式云笔记运行效果

2. 总体设计

设计架构如图 10-2 所示。

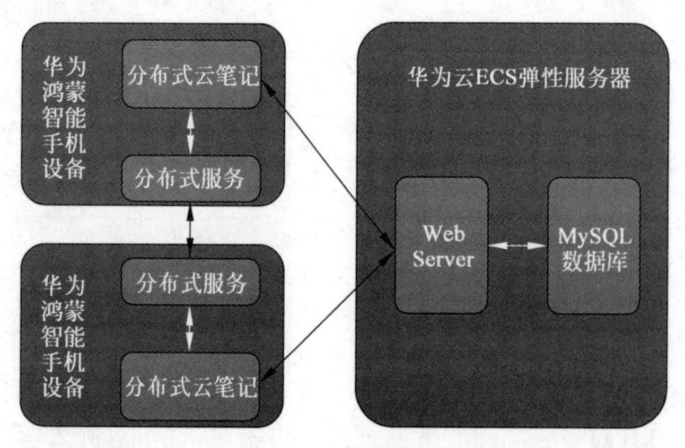

图 10-2　系统架构

案例架构包含云端和鸿蒙手机端：

(1) 云端包含 Web 服务和 MySQL 数据库服务，提供 Web API 及数据存储服务功能。

(2) 鸿蒙手机端实现笔记的增、删、改、查及多设备协同功能。

3. 开发环境

软件环境：JDK 1.8+、Maven 3.0+、MySQL 5.6+。

硬件环境：Intel i5+、RAM 8GB+。

开发工具：DevEco Studio 3.0、Spring Tool Suite (STS) 4、HeidiSQL 11。

10.2 Web 服务 API 开发部署测试

1. 工程创建及配置

(1) 安装 MySQL 数据库，将用户名设置为 root，将密码设置为 123456。

(2) 创建数据库 dcn。

(3) 创建 Spring Starter Project 工程，并设置工程属性，如图 10-3 和图 10-4 所示。

(4) 配置工程(application.properties)，参考代码如下：

```
#src\main\resources\application.properties
#端口
server.port = 9089

#数据源(数据库)
spring.datasource.username = root
spring.datasource.password = 123456
spring.datasource.driver - class - name = com.mysql.JDBC.Driver
```

```
spring.datasource.url = JDBC:mysql://127.0.0.1:3306/dcn?serverTimezone = GMT%
2B8&useUnicode = true&characterEncoding = utf-8

#JPA
spring.jpa.show-sql = true
spring.jpa.hibernate.ddl-auto = update
```

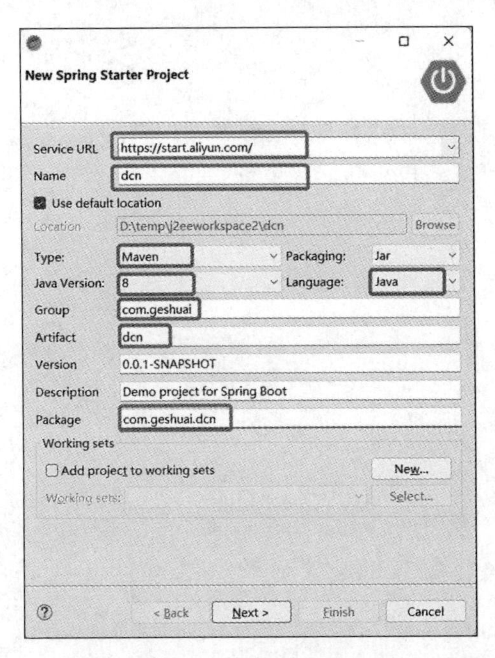

图 10-3　配置工程

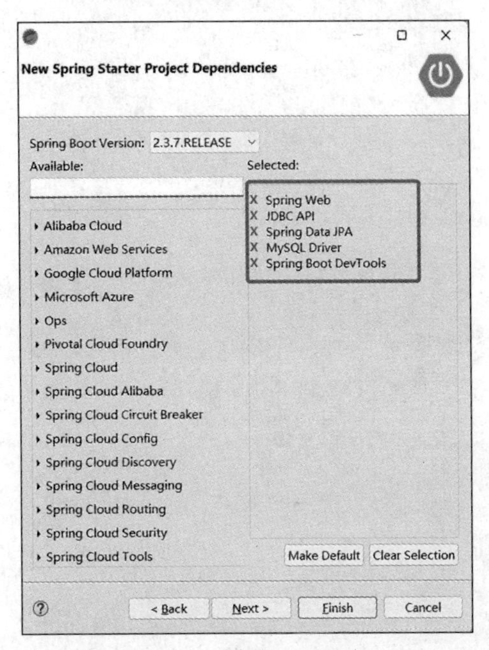

图 10-4　添加工程依赖

2. 用户 API

（1）编写用户实体类 User，参考代码如下：

```
//第 10 章\dcn\...\bean\User.java
package com.geshuai.dcn.bean;

import Javax.persistence.Column;
import Javax.persistence.Entity;
import Javax.persistence.GeneratedValue;
import Javax.persistence.GenerationType;
import Javax.persistence.Id;
import Javax.persistence.Table;

@Entity
@Table(name = "t_user")
public class User {
```

```
    @Id
    @Column(name = "u_id")
    @GeneratedValue(strategy = GenerationType.IDENTITY)
    Long id;

    @Column(name = "u_account")
    String account;

    @Column(name = "u_password")
    String password;

    //省略 setter 和 getter 方法

}
```

（2）编写接口 UserDao，参考代码如下：

```
//第 10 章\dcn\...\dao\UserDao.java
package com.geshuai.dcn.dao;

import org.springframework.data.jpa.repository.JpaRepository;

import com.geshuai.dcn.bean.User;

public interface UserDao extends JpaRepository<User, Long> {

    User findByAccountAndPassword(String account, String password);

}
```

（3）编写 UserController，提供用户的增和查 API，参考代码如下：

```
//第 10 章\dcn\...\controller\UserController.java
package com.geshuai.dcn.controller;

import org.springframework.beans.factory.annotation.Autowired;
import org.springframework.stereotype.Controller;
import org.springframework.web.bind.annotation.RequestMapping;
import org.springframework.web.bind.annotation.ResponseBody;

import com.geshuai.dcn.bean.User;
import com.geshuai.dcn.dao.UserDao;

@Controller
@RequestMapping("/user")
```

```
public class UserController {
    @Autowired
    UserDao userDao;

    @ResponseBody
    @RequestMapping("/save")
    public Object save(User user) {
        return userDao.save(user);
    }

    @ResponseBody
    @RequestMapping("/findById")
    public Object findById(Long id) {
        return userDao.findById(id);
    }

    @ResponseBody
    @RequestMapping("/findUserByAccountAndPassword")
    public Object findUserByAccountAndPassword(User user) {
        return userDao.findByAccountAndPassword(user.getAccount(),user.getPassword());
    }
}
```

(4) 运行测试,运行效果如图 10-5 所示。

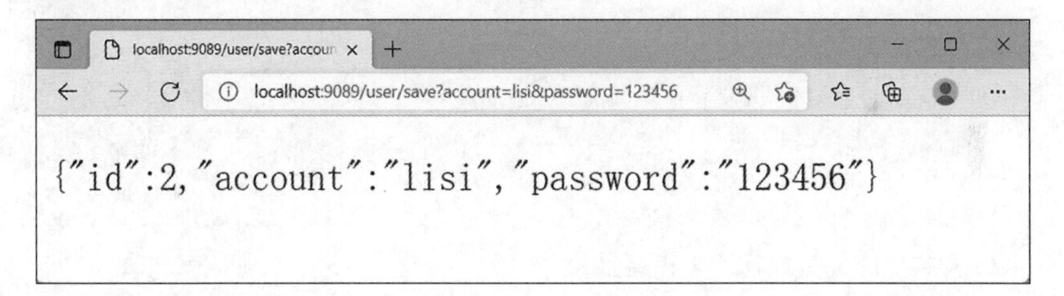

图 10-5　用户 API 测试

3. 笔记 API

(1) 编写笔记实体类 Note,参考代码如下:

```
//第 10 章\dcn\...\bean\Note.java
package com.geshuai.dcn.bean;

import Java.util.Date;

import Javax.persistence.Column;
import Javax.persistence.Entity;
```

```
import Javax.persistence.GeneratedValue;
import Javax.persistence.GenerationType;
import Javax.persistence.Id;
import Javax.persistence.JoinColumn;
import Javax.persistence.OneToOne;
import Javax.persistence.Table;


@Entity
@Table(name = "t_note")
public class Note {
    @Id
    @Column(name = "n_id")
    @GeneratedValue(strategy = GenerationType.IDENTITY)
    Long id;

    @Column(name = "n_title")
    String title;

    @Column(name = "n_content")
    String content;

    @Column(name = "n_date")
    Date date;

    @OneToOne
    @JoinColumn(name = "n_user")
    User user;    //笔记关联用户

    //省略 setter 和 getter 方法
}
```

（2）编写接口 NoteDao，参考代码如下：

```
//第 10 章\dcn\...\dao\NoteDao.java
package com.geshuai.dcn.dao;

import Java.util.List;

import org.springframework.data.domain.Pageable;
import org.springframework.data.domain.Sort;
import org.springframework.data.jpa.repository.JpaRepository;

import com.geshuai.dcn.bean.Note;
import com.geshuai.dcn.bean.User;
```

```
public interface NoteDao extends JpaRepository<Note, Long>{

    List<Note> findAllByUser(User user,Sort sort);
    List<Note> findAllByUser(User user);

    public List<Note> findAllByUser(User user,Pageable pageable);
}
```

（3）编写 NoteController，提供笔记的增、删、改、查 API，参考代码如下：

```
//第 10 章\dcn\...\controller\NoteController.java
package com.geshuai.dcn.controller;

import Java.util.Date;

import org.springframework.beans.factory.annotation.Autowired;
import org.springframework.data.domain.PageRequest;
import org.springframework.data.domain.Sort;
import org.springframework.stereotype.Controller;
import org.springframework.web.bind.annotation.RequestMapping;
import org.springframework.web.bind.annotation.ResponseBody;

import com.geshuai.dcn.bean.Note;
import com.geshuai.dcn.bean.User;
import com.geshuai.dcn.dao.NoteDao;

@Controller
@RequestMapping("/note")
public class NoteController {
    @Autowired
    NoteDao noteDao;

    @ResponseBody
    @RequestMapping("/save")
    public Object save(Note note) {
        note.setDate(new Date());
        return noteDao.save(note);
    }

    @ResponseBody
    @RequestMapping("/deleteById")
    public void deleteById(Long id) {
        noteDao.deleteById(id);
    }
```

```
    @ResponseBody
    @RequestMapping("/upDate")
    public Object upDate(Note note) {
        return save(note);
    }

    @ResponseBody
    @RequestMapping("/findAllByUser")
    public Object findAllByUser(User user, Integer page, Integer size) {
        //以 id 进行降序排序
        Sort sort = Sort.by(Sort.Direction.DESC, "id");
        //默认返回前 30 条数据
        page = (page == null ? 0 : page);
        size = (size == null ? 30 : size);
        PageRequest pagerequest = PageRequest.of(page, size, sort);
        return noteDao.findAllByUser(user, pagerequest);
    }

    @ResponseBody
    @RequestMapping("/findAll")
    public Object findAll() {
        return noteDao.findAll();
    }

    @ResponseBody
    @RequestMapping("/findById")
    public Object findById(Long id) {
        return noteDao.findById(id);
    }

}
```

(4) 运行测试,测试效果如图 10-6 所示。

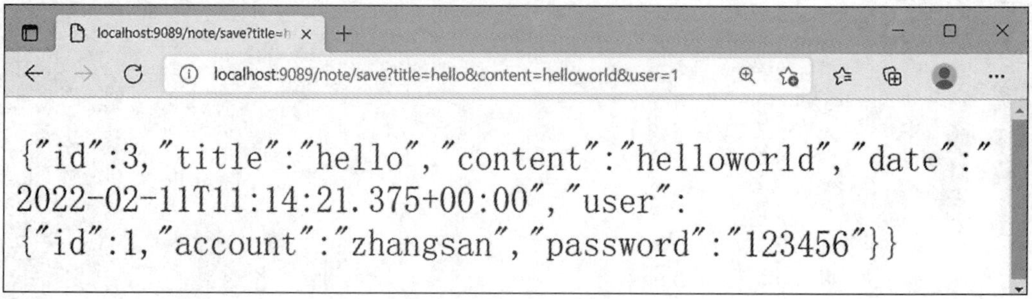
localhost:9089/note/save?title=h
localhost:9089/note/save?title=hello&content=helloworld&user=1
{"id":3,"title":"hello","content":"helloworld","date":"2022-02-11T11:14:21.375+00:00","user":{"id":1,"account":"zhangsan","password":"123456"}}

图 10-6 笔记 API 测试

4. Web服务部署测试

(1) 打包，选择工程 → Run As → Maven install，如图 10-7 所示。

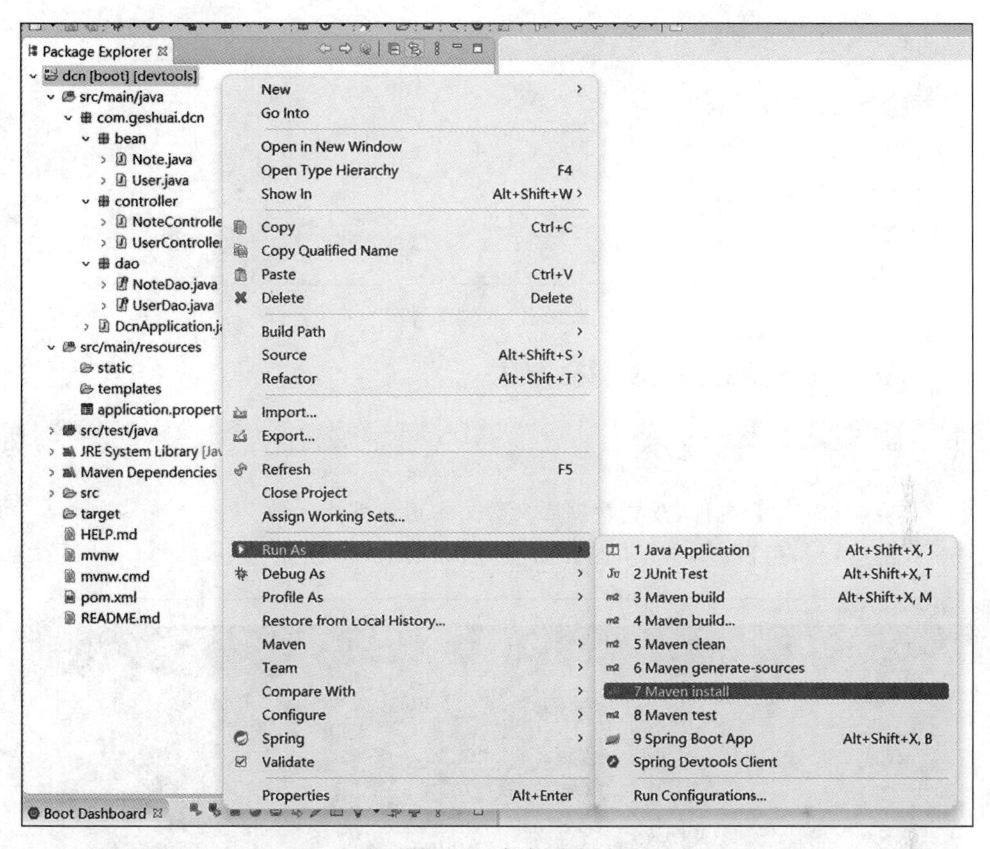

图 10-7　打包工程

(2) 查看生成的包，如图 10-8 所示。

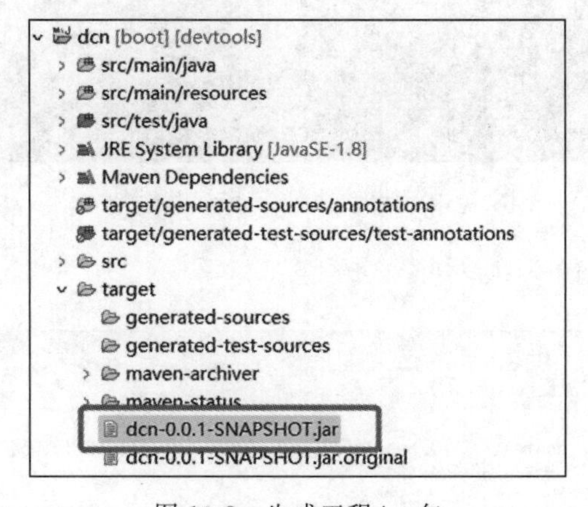

图 10-8　生成工程 jar 包

(3) 部署，将 dcn-0.0.1-SNAPSHOT.jar 文件复制到 ECS 服务器，创建启动脚本，如图 10-9 所示。

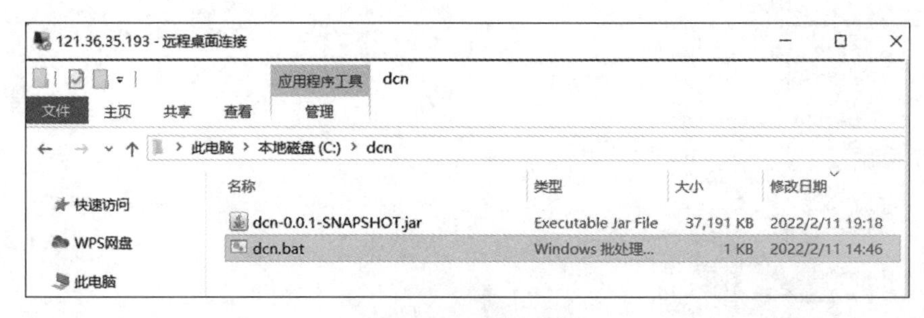

图 10-9 云端部署

(4) 编辑启动脚本 dcn.bat，参考代码如下：

```
Java -jar dcn-0.0.1-SNAPSHOT.jar
```

(5) 安装 MySQL 数据库，配置数据库参数与本地数据库一致。

(6) 双击运行 dcn.bat 脚本，启动 Web 服务，如图 10-10 所示。

```
C:\Windows\system32\cmd.exe
r is automatically registered via the SPI and manual loading of the driver class is generally unnecessary.
2022-02-11 19:32:59.193  INFO 2268 --- [           main] o.hibernate.jpa.internal.util.LogHelper  : HHH000204: Processin
g PersistenceUnitInfo [name: default]
2022-02-11 19:32:59.279  INFO 2268 --- [           main] org.hibernate.Version                    : HHH000412: Hibernate
 ORM core version 5.4.25.Final
2022-02-11 19:32:59.513  INFO 2268 --- [           main] o.hibernate.annotations.common.Version   : HCANN000001: Hiberna
te Commons Annotations {5.1.2.Final}
2022-02-11 19:32:59.696  INFO 2268 --- [           main] com.zaxxer.hikari.HikariDataSource       : HikariPool-1 - Start
ing...
2022-02-11 19:32:59.703  WARN 2268 --- [           main] com.zaxxer.hikari.util.DriverDataSource  : Registered driver wi
th driverClassName=com.mysql.jdbc.Driver was not found, trying direct instantiation.
2022-02-11 19:32:59.937  INFO 2268 --- [           main] com.zaxxer.hikari.HikariDataSource       : HikariPool-1 - Start
 completed.
2022-02-11 19:32:59.974  INFO 2268 --- [           main] org.hibernate.dialect.Dialect            : HHH000400: Using dia
lect: org.hibernate.dialect.MySQL55Dialect
2022-02-11 19:33:00.703  INFO 2268 --- [           main] o.h.e.t.j.p.i.JtaPlatformInitiator       : HHH000490: Using Jta
Platform implementation: [org.hibernate.engine.transaction.jta.platform.internal.NoJtaPlatform]
2022-02-11 19:33:00.712  INFO 2268 --- [           main] j.LocalContainerEntityManagerFactoryBean : Initialized JPA Enti
tyManagerFactory for persistence unit 'default'
2022-02-11 19:33:01.202  WARN 2268 --- [           main] JpaBaseConfiguration$JpaWebConfiguration : spring.jpa.open-in-v
iew is enabled by default. Therefore, database queries may be performed during view rendering. Explicitly configure spri
ng.jpa.open-in-view to disable this warning
2022-02-11 19:33:01.414  INFO 2268 --- [           main] o.s.s.concurrent.ThreadPoolTaskExecutor  : Initializing Executo
rService 'applicationTaskExecutor'
2022-02-11 19:33:01.750  INFO 2268 --- [           main] o.s.b.w.embedded.tomcat.TomcatWebServer  : Tomcat started on po
rt(s): 9089 (http) with context path ''
2022-02-11 19:33:01.774  INFO 2268 --- [           main] com.geshuai.dcn.DcnApplication           : Started DcnApplicati
on in 5.885 seconds (JVM running for 6.532)

搜狗五笔输入法 半 :
```

图 10-10 启动并运行 dcn Web 服务

(7) 测试 API，如图 10-11 所示。

```
121.36.35.193:9089/note/save?title=hello&content=helloworld&user=1

{"id":7,"title":"hello","content":"helloworld","date":"2022-02-11T11:34:41.556+00:00","user":
{"id":1,"account":"121","password":"123456"}}
```

图 10-11 dcn Web 服务测试

10.3　用户登录模块

1. 创建 dcn 工程

创建 Java 模板空工程 dcn。

2. 创建工具类

(1) 创建网络工具类 HttpClient,参考代码如下：

```
//第 10 章\Dcn\...\utils\HttpClient.Java
package com.geshuai.dcn.utils;

import Java.io.*;
import Java.net.HttpURLConnection;
import Java.net.url;
import Java.net.urlConnection;


public class HttpClient {

    public static String doGet(String httpUrl) {
        HttpURLConnection connection = null;
        InputStream is = null;
        BufferedReader br = null;
        String result = null;

        try {
            URL url = new URL(httpUrl);
            //打开连接
            connection = (HttpURLConnection) url.openConnection();
            //将请求方式设置为 get
            connection.setRequestMethod("GET");
            //将连接超时时间设置为 15s
            connection.setConnectTimeout(15000);
            //将读取数据超时时间设置为 60s
            connection.setReadTimeout(60000);
            //开始连接
            connection.connect();
            //判断连接是否成功,成功后读取数据,并返回
            if (connection.getResponseCode() == 200) {
                //读取数据
                is = connection.getInputStream();
                br = new BufferedReader(new InputStreamReader(is, "UTF-8"));
                StringBuffer sbf = new StringBuffer();
                String temp = null;
```

```
            while ((temp = br.readLine()) != null) {
                sbf.append(temp);
                sbf.append("\r\n");
            }
            result = sbf.toString();
        }

    } catch (Exception e) {
        e.printStackTrace();
    } finally {
        //释放输入流
        if (null != is) {
            try {
                is.close();
            } catch (IOException e) {
                e.printStackTrace();
            }
        }
        if (null != br) {
            try {
                br.close();
            } catch (IOException e) {
                e.printStackTrace();
            }
        }
    }
    return result;
}

public static String doPost(String httpUrl, String param) {
    PrintWriter out = null;
    BufferedReader in = null;
    String result = "";
    try {
        URL realUrl = new URL(httpUrl);
        //打开和 URL 之间的连接
        URLConnection conn = realUrl.openConnection();
        //设置通用的请求属性
        conn.setRequestProperty("accept", "*/*");
        conn.setRequestProperty("connection", "Keep-Alive");
        conn.setRequestProperty("user-agent",
              "Mozilla/4.0 (compatible; MSIE 6.0; Windows NT 5.1;SV1)");
        //发送 POST 请求,必须设置以下两行
        conn.setDoOutput(true);
        conn.setDoInput(true);
        //获取 URLConnection 对象对应的输出流
```

```
            out = new PrintWriter(conn.getOutputStream());
            //发送请求参数
            out.print(param);
            //flush 输出流的缓冲
            out.flush();
            //定义 BufferedReader 输入流,用来读取 URL 的响应
            in = new BufferedReader(
                    new InputStreamReader(conn.getInputStream()));
            String line;
            while ((line = in.readLine()) != null) {
                result += line;
            }
        } catch (Exception e) {
            System.out.println("发送 POST 请求出现异常!" + e);
            e.printStackTrace();
        }
        //使用 finally 块来关闭输出流、输入流
        finally {
            try {
                if (out != null) {
                    out.close();
                }
                if (in != null) {
                    in.close();
                }
            } catch (IOException ex) {
                ex.printStackTrace();
            }
        }
        return result;
    }

}
```

(2) 创建对话框工具类 Toast,参考代码如下：

```
//第 10 章\Dcn\...\utils\Toast.java
package com.geshuai.dcn.utils;

import ohos.agp.colors.RgbColor;
import ohos.agp.components.AttrHelper;
import ohos.agp.components.DirectionalLayout;
import ohos.agp.components.Text;
import ohos.agp.components.element.ShapeElement;
import ohos.agp.utils.TextAlignment;
```

```
import ohos.agp.window.dialog.ToastDialog;
import ohos.app.Context;

/**
 * The Toast
 */
public class Toast {
    /**
     * 1000ms
     */
    public static final int TOAST_SHORT = 1000;

    /**
     * 2000ms
     */
    public static final int TOAST_LONG = 2000;

    //Toast offset
    private static final int TOAST_OFFSETX = 0;
    private static final int TOAST_OFFSETY = 180;

    //Shape arg
    private static final int SHAPE_CORNER_RADIO = 18;
    private static final int SHAPE_RGB_COLOR_RED = 188;
    private static final int SHAPE_RGB_COLOR_GREEN = 188;
    private static final int SHAPE_RGB_COLOR_BLUE = 188;
    //Text arg
    private static final int TEXT_PADDING_LEFT = 8;
    private static final int TEXT_PADDING_TOP = 4;
    private static final int TEXT_PADDING_RIGHT = 8;
    private static final int TEXT_PADDING_BOTTOM = 4;
    private static final int TEXT_SIZE = 16;

    /**
     * Get ItemList
     *
     * @param context  context
     * @param text     text
     * @param duration duration
     * @return toastDialog
     */
    public static ToastDialog makeToast(Context context, String text, int duration) {
        Text toastText = new Text(context);
```

```
        ShapeElement shapeElement = new ShapeElement();
        shapeElement.setShape(ShapeElement.RECTANGLE);
        shapeElement.setCornerRadius(AttrHelper.vp2px(SHAPE_CORNER_RADIO, context));
        shapeElement.setRgbColor(new RgbColor(SHAPE_RGB_COLOR_RED, SHAPE_RGB_COLOR_GREEN,
SHAPE_RGB_COLOR_BLUE));

        toastText.setComponentSize(
                DirectionalLayout.LayoutConfig.MATCH_CONTENT, DirectionalLayout.LayoutConfig.
MATCH_CONTENT);
        toastText.setPadding(
                AttrHelper.vp2px(TEXT_PADDING_LEFT, context),
                AttrHelper.vp2px(TEXT_PADDING_TOP, context),
                AttrHelper.vp2px(TEXT_PADDING_RIGHT, context),
                AttrHelper.vp2px(TEXT_PADDING_BOTTOM, context));
        toastText.setTextAlignment(TextAlignment.CENTER);
        toastText.setTextSize(AttrHelper.vp2px(TEXT_SIZE, context));
        toastText.setBackground(shapeElement);
        toastText.setText(text);

        ToastDialog toastDialog = new ToastDialog(context);
        toastDialog
                .setContentCustomComponent(toastText)
                .setDuration(duration)
                .setTransparent(true)
                .setOffset(TOAST_OFFSETX, TOAST_OFFSETY)
                .setSize (DirectionalLayout.LayoutConfig.MATCH_CONTENT, DirectionalLayout.
LayoutConfig.MATCH_CONTENT);

        return toastDialog;
    }
}
```

(3) 创建常量工具类 Constant，参考代码如下：

```
//第 10 章\Dcn\...\utils\Constant.java
package com.geshuai.dcn.utils;

public class Constant {
    final public static String HOST = "http://121.36.35.193:9089";
    final public static String URL_USER_SAVE = HOST + "/user/save";
    final public static String URL_USER_FIND_BY_ID = HOST + "/user/findById";
    final public static String URL_USER_FIND_BY_ACCOUNT_PASSWORD = HOST + "/user/
findUserByAccountAndPassword";
```

```
    final public static String URL_NOTE_SAVE = HOST + "/note/save";
    final public static String URL_NOTE_UPDATE = HOST + "/note/upDate";
    final public static String URL_NOTE_FIND_BY_ID = HOST + "/note/findById";
    final public static String URL_NOTE_DELETE_BY_ID = HOST + "/note/deleteById";
    final public static String URL_FIND_ALL_NOTES_BY_USER = HOST + "/note/findAllByUser";
}
```

(4) 创建 User 实体类,参考代码如下:

```
//第 10 章\Dcn\...\bean\User.java
package com.geshuai.dcn.bean;

import Java.io.Serializable;

public class User implements Serializable {
    Long id;

    String account;

    String password;

    //此处省略 setter、getter 方法
}
```

(5) 创建 Note 实体类,参考代码如下:

```
//第 10 章\Dcn\...\bean\Note.java
package com.geshuai.dcn.bean;

import Java.util.Date;

public class Note {
    Long id;

    String title;

    String content;

    Date date;

    User user;

    //此处省略 setter、getter 方法
}
```

(6) 在 entry 模块的 build.gradle 中添加 Fast json 的依赖并同步，代码如下：

```
//第 10 章\Dcn\entry\build.gradle
dependencies {
    implementation fileTree(dir: 'libs', include: ['*.jar', '*.har'])
    testImplementation 'junit:junit:4.13.1'
    ohosTestImplementation 'com.huawei.ohos.testkit:runner:2.0.0.200'
    compile 'com.alibaba:fastjson:1.2.73'
}
```

3. UI 设计与实现

(1) 创建 LoginAbility，设置为 Launcher Ability，如图 10-12 所示。

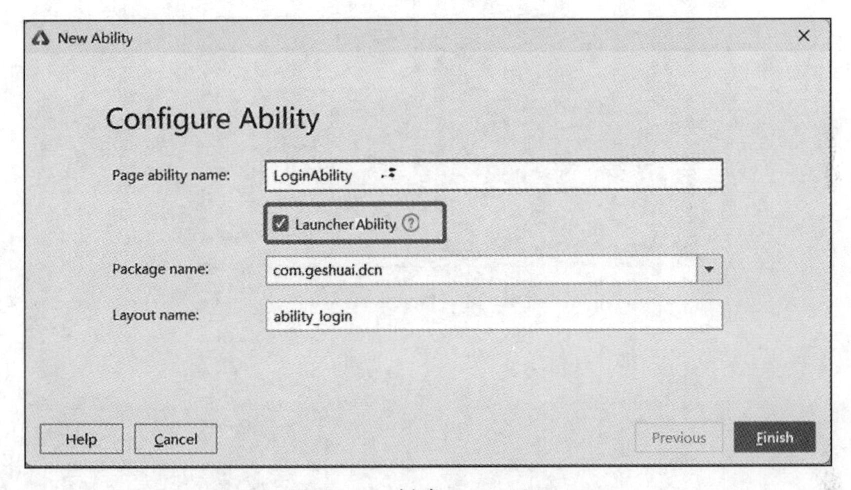

图 10-12　创建 LoginAbility

(2) 在配置文件 config.json 中删除 MainAbility 的 Launcher Abillity 属性，如图 10-13 所示。

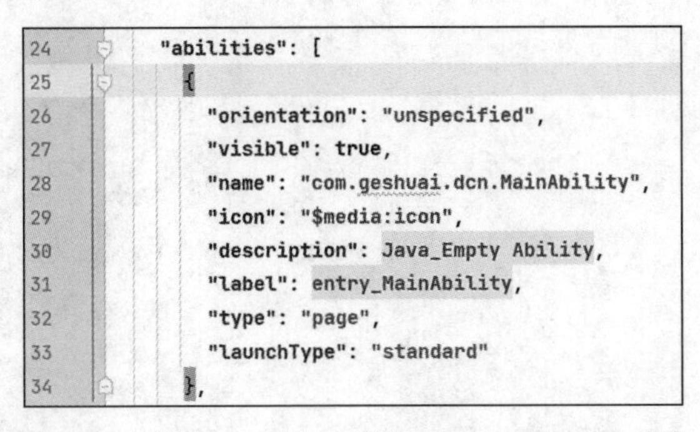

图 10-13　删除 MainAbility 的 Launcher Abillity 属性

(3) UI 设计,参考布局如图 10-14 所示。

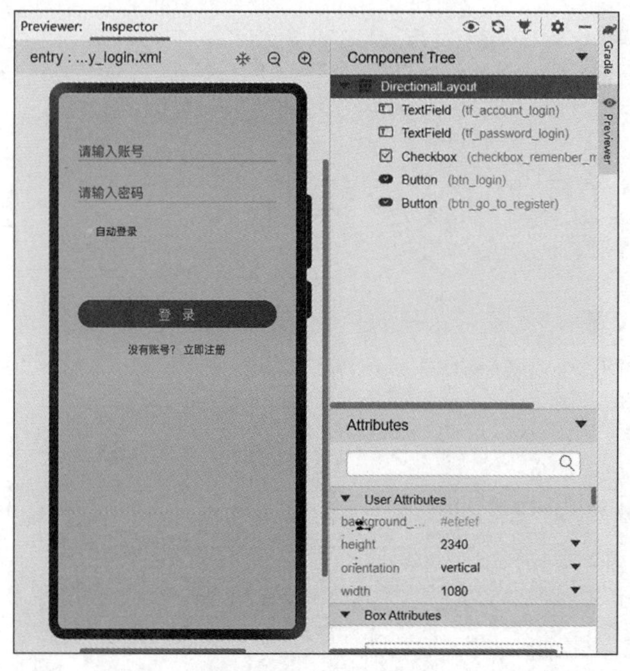

图 10-14 登录 UI 布局

(4) UI 实现,参考代码如下:

```
//第 10 章\Dcn\...\layout\ability_login.xml
<?xml version = "1.0" encoding = "UTF - 8"?>
<DirectionalLayout
    xmlns:ohos = "http://schemas.huawei.com/res/ohos"
    ohos:height = "match_parent"
    ohos:width = "match_parent"
    ohos:background_element = "#efefef"
    ohos:orientation = "vertical">

    <TextField
        ohos:id = "$+id:tf_account_login"
        ohos:height = "30vp"
        ohos:width = "300vp"
        ohos:basement = "#FFCFCFCF"
        ohos:hint = "请输入账号"
        ohos:layout_alignment = "horizontal_center"
        ohos:text_size = "20vp"
        ohos:top_margin = "70vp"
        />
```

```
    <TextField
        ohos:id = "$+id:tf_password_login"
        ohos:height = "30vp"
        ohos:width = "300vp"
        ohos:basement = "#FFCFCFCF"
        ohos:hint = "请输入密码"
        ohos:layout_alignment = "horizontal_center"
        ohos:text_input_type = "pattern_password"
        ohos:text_size = "20vp"
        ohos:top_margin = "30vp"
        />

    <Checkbox
        ohos:id = "$+id:checkbox_remenber_me"
        ohos:height = "match_content"
        ohos:width = "match_content"
        ohos:left_margin = "30vp"
        ohos:padding = "10vp"
        ohos:text = "自动登录"
        ohos:text_size = "16fp"
        ohos:top_margin = "20vp"/>

    <Button
        ohos:id = "$+id:btn_login"
        ohos:height = "40vp"
        ohos:width = "300vp"
        ohos:background_element = "$graphic:background_login_button"
        ohos:layout_alignment = "horizontal_center"
        ohos:text = "登    录"
        ohos:text_alignment = "center"
        ohos:text_color = "#ffffff"
        ohos:text_size = "20fp"
        ohos:top_margin = "80vp"/>

    <Button
        ohos:id = "$+id:btn_go_to_register"
        ohos:height = "match_content"
        ohos:width = "300vp"
        ohos:layout_alignment = "center"
        ohos:text = "没有账号？立即注册"
        ohos:text_alignment = "center"
        ohos:text_color = "blue"
        ohos:text_size = "16fp"
        ohos:top_margin = "20vp"/>
</DirectionalLayout>
```

(5) 登录按钮背景样式实现，在 graphic 目录下创建样式文件 background_login_button.xml，并实现样式，参考代码如下：

```
//第 10 章\Dcn\...\graphic\background_login_button.xml
<?xml version = "1.0" encoding = "UTF - 8"?>
< shape
    xmlns:ohos = "http://schemas.huawei.com/res/ohos"
    ohos:shape = "rectangle">
    < solid
        ohos:color = "#FF2828FF"/>
    < corners
        ohos:radius = "100"/>
</shape>
```

4. 登录功能实现

(1) UI 组件初始化并声明类成员变量，参考代码如下：

```
//第 10 章\Dcn\...\slice\LoginAbilitySlice.java
public class LoginAbilitySlice extends AbilitySlice {
    TextField tf_account_login;
    TextField tf_password_login;


    Checkbox cb_rem;

    boolean isCheck;

    User user;

    @Override
    public void onStart(Intent intent) {
        super.onStart(intent);
        super.setUIContent(ResourceTable.Layout_ability_login);

        initView();
        initListener();
    }

    private void initView() {
        tf_account_login = (TextField) findComponentById(ResourceTable.Id_tf_account_login);
        tf_password_login = (TextField) findComponentById(ResourceTable.Id_tf_password_login);
        cb_rem = (Checkbox) findComponentById(ResourceTable.Id_checkbox_remenber_me);
    }

    private void initListener() {
        findComponentById(ResourceTable.Id_btn_login).setClickedListener(component -> {
        });
        findComponentById(ResourceTable.Id_btn_go_to_register).setClickedListener(component -> {
```

```
        });
    }
}
```

（2）在 config.json 文件中的 module 中申请网络权限，代码如下：

```
"reqPermissions": [
  {
    "name": "ohos.permission.INTERNET"
  }
]
```

（3）在 config.json 文件中对设备进行配置，使其允许 HTTP 明文访问，参考代码如下：

```
//第 10 章\Dcn\...\main\config.json
"deviceConfig": {
  "default": {
    "network": {
       "cleartextTraffic": true
    }
  }
}
```

（4）在 MyApplication 类中添加静态成员变量 user，参考代码如下：

```
//第 10 章\Dcn\...\dcn\MyApplication.java
public class MyApplication extends AbilityPackage {
    //已登录用户对象
    public static User user;
    @Override
    public void onInitialize() {
       super.onInitialize();
    }
}
```

（5）创建登录方法 login 并实现登录跳转功能，参考代码如下：

```
//第 10 章\Dcn\...\slice\LoginAbilitySlice.java
//第 10 章\Dcn\...\slice\LoginAbilitySlice.java
    private void login() {
    new Thread(() -> {
       String account = tf_account_login.getText().trim();
       String password = tf_password_login.getText().trim();

       if (!"".equals(account)) {
          //通过账号和密码查找数据
          String res = HttpClient.doGet(Constant.url_USER_FIND_BY_ACCOUNT_PASSWORD +
"?account=" + account + "&password=" + password);
```

```
            //通过 JSON.parseObject()将 json 格式数据解析为 User 对象
            user = JSON.parseObject(res, User.class);
            getUITaskDispatcher().asyncDispatch(() -> {
                if (user == null) {
                    Toast.makeToast(LoginAbilitySlice.this, "登录失败", Toast.TOAST_LONG).show();
                } else {
                    Toast.makeToast(LoginAbilitySlice.this, "登录成功", Toast.TOAST_LONG).show();
                    //保存用户信息
                    MyApplication.user = user;
                    //跳转到 MainAbility
                    Intent intent = new Intent();
                    Operation operation = new Intent.OperationBuilder()
                            .withBundleName(getBundleName())
                            .withAbilityName(MainAbility.class)
                            .build();
                    intent.setOperation(operation);
                    startAbility(intent);
                    terminateAbility();
                }
            });
        }
    }).start();
}
```

(6) 在登录按钮的单击监听器中调用 login 方法,参考代码如下:

```
findComponentById(ResourceTable.Id_btn_login).setClickedListener(component -> {
    login();
});
```

(7) 运行测试,运行效果如图 10-15 所示。

图 10-15　分布式云笔记登录

5. 自动登录实现

(1) 创建数据本地存储工具类 LocalDataUtils，参考代码如下：

```
//第 10 章\Dcn\...\utils\LocalDataUtils.java
package com.geshuai.dcn.utils;

import com.alibaba.fastjson.JSON;
import com.geshuai.dcn.bean.User;
import ohos.app.Context;
import ohos.data.DatabaseHelper;
import ohos.data.preferences.Preferences;

public class LocalDataUtils {
    private static Preferences preferences = null;
    private static DatabaseHelper databaseHelper;

    public static void init(Context context, String fileName) {

        databaseHelper = new DatabaseHelper(context); //context 对象类型为 ohos.app.Context

        preferences = databaseHelper.getPreferences(fileName);
    }

    public static void setValue(String key, String value) {
        preferences.putString(key, value);
        preferences.flush();                          //保存数据
    }

    public static void setValue(String key, long value) {
        preferences.putLong(key, value);
        preferences.flush();                          //保存数据
    }

    public static String getValue(String key) {
        return preferences.getString(key, "");
    }

    public static long getLongValue(String key) {
        return preferences.getLong(key, -1);
    }

    public static void setBooleanValue(String key, boolean value) {
        preferences.putBoolean(key, value);
        preferences.flush();                          //保存数据
    }
```

```
    public static boolean getBooleanValue(String key) {
        return preferences.getBoolean(key, false);
    }

    public static void saveUser(User user) {
        preferences.putString("user", JSON.toJSONString(user));
        preferences.flush(); //保存数据
    }

    public static User getUser() {
        String res = preferences.getString("user", null);
        return JSON.parseObject(res, User.class);
    }
}
```

(2) 在 MyAppilication 中调用 LocalDataUtils 工具类的 init 方法初始化数据库，参考代码如下：

```
//第 10 章\Dcn\...\dcn\MyApplication.java
public class MyApplication extends AbilityPackage {
    //已登录用户对象
    public static User user;
    @Override
    public void onInitialize() {
        super.onInitialize();

        //初始化本地数据库
        LocalDataUtils.init(getContext(),"user");

        //获取已保存用户数据
        user = LocalDataUtils.getUser();
    }
}
```

(3) 在 login 方法中，登录成功时根据 cb_remember 值决定是否保存用户数据，参考代码如下：

```
if(cb_rem.isChecked()){
    LocalDataUtils.saveUser(user);
    LocalDataUtils.setBooleanValue("checkbox",cb_rem.isChecked());
}
```

(4) 在 onStart 方法中添加自动登录功能,参考代码如下:

```
//第 10 章\Dcn\...\slice\LoginAbilitySlice.java
@Override
public void onStart(Intent intent) {
    super.onStart(intent);
    super.setUIContent(ResourceTable.Layout_ability_login);

    initView();
    initListener();

    isCheck = LocalDataUtils.getBooleanValue("checkbox");
    user = LocalDataUtils.getUser();

    //自动登录
    if (isCheck){
       tf_account_login.setText(user.getAccount());
       tf_password_login.setText(user.getPassword());
       cb_rem.setChecked(isCheck);
       login();
    }
}
```

(5) 运行测试,运行效果如图 10-16 所示。

图 10-16 分布式云笔记自动登录

10.4 用户注册模块

8min

1. UI 设计与实现

(1) 创建 RegisterAbility。

(2) 注册 UI 设计,参考布局如图 10-17 所示。

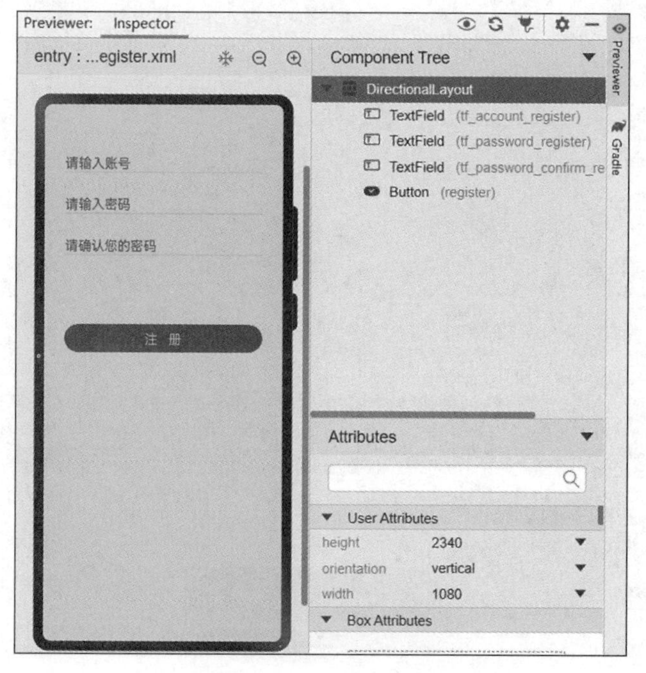

图 10-17 注册 UI 布局

(3) 参考代码如下:

```
//第 10 章\Dcn\...\layout\ability_register.java
<?xml version = "1.0" encoding = "UTF - 8"?>
<DirectionalLayout
    xmlns:ohos = "http://schemas.huawei.com/res/ohos"
    ohos:height = "match_parent"
    ohos:width = "match_parent"
    ohos:orientation = "vertical">

    <TextField
        ohos:id = " $ + id:tf_account_register"
        ohos:height = "30vp"
        ohos:width = "300vp"
        ohos:background_element = " $graphic:background_ability_login"
```

```
        ohos:basement = "#eeeeee"
        ohos:hint = "请输入账号"
        ohos:layout_alignment = "horizontal_center"
        ohos:text_size = "20vp"
        ohos:top_margin = "70vp"
        />

    <TextField
        ohos:id = "$+id:tf_password_register"
        ohos:height = "30vp"
        ohos:width = "300vp"
        ohos:background_element = "$graphic:background_ability_login"
        ohos:basement = "#eeeeee"
        ohos:hint = "请输入密码"
        ohos:layout_alignment = "horizontal_center"
        ohos:text_input_type = "pattern_password"
        ohos:text_size = "20vp"
        ohos:top_margin = "30vp"
        />

    <TextField
        ohos:id = "$+id:tf_password_confirm_register"
        ohos:height = "30vp"
        ohos:width = "300vp"
        ohos:background_element = "$graphic:background_ability_login"
        ohos:basement = "#eeeeee"
        ohos:hint = "请确认您的密码"
        ohos:layout_alignment = "horizontal_center"
        ohos:text_input_type = "pattern_password"
        ohos:text_size = "20vp"
        ohos:top_margin = "30vp"
        />

    <Button
        ohos:id = "$+id:btn_register"
        ohos:height = "40vp"
        ohos:width = "300vp"
        ohos:background_element = "$graphic:background_login_button"
        ohos:layout_alignment = "horizontal_center"
        ohos:text = "注    册"
        ohos:text_alignment = "center"
        ohos:text_color = "#ffffff"
        ohos:text_size = "20fp"
        ohos:top_margin = "100vp"/>

</DirectionalLayout>
```

2. 初始化 UI 组件

在 RegisterAbilitySlice 中初始化 UI 组件，并声明类成员变量，参考代码如下：

```
//第 10 章\Dcn\...\slice\RegisterAbilitySlice.java
public class RegisterAbilitySlice extends AbilitySlice {
    TextField tf_account;
    TextField tf_password;
    TextField tf_confirm;

    @Override
    public void onStart(Intent intent) {
        super.onStart(intent);
        super.setUIContent(ResourceTable.Layout_ability_register);

        initView();
        initListener();
    }

    private void initView() {
        tf_account = (TextField) findComponentById(ResourceTable.Id_tf_account_register);
        tf_password = (TextField) findComponentById(ResourceTable.Id_tf_password_register);
        tf_confirm = (TextField) findComponentById(ResourceTable.Id_tf_password_confirm_
register);
    }

    private void initListener() {
        findComponentById(ResourceTable.Id_btn_register).setClickedListener(component -> {});
    }

    private void register() {

    }
}
```

3. 功能实现

(1) 在 LoginAbilitySlice 中实现到 RegisterAbility 的跳转功能，参考代码如下：

```
//第 10 章\Dcn\...\slice\LoginAbilitySlice.java
findComponentById(ResourceTable.Id_btn_go_to_register).setClickedListener(lis -> {
    //跳转到 RegisterAbility
    Intent intent = new Intent();
    Operation operation = new Intent.OperationBuilder()
            .withBundleName(getBundleName())
            .withAbilityName(RegisterAbility.class)
```

```
            .build();
    intent.setOperation(operation);
    startAbility(intent);
});
```

(2) 在 RegisterAbilitySlice 中创建方法 register 以实现注册功能，参考代码如下：

```
//第 10 章\Dcn\...\slice\RegisterAbilitySlice.java
private void register(String account, String password, String confirm_password) {
    if (account.isEmpty()){
        Toast.makeToast(this,"账号不能为空",Toast.TOAST_LONG).show();
        return;
    }
    if (password.isEmpty()){
        Toast.makeToast(this,"密码不能为空",Toast.TOAST_LONG).show();
        return;
    }
    if (password.equals(confirm_password)) {
        new Thread(() -> {
            //保存用户数据
            String res = HttpClient.doGet(Constant.url_USER_SAVE + "?account=" + account
 + "&password=" + password);
            //通过 JSON.parseObject()将 json 格式数据解析为 User 对象
            User user = JSON.parseObject(res, User.class);
            getUITaskDispatcher().asyncDispatch(() -> {
                if (user == null) {
                    Toast.makeToast(RegisterAbilitySlice.this, "注册失败", Toast.TOAST_LONG).show();
                } else {
                    Toast.makeToast(RegisterAbilitySlice.this, "注册成功", Toast.TOAST_LONG).show();
                    terminateAbility();
                }
            });
        }).start();
    } else {
        Toast.makeToast(this, "密码不一致", Toast.TOAST_SHORT).show();
    }
}
```

(3) 在“注册”按钮单击监听器中调用 register 方法实现单击注册功能，参考代码如下：

```
findComponentById(ResourceTable.Id_btn_register).setClickedListener(component -> register
(tf_account.getText(), tf_password.getText(), tf_confirm.getText()));
```

（4）运行测试，运行效果如图 10-18 所示。

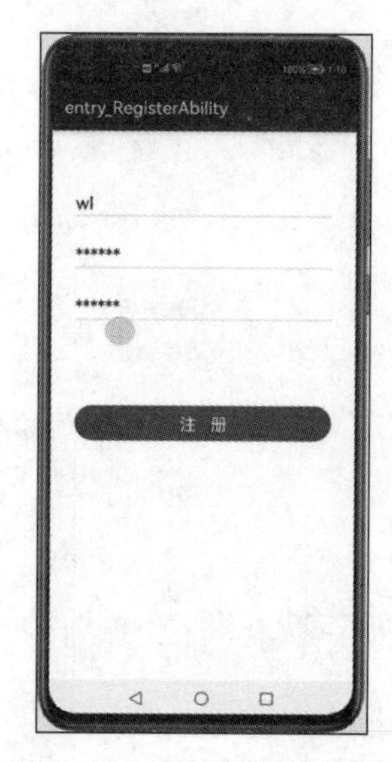

图 10-18　分布式云笔记注册

7min

10.5　笔记列表展示模块

1. UI 设计与实现

（1）UI 设计，参考布局如图 10-19 所示。

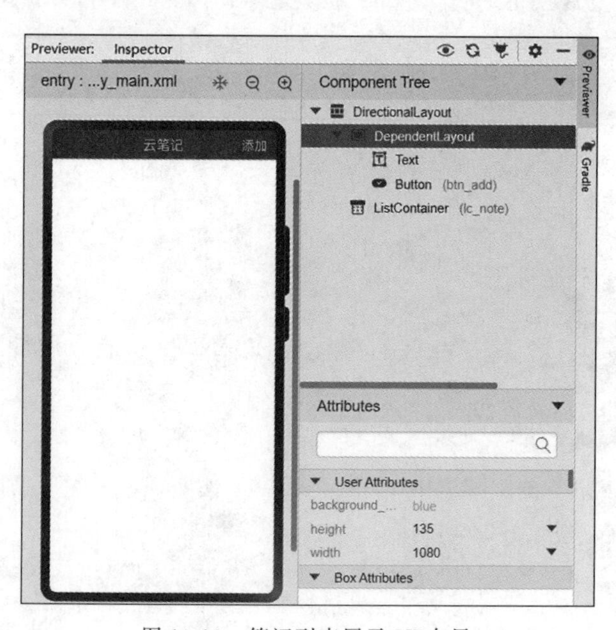

图 10-19　笔记列表展示 UI 布局

(2) 参考代码如下：

```
//第 10 章\Dcn\...\layout\ability_main.xml
<?xml version = "1.0" encoding = "UTF - 8"?>
<DirectionalLayout
    xmlns:ohos = "http://schemas.huawei.com/res/ohos"
    ohos:height = "match_parent"
    ohos:width = "match_parent"
    ohos:orientation = "vertical">

    <DependentLayout
        ohos:height = "match_content"
        ohos:width = "match_parent"
        ohos:background_element = "blue">

        <Text
            ohos:height = "45vp"
            ohos:width = "match_content"
            ohos:center_in_parent = "true"
            ohos:text = "云笔记"
            ohos:text_color = "white"
            ohos:text_size = "22vp"/>

        <Button
            ohos:id = "$ + id:btn_add"
            ohos:height = "45vp"
            ohos:width = "match_content"
            ohos:align_parent_right = "true"
            ohos:padding = "5vp"
            ohos:padding_for_text = "true"
            ohos:right_margin = "10vp"
            ohos:text = "添加"
            ohos:text_color = "white"
            ohos:text_size = "20vp"
            />

    </DependentLayout>

    <ListContainer
        ohos:id = "$ + id:lc_note"
        ohos:height = "match_content"
        ohos:width = "match_parent"
        />

</DirectionalLayout>
```

(3) 创建布局文件 ability_main_item. xml,并实现 Item UI 设计,参考布局如图 10-20 所示。

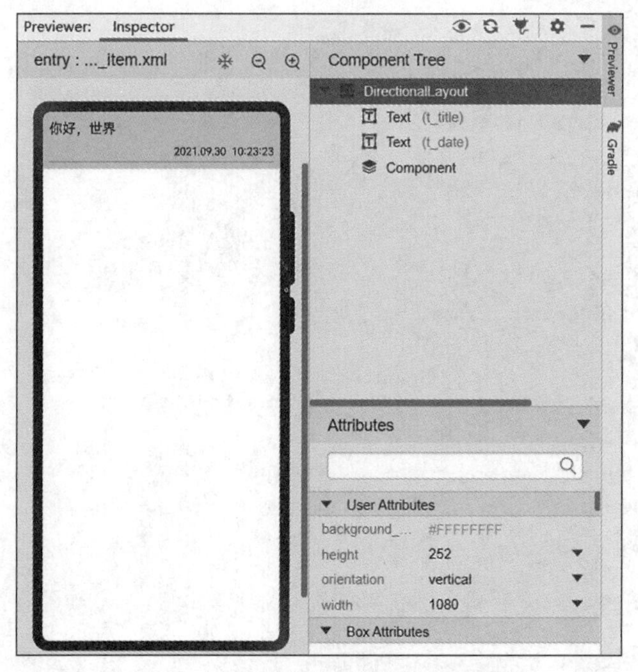

图 10-20 笔记列表 Item UI 布局

(4) 参考代码如下:

```
//第 10 章\Dcn\...\layout\ability_main_item.xml
<?xml version = "1.0" encoding = "UTF - 8"?>
< DirectionalLayout
    xmlns:ohos = "http://schemas.huawei.com/res/ohos"
    ohos:height = "match_content"
    ohos:width = "match_parent"
    ohos:background_element = "#FFFFFFFF"
    ohos:padding = "10vp"
    ohos:orientation = "vertical">

    < Text
       ohos:id = " $ + id:t_title"
       ohos:height = "match_content"
       ohos:width = "match_content"
       ohos:background_element = " $graphic:background_ability_main"
       ohos:layout_alignment = "left"
       ohos:truncation_mode = "ellipsis_at_end"
       ohos:text = " $string:mainability_HelloWorld"
```

```
        ohos:text_size = "20fp"
        />

    < Text
        ohos:id = " $ + id:t_date"
        ohos:height = "match_content"
        ohos:width = "match_parent"
        ohos:background_element = " $graphic:background_ability_main"
        ohos:text_alignment = "right"
        ohos:top_margin = "10vp"
        ohos:text = "2021.09.30   10:23:23"
        ohos:text_size = "16fp"
        />
    < Component
        ohos:height = "1vp"
        ohos:width = "match_parent"
        ohos:top_margin = "5vp"
        ohos:layout_alignment = "bottom"
        ohos:background_element = " # FFCACACA"/>

</DirectionalLayout >
```

2. 自定义 Provider 类

(1) 创建自定义 Provider 类 MyItemProvider，继承 BaseItemProvider，参考代码如下：

```
//第 10 章\Dcn\...\provider\MyItemProvider.java
package com.geshuai.dcn.provider;

import com.geshuai.dcn.ResourceTable;
import com.geshuai.dcn.bean.Note;
import ohos.agp.components.*;
import ohos.app.Context;

import Java.text.SimpleDateFormat;
import Java.util.List;

public class MyItemProvider extends BaseItemProvider {
    Context context;
    List < Note > list;
    SimpleDateFormat simpleDateFormat = new SimpleDateFormat("yyyy - MM - dd HH:mm:ss");

    public MyItemProvider(Context context, List < Note > list) {
        this.context = context;
        this.list = list;
    }
```

```
    @Override
    public int getCount() {
        return list == null ? 0 : list.size();
    }

    @Override
    public Object getItem(int i) {
        return list == null ? 0 : list.get(i);
    }

    @Override
    public long getItemId(int i) {
        return i;
    }

    @Override
    public Component getComponent(int i, Component component,
                                  ComponentContainer componentContainer) {

    }
}
```

(2) 重写 getComponent 方法实现展示数据功能，参考代码如下：

```
//第 10 章\Dcn\...\provider\MyItemProvider.java
@Override
public Component getComponent(int i, Component component,
                              ComponentContainer componentContainer) {
    //解析布局 ability_main_item
    component = LayoutScatter.getInstance(context).parse(ResourceTable.Layout_ability_
main_item,null,false);

    //设置文本内容
    Text title = (Text) component.findComponentById(ResourceTable.Id_t_title);
    title.setText(list.get(i).getTitle());

    Text date = (Text) component.findComponentById(ResourceTable.Id_t_date);
    date.setText(simpleDateFormat.format(list.get(i).getDate()));
    return component;
}
```

3. 笔记列表展示功能实现

(1) 在 MainAbilitySlice 中初始化 UI 组件，并创建类成员变量，参考代码如下：

```
    //第 10 章\Dcn\...\slice\MainAbilitySlice.java
    public class MainAbilitySlice extends AbilitySlice {
```

```
    ListContainer listContainer;
    List<Note> list;
    MyItemProvider provider;

    @Override
    public void onStart(Intent intent) {
        super.onStart(intent);
        super.setUIContent(ResourceTable.Layout_ability_main);

        listContainer = (ListContainer) findComponentById(ResourceTable.Id_lc_note);

        initListener();
    }

    private void initListener() {
        findComponentById(ResourceTable.Id_btn_add).setClickedListener(component ->{

        });

        //给 ListContainer 组件设置 Item 单击监听器
        listContainer.setItemClickedListener((((listContainer1, component, i, l) ->{

        })));
    }
}
```

(2) 创建 upData 方法，在其中通过用户获取笔记并更新 UI，参考代码如下：

```
//第 10 章\Dcn\...\slice\MainAbilitySlice.java
private void upData() {
    new Thread(() ->{
        String url = Constant.url_FIND_ALL_NOTES_BY_USER + "?user=" + MyApplication.user.
getId();
        String res = HttpClient.doGet(url);
        list = JSON.parseArray(res,Note.class);
        getUITaskDispatcher().asyncDispatch(() ->{
            //展示数据
            provider = new MyItemProvider(MainAbilitySlice.this,list);
            listContainer.setItemProvider(provider);
        });
    }).start();
}
```

(3) 重写 onActive 方法，在其中调用 upData 方法。

(4) 运行测试，运行效果如图 10-21 所示。

图 10-21　分布式云笔记笔记列表展示

5min

10.6　笔记添加模块

1. UI 设计与实现

(1) 创建 Page Ability AddNoteAbility。

(2) UI 设计，参考布局如图 10-22 所示。

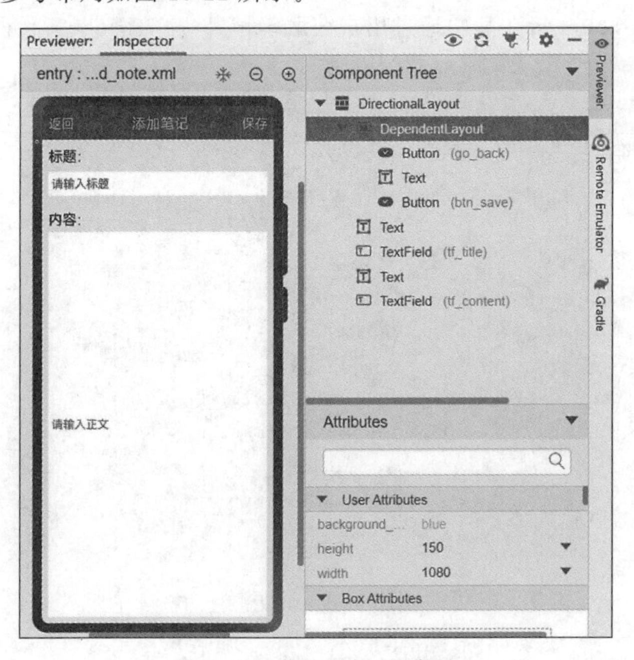

图 10-22　笔记添加 UI 布局

（3）参考代码如下：

```
//第 10 章\Dcn\...\layout\ability_add_note.xml
<?xml version = "1.0" encoding = "UTF - 8"?>
<DirectionalLayout
    xmlns:ohos = "http://schemas.huawei.com/res/ohos"
    ohos:height = "match_parent"
    ohos:width = "match_parent"
    ohos:background_element = "#FFF0F0F0"
    ohos:orientation = "vertical">

    <DependentLayout
        ohos:height = "50vp"
        ohos:width = "match_parent"
        ohos:background_element = "blue">

        <Button
            ohos:id = "$ + id:go_back"
            ohos:height = "match_parent"
            ohos:width = "match_content"
            ohos:align_parent_left = "true"
            ohos:left_margin = "10vp"
            ohos:text = "返回"
            ohos:text_color = "white"
            ohos:text_size = "20vp"
            />

        <Text
            ohos:height = "match_parent"
            ohos:width = "match_content"
            ohos:left_margin = "140vp"
            ohos:text = "添加笔记"
            ohos:text_color = "white"
            ohos:text_size = "22fp"/>

        <Button
            ohos:id = "$ + id:btn_save"
            ohos:height = "match_parent"
            ohos:width = "match_content"
            ohos:align_parent_right = "true"
            ohos:right_margin = "10vp"
            ohos:text = "保存"
            ohos:text_color = "white"
            ohos:text_size = "20fp"/>

    </DependentLayout>
```

```
<Text
    ohos:height = "match_content"
    ohos:width = "match_parent"
    ohos:bottom_margin = "5vp"
    ohos:left_margin = "10vp"
    ohos:text = "标题: "
    ohos:text_size = "22fp"
    ohos:top_margin = "10vp"
    />

<TextField
    ohos:id = "$+id:tf_title"
    ohos:height = "match_content"
    ohos:width = "match_parent"
    ohos:background_element = "white"
    ohos:bottom_margin = "20vp"
    ohos:hint = "请输入标题"
    ohos:left_margin = "10vp"
    ohos:padding = "5vp"
    ohos:right_margin = "10vp"
    ohos:text_size = "18fp"
    ohos:top_margin = "5vp"
    />

<Text
    ohos:height = "match_content"
    ohos:width = "match_parent"
    ohos:bottom_margin = "5vp"
    ohos:left_margin = "10vp"
    ohos:text = "内容: "
    ohos:text_size = "22fp"
    />

<TextField
    ohos:id = "$+id:tf_content"
    ohos:height = "match_parent"
    ohos:width = "match_parent"
    ohos:background_element = "white"
    ohos:bottom_margin = "10vp"
    ohos:hint = "请输入正文"
    ohos:left_margin = "10vp"
    ohos:multiple_lines = "true"
    ohos:padding = "5vp"
    ohos:right_margin = "10vp"
    ohos:text_size = "18fp"
```

```
        />

</DirectionalLayout>
```

2. 笔记添加功能实现

（1）在 MainAbilitySlice 中实现到 AddNoteAbilitySlice 的跳转功能，参考代码如下：

```
//第 10 章\Dcn\...\slice\MainAbilitySlice.java
findComponentById(ResourceTable.Id_btn_add).setClickedListener(component -> {
    Intent intent = new Intent();
    Operation operation = new Intent.OperationBuilder()
            .withBundleName(getBundleName())
            .withAbilityName(AddNoteAbility.class)
            .build();
    intent.setOperation(operation);
    startAbility(intent);
});
```

（2）在 AddNoteAbilitySlice 中初始化 UI 组件并创建类成员变量，参考代码如下：

```
//第 10 章\Dcn\...\slice\AddNoteAbilitySlice.java
public class AddNoteAbilitySlice extends AbilitySlice {
    TextField tf_title;
    TextField tf_content;

    @Override
    public void onStart(Intent intent) {
        super.onStart(intent);
        super.setUIContent(ResourceTable.Layout_ability_add_note);

        tf_title = (TextField) findComponentById(ResourceTable.Id_tf_title);
        tf_content = (TextField) findComponentById(ResourceTable.Id_tf_content);

        initListener();
    }

    private void initListener() {
        findComponentById(ResourceTable.Id_btn_save).setClickedListener(component -> {

        });

        findComponentById(ResourceTable.Id_go_back).setClickedListener(component ->
terminateAbility());
    }
}
```

(3) 在“保存”按钮的单击监听器中保存数据，参考代码如下：

```
//第 10 章\Dcn\...\slice\AddNoteAbilitySlice.java
findComponentById(ResourceTable.Id_btn_save).setClickedListener(component -> {
    if ("".equals(tf_title.getText()) || "".equals(tf_content.getText())) {
        Toast.makeToast(this, "请输入内容", Toast.TOAST_LONG);
    } else {
        new Thread(() -> {
            String param = "title=" + tf_title.getText() + "&content=" + tf_content.
getText() + "&user=" + MyApplication.user.getId();
            String res = HttpClient.doPost(Constant.url_NOTE_SAVE, param);
            //将 json 语句解析为 Note 对象
            Note note = JSON.parseObject(res, Note.class);
            getUITaskDispatcher().asyncDispatch(() -> {
                if (note!= null){
                    Toast.makeToast(AddNoteAbilitySlice.this,"保存成功",Toast.TOAST_LONG).
show();
                    terminateAbility();
                }else {
                    Toast.makeToast(AddNoteAbilitySlice.this,"保存失败",Toast.TOAST_LONG).
show();
                }
            });
        }).start();
    }
});
```

(4) 运行测试，运行效果如图 10-23 所示。

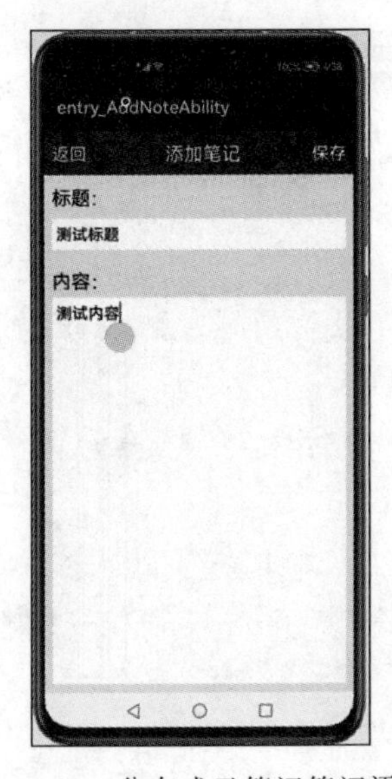

图 10-23 分布式云笔记笔记添加

10.7　笔记详情模块

1. UI 设计与实现

（1）创建 NoteDetailsAbility。

（2）UI 设计，参考布局如图 10-24 所示。

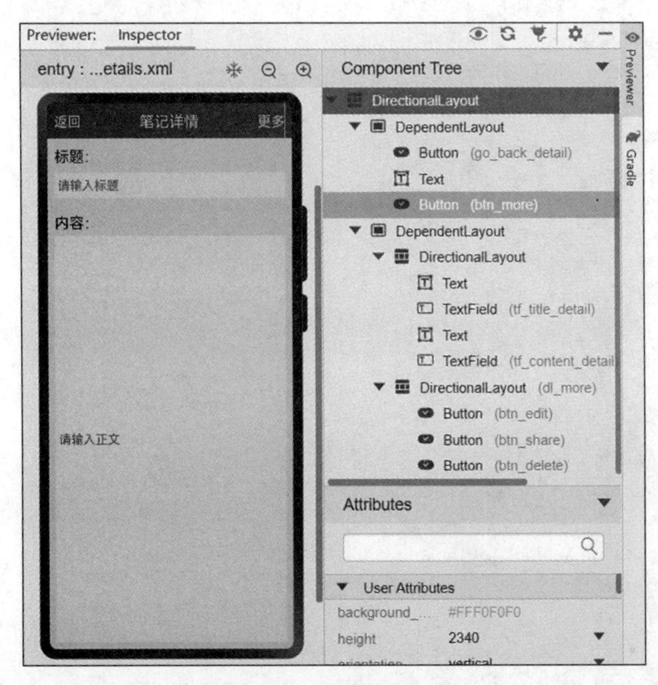

图 10-24　笔记详情布局

（3）参考代码如下：

```
//第 10 章\Dcn\...\layout\ability_note_details.xml
<?xml version = "1.0" encoding = "UTF - 8"?>
< DirectionalLayout
    xmlns:ohos = "http://schemas.huawei.com/res/ohos"
    ohos:height = "match_parent"
    ohos:width = "match_parent"
    ohos:background_element = "#FFF0F0F0"
    ohos:orientation = "vertical">

    < DependentLayout
        ohos:height = "50vp"
        ohos:width = "match_parent"
        ohos:background_element = "blue">
```

```
        <Button
            ohos:id = "$ + id:go_back_detail"
            ohos:height = "match_parent"
            ohos:width = "match_content"
            ohos:align_parent_left = "true"
            ohos:left_margin = "10vp"
            ohos:text = "返回"
            ohos:text_color = "white"
            ohos:text_size = "20vp"
            />

        <Text
            ohos:height = "match_parent"
            ohos:width = "match_parent"
            ohos:text = "笔记详情"
            ohos:text_alignment = "center"
            ohos:text_color = "white"
            ohos:text_size = "22fp"/>

        <Button
            ohos:id = "$ + id:btn_more"
            ohos:height = "match_parent"
            ohos:width = "match_content"
            ohos:align_parent_right = "true"
            ohos:right_margin = "10vp"
            ohos:text = "更多"
            ohos:text_color = "white"
            ohos:text_size = "20fp"/>

    </DependentLayout>

    <DependentLayout
        ohos:height = "match_parent"
        ohos:width = "match_parent">

        <DirectionalLayout
            ohos:height = "match_parent"
            ohos:width = "match_parent"
            ohos:orientation = "vertical">

            <Text
                ohos:height = "match_content"
                ohos:width = "match_parent"
                ohos:bottom_margin = "5vp"
```

```
        ohos:left_margin = "10vp"
        ohos:text = "标题: "
        ohos:text_size = "22fp"
        ohos:top_margin = "10vp"
        />

    <TextField
        ohos:id = " $ + id:tf_title_detail"
        ohos:height = "match_content"
        ohos:width = "match_parent"
        ohos:background_element = "white"
        ohos:bottom_margin = "20vp"
        ohos:hint = "请输入标题"
        ohos:left_margin = "10vp"
        ohos:padding = "5vp"
        ohos:right_margin = "10vp"
        ohos:text_size = "18fp"
        ohos:top_margin = "5vp"
        />

    <Text
        ohos:height = "match_content"
        ohos:width = "match_parent"
        ohos:bottom_margin = "5vp"
        ohos:left_margin = "10vp"
        ohos:text = "内容: "
        ohos:text_size = "22fp"
        />

    <TextField
        ohos:id = " $ + id:tf_content_detail"
        ohos:height = "match_parent"
        ohos:width = "match_parent"
        ohos:background_element = "white"
        ohos:bottom_margin = "10vp"
        ohos:enabled = "false"
        ohos:hint = "请输入正文"
        ohos:layout_alignment = "top"
        ohos:left_margin = "10vp"
        ohos:multiple_lines = "true"
        ohos:padding = "5vp"
        ohos:right_margin = "10vp"
        ohos:text_size = "18fp"
        />
```

```
</DirectionalLayout>

<DirectionalLayout
    ohos:id="$+id:dl_more"
    ohos:height="match_content"
    ohos:width="80vp"
    ohos:align_parent_right="true"
    ohos:align_parent_top="true"
    ohos:background_element="white"
    ohos:padding="5vp"
    ohos:visibility="hide">

    <Button
        ohos:id="$+id:btn_edit"
        ohos:height="match_content"
        ohos:width="match_parent"
        ohos:background_element="blue"
        ohos:padding="5vp"
        ohos:text="编辑"
        ohos:text_alignment="center"
        ohos:text_color="white"
        ohos:text_size="18fp"/>

    <Button
        ohos:id="$+id:btn_share"
        ohos:height="match_content"
        ohos:width="match_parent"
        ohos:background_element="blue"
        ohos:bottom_margin="1vp"
        ohos:padding="5vp"
        ohos:text="迁移"
        ohos:text_alignment="center"
        ohos:text_color="white"
        ohos:text_size="18fp"
        ohos:top_margin="1vp"/>

    <Button
        ohos:id="$+id:btn_delete"
        ohos:height="match_content"
        ohos:width="match_parent"
        ohos:background_element="blue"
        ohos:padding="5vp"
        ohos:text="删除"
        ohos:text_alignment="center"
        ohos:text_color="white"
        ohos:text_size="18fp"/>
```

```
        </DirectionalLayout>

    </DependentLayout>

</DirectionalLayout>
```

2. 笔记详情查看功能实现

（1）在 MainAbilitySlice 中实现跳转到 NoteDetailsAbilitySlice 功能，参考代码如下：

```
//第 10 章\Dcn\...\slice\MainAbilitySlice.java
//给 ListContainer 组件设置 Item 单击监听器
listContainer.setItemClickedListener(((listContainer1, component, i, l) -> {
    //跳转到 NoteDetailsAbility
    Intent intent = new Intent();
    Operation operation = new Intent.OperationBuilder()
            .withBundleName(getBundleName())
            .withAbilityName(NoteDetailsAbility.class)
            .build();
    intent.setOperation(operation);
    //设置参数,key 为 noteId,value 为单击的 Item 的 Id
    intent.setParam("noteId",list.get(i).getId());
    startAbility(intent);
}));
```

（2）在 NoteDetailsAbilitySlice 中初始化 UI 组件，并创建类成员变量，参考代码如下：

```
//第 10 章\Dcn\...\slice\NoteDetailsAbilitySlice.java
public class NoteDetailsAbilitySlice extends AbilitySlice {
    Button btn_more;

    TextField tf_title;
    TextField tf_content;

    DirectionalLayout dl_more;

    Long id;

    Note note;

    @Override
    public void onStart(Intent intent) {
        super.onStart(intent);
        super.setUIContent(ResourceTable.Layout_ability_note_details);
```

```
        initView();
        initListener();
    }

    private void initView() {
        btn_more = (Button) findComponentById(ResourceTable.Id_btn_more);

        tf_title = (TextField) findComponentById(ResourceTable.Id_tf_title_detail);
        tf_content = (TextField) findComponentById(ResourceTable.Id_tf_content_detail);

        dl_more = (DirectionalLayout) findComponentById(ResourceTable.Id_dl_more);
        //将 DirectionalLayout 布局设置为隐藏状态
        dl_more.setVisibility(DirectionalLayout.HIDE);
    }

    private void initListener() {
        btn_more.setClickedListener(component -> {

        });
        findComponentById(ResourceTable.Id_go_back_detail).setClickedListener(component ->
terminateAbility());

        findComponentById(ResourceTable.Id_btn_edit).setClickedListener(component -> {

        });
        findComponentById(ResourceTable.Id_btn_share).setClickedListener(component -> {

        });
        findComponentById(ResourceTable.Id_btn_delete).setClickedListener(component -> {

        });
    }
}
```

(3) 在 onStart 方法中通过 Intent(意图)获取笔记的 Id,参考代码如下:

```
//第 10 章\Dcn\...\slice\NoteDetailsAbilitySlice.java
@Override
public void onStart(Intent intent) {
    super.onStart(intent);
    super.setUIContent(ResourceTable.Layout_ability_note_details);

    id = intent.getLongParam("noteId", -1);

    initView();
    initListener();
}
```

（4）创建 upData 方法，在其中通过 id 获取笔记并更新 UI，参考代码如下：

```
//第 10 章\Dcn\...\slice\NoteDetailsAbilitySlice.java
private void updata() {
    new Thread(() -> {
        String res = HttpClient.doGet(Constant.url_NOTE_FIND_BY_ID + "?id=" + id);
        note = JSON.parseObject(res, Note.class);
        if (note == null) {
            Toast.makeToast(NoteDetailsAbilitySlice.this, "数据异常,返回主界面", Toast.
TOAST_LONG).show();
            terminateAbility();
        } else {
            getUITaskDispatcher().asyncDispatch(() -> {
                tf_title.setText(note.getTitle());
                tf_content.setText(note.getContent());
            });
        }
    }).start();
}
```

（5）在 onStart 方法中调用 upData 方法。

（6）创建 setTextFieldEnable 方法，实现将文本框的状态设置为可用与不可用，参考代码如下：

```
//第 10 章\Dcn\...\slice\NoteDetailsAbilitySlice.java
private void setTextFieldEnable(boolean enable) {
    tf_title.setEnabled(enable);
    tf_content.setEnabled(enable);
    if (!enable) {
        tf_title.clearFocus();
        tf_content.clearFocus();
    }
}
```

（7）给“编辑”按钮设置单击监听器，实现编辑功能，参考代码如下：

```
//第 10 章\Dcn\...\slice\NoteDetailsAbilitySlice.java
findComponentById(ResourceTable.Id_btn_edit).setClickedListener(component -> {
    btn_more.setText("保存");
    setTextFieldEnable(true);
    dl_more.setVisibility(DirectionalLayout.HIDE);
});
```

(8) 单击“更多”按钮下的“编辑”,“更多”会变成“保存”,给“保存”按钮设置单击监听器,实现保存功能,参考代码如下:

```
//第 10 章\Dcn\...\slice\NoteDetailsAbilitySlice.java
btn_more.setClickedListener(component -> {
    if ("更多".equals(btn_more.getText())) {
        dl_more.setVisibility(dl_more.getVisibility() == Component.VISIBLE ? Component.HIDE
: Component.VISIBLE);
    } else {
        new Thread(() -> {
            String param = "";
            param = "id=" + id + "&title=" + tf_title.getText() + "&content=" + tf_
content.getText() + "&user=" + MyApplication.user.getId();

            String res = HttpClient.doPost(Constant.url_NOTE_UPDATE, param);
            getUITaskDispatcher().asyncDispatch(() -> {
                if (res == null) {
                    Toast.makeToast(NoteDetailsAbilitySlice.this, "保存失败", Toast.TOAST_
LONG).show();
                } else {
                    Toast.makeToast(NoteDetailsAbilitySlice.this, "保存成功", Toast.TOAST_
LONG).show();
                    setTextFieldEnable(false);

                    btn_more.setText("更多");
                }
            });
        }).start();
    }
});
```

(9) 给“删除”按钮设置单击监听器,实现删除功能,参考代码如下:

```
findComponentById(ResourceTable.Id_btn_delete).setClickedListener(component -> {
new Thread(() -> {
        HttpClient.doGet(Constant.url_NOTE_DELETE_BY_ID + "?id=" + id);
        getUITaskDispatcher().asyncDispatch(() -> {
            Toast.makeToast(NoteDetailsAbilitySlice.this, "删除完成", Toast.TOAST_LONG).show();
            terminateAbility();
        });
    }).start();
});
```

(10) 运行测试,运行效果如图 10-25 所示。

图 10-25　分布式云笔记笔记详情

10.8　分布式模块

1. UI 设计与实现

(1) 创建布局文件 share_dialog.xml。

(2) 分享弹窗布局设计,参考布局如图 10-26 所示。

图 10-26　分享弹窗布局

（3）参考代码如下：

```
//第 10 章\Dcn\...\layout\share_dialog.xml
<?xml version = "1.0" encoding = "UTF - 8"?>
<DirectionalLayout
    xmlns:ohos = "http://schemas.huawei.com/res/ohos"
    ohos:height = "400vp"
    ohos:width = "match_parent"
    ohos:margin = "10vp"
    ohos:orientation = "vertical">

    <DependentLayout
        ohos:height = "match_content"
        ohos:width = "match_parent"
        ohos:orientation = "horizontal"
        ohos:padding = "10vp">

        <Button
            ohos:id = "$+id:btn_cancel"
            ohos:height = "match_content"
            ohos:width = "match_content"
            ohos:background_element = "blue"
            ohos:padding = "5vp"
            ohos:text = "取消"
            ohos:text_color = "white"
            ohos:text_size = "18vp"
            ohos:vertical_center = "true"/>

        <Text
            ohos:height = "match_content"
            ohos:width = "match_content"
            ohos:center_in_parent = "true"
            ohos:text = "请选择要迁移的设备"
            ohos:text_alignment = "center"
            ohos:text_size = "20fp"/>
    </DependentLayout>

    <ListContainer
        ohos:id = "$+id:lc_device"
        ohos:height = "match_parent"
        ohos:width = "match_parent"
        ohos:background_element = "#e3e3e3"
        ohos:padding = "5vp"
        ohos:text_alignment = "center"
        />
</DirectionalLayout>
```

(4) 创建 Item 布局 share_dialog_item.xml。

(5) Item UI 布局设计，参考布局如图 10-27 所示。

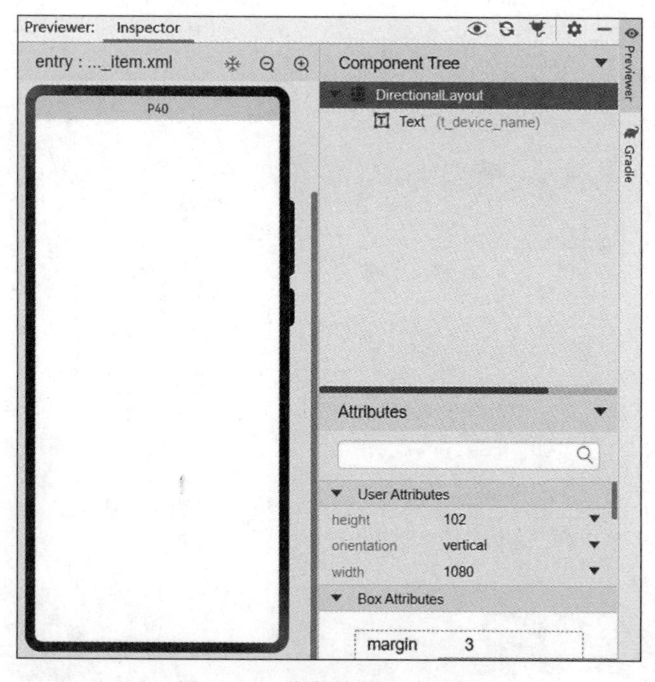

图 10-27　分享弹窗 Item 布局

(6) 参考代码如下：

```
<?xml version = "1.0" encoding = "UTF - 8"?>
< DirectionalLayout
    xmlns:ohos = "http://schemas.huawei.com/res/ohos"
    ohos:height = "match_content"
    ohos:width = "match_parent"
    ohos:margin = "1vp"
    ohos:orientation = "vertical">

    < Text
        ohos:id = " $ + id:t_device_name"
        ohos:height = "match_content"
        ohos:width = "match_parent"
        ohos:background_element = "white"
        ohos:padding = "5vp"
        ohos:text = "P40"
        ohos:text_alignment = "center"
        ohos:text_size = "18fp"/>

</DirectionalLayout >
```

2. 自定义 Provider 类

(1) 创建自定义 Provider 类 MyShareProvider，继承 BaseItemProvider，参考代码如下：

```
//第 10 章\Dcn\...\provider\MyShareProvider.java
package com.geshuai.dcn.provider;

import com.geshuai.dcn.ResourceTable;
import ohos.agp.components.*;
import ohos.app.Context;
import ohos.distributedschedule.interwork.DeviceInfo;

import Java.util.List;

public class MyShareProvider extends BaseItemProvider {
    Context context;
    List<DeviceInfo> list;

    public MyShareProvider(Context context, List<DeviceInfo> list) {
        this.context = context;
        this.list = list;
    }

    @Override
    public int getCount() {
        return list == null ? 0 : list.size();
    }

    @Override
    public Object getItem(int i) {
        return list == null ? null : list.get(i);
    }

    @Override
    public long getItemId(int i) {
        return i;
    }

    @Override
    public Component getComponent(int i, Component component,
                                  ComponentContainer componentContainer) {
        return null;
    }
}
```

(2) 重写 getComponent 方法，实现数据展示功能，参考代码如下：

```
@Override
public Component getComponent(int i, Component component, ComponentContainer componentContainer) {
    //解析布局 share_dialog_item.xml
    component = LayoutScatter.getInstance(context)
            .parse(ResourceTable.Layout_share_dialog_item, null, false);

    Text t_device_name = (Text) component.findComponentById(ResourceTable.Id_t_device_name);
    t_device_name.setText(list.get(i).getDeviceName() + "【" + list.get(i).getDeviceType() + "】");
    return component;
}
```

3. 弹窗显示功能实现

(1) 在配置文件 config.json 中请求获取设备信息权限，参考代码如下：

```
"reqPermissions": [
  ...
  {
    "name": "ohos.permission.GET_DISTRIBUTED_DEVICE_INFO"
  }
]
```

(2) 在 NoteDetailsAbilitySlice 中声明类成员变量，参考代码如下：

```
CommonDialog dialog;                        //声明弹窗变量

List<DeviceInfo> list;                      //声明设备信息集合
```

(3) 创建 showShareDialog 方法，解析分享弹窗布局，参考代码如下：

```
//第 10 章\Dcn\...\slice\NoteDetailsAbilitySlice.java
private void showShareDialog() {
    //解析布局 share_dialog.xml
    Component component = LayoutScatter.getInstance(this)
            .parse(ResourceTable.Layout_share_dialog, null, false);
}
```

(4) 在 showShareDialog 方法中，通过分享弹窗布局初始化 ListContainer 组件，参考代码如下：

```
ListContainer listContainer = (ListContainer) component.findComponentById(ResourceTable.
Id_lc_device);
```

(5) 获取在线设备列表并设置 ListContainer 显示数据，参考代码如下：

```
//第 10 章\Dcn\...\slice\NoteDetailsAbilitySlice.java
//获取所有在线设备
list = DeviceManager.getDeviceList(DeviceInfo.FLAG_GET_ONLINE_DEVICE);
//将展示数据集合设置为 list
MyShareProvider provider = new MyShareProvider(this, list);
//设置要显示的 ShareProvider 对象
listContainer.setItemProvider(provider);
```

(6) 创建 CommonDialog 对象，参考代码如下：

```
//创建 CommonDialog 对象
dialog = new CommonDialog(this);
```

(7) 设置弹窗属性并显示，参考代码如下：

```
//第 10 章\Dcn\...\slice\NoteDetailsAbilitySlice.java
//设置弹窗内容
dialog.setContentCustomComponent(component);
//将对齐属性设置为居中
dialog.setAlignment(LayoutAlignment.CENTER);
//显示弹窗
dialog.show();
```

(8) 在“迁移”按钮单击监听器中调用 showShareDialog 方法。

(9) 运行测试，运行效果如图 10-28 所示。

图 10-28　分布式云笔记分享弹窗

4. 分布式功能实现

(1) 在配置文件 config.json 中请求分布式数据同步权限，参考代码如下：

```
"reqPermissions": [
  ...
  {
    "name": "ohos.permission.DISTRIBUTED_DATASYNC"
  }
]
```

(2) 在 NoteDetailsAbility 的 onStart 方法中向用户申请分布式数据同步权限，参考代码如下：

```
//第 10 章\Dcn\...\NoteDetailsAbility.java
@Override
public void onStart(Intent intent) {
    requestPermissionsFromUser(new String[]{SystemPermission.DISTRIBUTED_DATASYNC},0);

    super.onStart(intent);
    super.setMainRoute(NoteDetailsAbilitySlice.class.getName());
}
```

(3) 在 NoteDetailsAbilitySlice 的 showShareDialog 中给"取消"按钮设置单击监听器，并实现销毁弹窗功能，参考代码如下：

```
component.findComponentById(ResourceTable.Id_btn_cancel).setClickedListener(component1 -> {
    //销毁弹窗
    dialog.destroy();
    dl_more.setVisibility(Component.HIDE);
});
```

(4) 给 ListContainer 组件设置单击监听器，实现销毁弹窗功能，参考代码如下：

```
listContainer.setClickedListener(component1 -> {
    //销毁弹窗
    dialog.destroy();
    dl_more.setVisibility(Component.HIDE);
});
```

(5) 给 ListContainer 组件设置 Item 单击监听器，实现迁移功能，参考代码如下：

```
//第 10 章\Dcn\...\slice\NoteDetailsAbilitySlice.java
listContainer.setItemClickedListener((listContainer1, component1, i, l) -> {
```

```
        Intent intent = new Intent();
        Operation operation = new Intent.OperationBuilder()
                .withDeviceId(list.get(i).getDeviceId())//设置设备 Id
                .withBundleName(getBundleName())//设置包名
                .withAbilityName(AddNoteAbility.class)//设置跳转到 AddNoteAbility
                .withFlags(Intent.FLAG_ABILITYSLICE_MULTI_DEVICE)//设置支持多设备启动
                .build();
        intent.setOperation(operation);
        //设置参数
        intent.setParam("noteId", note.getId());
        //销毁弹窗
        dialog.destroy();
        dl_more.setVisibility(Component.HIDE);
        Toast.makeToast(NoteDetailsAbilitySlice.this, "已迁移", Toast.TOAST_LONG).show();
        //开始迁移
        startAbility(intent);
    });
```

（6）在 AddNoteAbilitySlice 的 onStart 方法中获取参数 noteId，如果 noteId 有效获取了对应 Id 的笔记数据，则更新 UI，参考代码如下：

```
//第 10 章\Dcn\...\slice\AddNoteAbilitySlice.java
@Override
public void onStart(Intent intent) {
    super.onStart(intent);
    super.setUIContent(ResourceTable.Layout_ability_add_note);

    tf_title = (TextField) findComponentById(ResourceTable.Id_tf_title);
    tf_content = (TextField) findComponentById(ResourceTable.Id_tf_content);

    initListener();

    Long noteId = intent.getLongParam("noteId", -1);
    if (noteId != -1) {
        new Thread(() -> {
            String res = HttpClient.doGet(Constant.url_NOTE_FIND_BY_ID + "?id=" + noteId);
            Note note = JSON.parseObject(res, Note.class);
            if (note == null) {
                Toast.makeToast(AddNoteAbilitySlice.this, "数据异常,返回主界面", Toast.TOAST_
LONG).show();
                terminateAbility();
            } else {
                getUITaskDispatcher().asyncDispatch(() -> {
                    tf_title.setText(note.getTitle());
                    tf_content.setText(note.getContent());
```

```
                });
            }
        }).start();
    }
}
```

(7) 运行测试,运行效果如图 10-29 所示。

图 10-29　分布式云笔记迁移

10.9　应用配置

(1) 在 config.json 文件中将全局 Ability 样式设置为 NoActionBar,参考代码如下：

```
//第 10 章\Dcn\...\main\config.json
"metaData": {
  "customizeData": [
    {
      "name": "hwc - theme",
      "value": "androidhwext:style/Theme.Emui.NoActionBar",
      "extra": ""
    }
```

```
    ]
}
```

(2) 将 Launcher Ability 的 label 属性值设置为云笔记，参考代码如下：

```
{
  "name": "entry_LoginAbility",
  "value": "云笔记"
}
```

(3) 将应用图标添加到 media 目录下，如图 10-30 所示。

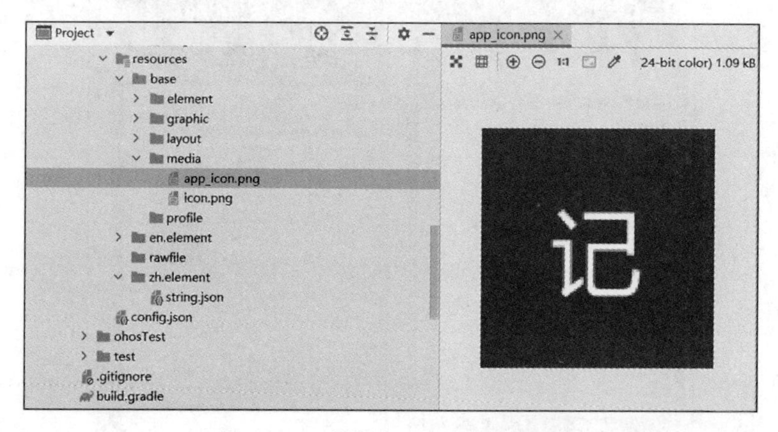

图 10-30　分布式云笔记应用图标

(4) 将 Launcher Ability 的 icon 属性值设置为云笔记图片，参考代码如下：

```
    "icon": "$media:app_icon"
```

(5) config.json 文件的完整代码如下：

```
//第 10 章\Dcn\...\main\config.json
{
  "app": {
    "bundleName": "com.geshuai.dcn",
    "vendor": "geshuai",
    "version": {
      "code": 1000000,
      "name": "1.0.0"
    }
  },
  "deviceConfig": {
    "default": {
      "network": {
```

```
        "cleartextTraffic": true
        }
    }
  },
  "module": {
    "package": "com.geshuai.dcn",
    "name": ".MyApplication",
    "mainAbility": "com.geshuai.dcn.MainAbility",
    "deviceType": [
       "phone"
    ],
    "distro": {
       "deliveryWithInstall": true,
       "moduleName": "entry",
       "moduleType": "entry",
       "installationFree": false
    },
    "metaData": {
       "customizeData": [
       {
         "name": "hwc-theme",
         "value": "androidhwext:style/Theme.Emui.NoActionBar",
         "extra": ""
       }
       ]
    },
    "abilities": [
       {
       "orientation": "unspecified",
       "visible": true,
       "name": "com.geshuai.dcn.MainAbility",
       "icon": "$media:icon",
       "description": "$string:mainability_description",
       "label": "$string:entry_MainAbility",
       "type": "page",
       "launchType": "standard"
       },
       {
       "skills": [
         {
          "entities": [
            "entity.system.home"
          ],
          "actions": [
            "action.system.home"
          ]
```

```
        }
      ],
      "orientation": "unspecified",
      "visible": true,
      "name": "com.geshuai.dcn.LoginAbility",
      "icon": "$media:app_icon",
      "description": "$string:loginability_description",
      "label": "$string:entry_LoginAbility",
      "type": "page",
      "launchType": "standard"
      },
      {
      "orientation": "unspecified",
      "name": "com.geshuai.dcn.RegisterAbility",
      "icon": "$media:icon",
      "description": "$string:registerability_description",
      "label": "$string:entry_RegisterAbility",
      "type": "page",
      "launchType": "standard"
      },
      {
      "orientation": "unspecified",
      "name": "com.geshuai.dcn.AddNoteAbility",
      "icon": "$media:icon",
      "description": "$string:addnoteability_description",
      "label": "$string:entry_AddNoteAbility",
      "type": "page",
      "launchType": "standard"
      },
      {
      "orientation": "unspecified",
      "name": "com.geshuai.dcn.NoteDetailsAbility",
      "icon": "$media:icon",
      "description": "$string:notedetailsability_description",
      "label": "$string:entry_NoteDetailsAbility",
      "type": "page",
      "launchType": "standard"
      }
    ],
    "reqPermissions": [
      {
      "name": "ohos.permission.INTERNET"
      },
      {
      "name": "ohos.permission.GET_DISTRIBUTED_DEVICE_INFO"
      },
```

```
            {
            "name": "ohos.permission.DISTRIBUTED_DATASYNC"
            }
        ]
    }
}
```

(6) 应用图标如图 10-31 所示。

图 10-31　分布式云笔记桌面显示图

图书推荐

书　　名	作　　者
鸿蒙应用程序开发	董昱
HarmonyOS 应用开发实战(JavaScript 版)	徐礼文
鸿蒙操作系统开发入门经典	徐礼文
鸿蒙操作系统应用开发实践	陈美汝、郑森文、武延军、吴敬征
HarmonyOS 移动应用开发	刘安战、余雨萍、李勇军 等
JavaScript 基础语法详解	张旭乾
华为方舟编译器之美——基于开源代码的架构分析与实现	史宁宁
鲲鹏架构入门与实战	张磊
华为 HCIA 路由与交换技术实战	江礼教
Android Runtime 源码解析	史宁宁
Flutter 组件精讲与实战	赵龙
Flutter 组件详解与实战	[加]王浩然(Bradley Wang)
Flutter 实战指南	李楠
Dart 语言实战——基于 Flutter 框架的程序开发(第 2 版)	亢少军
Dart 语言实战——基于 Angular 框架的 Web 开发	刘仕文
IntelliJ IDEA 软件开发与应用	乔国辉
Vue+Spring Boot 前后端分离开发实战	贾志杰
Vue.js 企业开发实战	千锋教育高教产品研发部
Python 从入门到全栈开发	钱超
Python 全栈开发——基础入门	夏正东
Python 人工智能——原理、实践及应用	杨博雄 主编,于营、肖衡、潘玉霞、高华玲、梁志勇 副主编
Python 深度学习	王志立
Python 预测分析与机器学习	王沁晨
Python 异步编程实战——基于 AIO 的全栈开发技术	陈少佳
Python 数据分析实战——从 Excel 轻松入门 Pandas	曾贤志
Python 数据分析从 0 到 1	邓立文、俞心宇、牛瑶
Python Web 数据分析可视化——基于 Django 框架的开发实战	韩伟、赵盼
Python 玩转数学问题——轻松学习 NumPy、SciPy 和 matplotlib	张骞
Pandas 通关实战	黄福星
深入浅出 Power Query M 语言	黄福星
FFmpeg 入门详解——音视频原理及应用	梅会东
虚拟化 KVM 极速入门	陈涛
虚拟化 KVM 进阶实践	陈涛
物联网——嵌入式开发实战	连志安
智慧建造——物联网在建筑设计与管理中的实践	[美]周晨光(Timothy Chou)著;段晨东、柯吉译
人工智能算法——原理、技巧及应用	韩龙、张娜、汝洪芳

续表

书　　名	作　　者
跟我一起学机器学习	王成、黄晓辉
TensorFlow 计算机视觉原理与实战	欧阳鹏程、任浩然
分布式机器学习实战	陈敬雷
计算机视觉——基于 OpenCV 与 TensorFlow 的深度学习方法	余海林、翟中华
深度学习——理论、方法与 PyTorch 实践	翟中华、孟翔宇
深度学习原理与 PyTorch 实战	张伟振
ARKit 原生开发入门精粹——RealityKit ＋ Swift ＋ SwiftUI	汪祥春
HoloLens 2 开发入门精要——基于 Unity 和 MRTK	汪祥春
Altium Designer 20 PCB 设计实战(视频微课版)	白军杰
Cadence 高速 PCB 设计——基于手机高阶板的案例分析与实现	李卫国、张彬、林超文
Octave 程序设计	于红博
ANSYS 19.0 实例详解	李大勇、周宝
AutoCAD 2022 快速入门、进阶与精通	邵为龙
SolidWorks 2020 快速入门与深入实战	邵为龙
SolidWorks 2021 快速入门与深入实战	邵为龙
UG NX 1926 快速入门与深入实战	邵为龙
西门子 S7-200 SMART PLC 编程及应用(视频微课版)	徐宁、赵丽君
三菱 FX3U PLC 编程及应用(视频微课版)	吴文灵
全栈 UI 自动化测试实战	胡胜强、单镜石、李睿
FFmpeg 入门详解——音视频原理及应用	梅会东
pytest 框架与自动化测试应用	房荔枝、梁丽丽
软件测试与面试通识	于晶、张丹
智慧教育技术与应用	[澳]朱佳(Jia Zhu)
敏捷测试从零开始	陈霁、王富、武夏
深入理解微电子电路设计——电子元器件原理及应用(原书第 5 版)	[美]理查德・C. 耶格(Richard C. Jaeger)、[美]特拉维斯・N. 布莱洛克(Travis N. Blalock)著；宋廷强译
深入理解微电子电路设计——数字电子技术及应用(原书第 5 版)	[美]理查德・C. 耶格(Richard C. Jaeger)、[美]特拉维斯・N. 布莱洛克(Travis N. Blalock)著；宋廷强译
深入理解微电子电路设计——模拟电子技术及应用(原书第 5 版)	[美]理查德・C. 耶格(Richard C. Jaeger)、[美]特拉维斯・N. 布莱洛克(Travis N. Blalock)著；宋廷强译

图书资源支持

感谢您一直以来对清华大学出版社图书的支持和爱护。为了配合本书的使用，本书提供配套的资源，有需求的读者请扫描下方的“书圈”微信公众号二维码，在图书专区下载，也可以拨打电话或发送电子邮件咨询。

如果您在使用本书的过程中遇到了什么问题，或者有相关图书出版计划，也请您发邮件告诉我们，以便我们更好地为您服务。

我们的联系方式：

地　　址：北京市海淀区双清路学研大厦 A 座 714

邮　　编：100084

电　　话：010-83470236　010-83470237

资源下载：http://www.tup.com.cn

客服邮箱：tupjsj@vip.163.com

QQ：2301891038（请写明您的单位和姓名）

教学资源 · 教学样书 · 新书信息

人工智能科学与技术
人工智能|电子通信|自动控制

资料下载 · 样书申请

书圈

用微信扫一扫右边的二维码，即可关注清华大学出版社公众号。